计算机科学丛书

软件设计

Java语言实践

[加拿大] 马丁·P. 罗毕拉德（Martin P. Robillard）

乔海燕 郭佳怡 傅禹泽 邹雨桐 译

Introduction to Software Design with Java

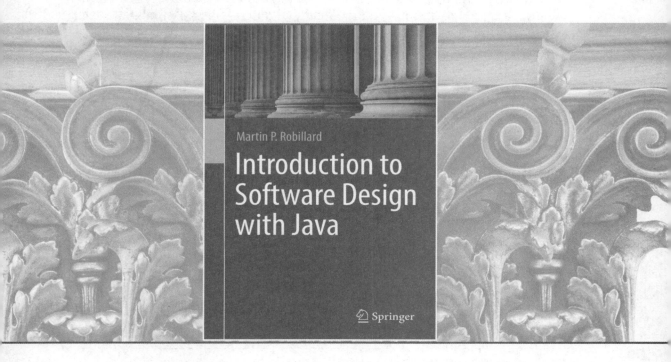

Martin P. Robillard

Introduction to Software Design with Java

Springer

机械工业出版社
China Machine Press

图书在版编目（CIP）数据

软件设计：Java 语言实践 /（加）马丁·P. 罗毕拉德（Martin P. Robillard）著；乔海燕等译 .
—北京：机械工业出版社，2020.9
（计算机科学丛书）
书名原文：Introduction to Software Design with Java

ISBN 978-7-111-66402-4

I. 软… II. ①马… ②乔… III. JAVA 语言 – 软件设计 IV. TN312.8

中国版本图书馆 CIP 数据核字（2020）第 162718 号

本书版权登记号：图字　01-2020-2370

First published in English under the title
Introduction to Software Design with Java
by Martin P. Robillard, edition: 1
Copyright © Springer Nature Switzerland AG, 2019
This edition has been translated and published under licence from
Springer Nature Switzerland AG.

本书使用 Java 语言介绍面向对象的软件设计原则。内容包括类型与接口、封装、继承、设计模
式、复合、单元测试和函数式设计。作者用贯穿全书的三个应用实例——扫雷游戏、单人纸牌游戏和
JetUML，详细介绍了各种设计决策的应用场景。本书适合具有初步 Java 程序设计知识并希望进一步
学习软件设计的读者阅读，可作为软件设计本科生的教材，也可供其他程序员参考。

出版发行：机械工业出版社（北京市西城区百万庄大街 22 号　邮政编码：100037）
责任编辑：李美莹　　　　　　　　　　　　　责任校对：殷　虹
印　　刷：三河市宏达印刷有限公司　　　　　版　　次：2020 年 9 月第 1 版第 1 次印刷
开　　本：185mm×260mm　1/16　　　　　　 印　　张：15.75
书　　号：ISBN 978-7-111-66402-4　　　　　定　　价：89.00 元

客服电话：(010) 88361066　88379833　68326294　　　投稿热线：(010) 88379604
华章网站：www.hzbook.com　　　　　　　　　　　　读者信箱：hzjsj@hzbook.com

文艺复兴以来，源远流长的科学精神和逐步形成的学术规范，使西方国家在自然科学的各个领域取得了垄断性的优势；也正是这样的优势，使美国在信息技术发展的六十多年间名家辈出、独领风骚。在商业化的进程中，美国的产业界与教育界越来越紧密地结合，计算机学科中的许多泰山北斗同时身处科研和教学的最前线，由此而产生的经典科学著作，不仅擘划了研究的范畴，还揭示了学术的源变，既遵循学术规范，又自有学者个性，其价值并不会因年月的流逝而减退。

近年，在全球信息化大潮的推动下，我国的计算机产业发展迅猛，对专业人才的需求日益迫切。这对计算机教育界和出版界都既是机遇，也是挑战；而专业教材的建设在教育战略上显得举足轻重。在我国信息技术发展时间较短的现状下，美国等发达国家在其计算机科学发展的几十年间积淀和发展的经典教材仍有许多值得借鉴之处。因此，引进一批国外优秀计算机教材将对我国计算机教育事业的发展起到积极的推动作用，也是与世界接轨、建设真正的世界一流大学的必由之路。

机械工业出版社华章公司较早意识到"出版要为教育服务"。自 1998 年开始，我们就将工作重点放在了遴选、移译国外优秀教材上。经过多年的不懈努力，我们与 Pearson、McGraw-Hill、Elsevier、MIT、John Wiley & Sons、Cengage 等世界著名出版公司建立了良好的合作关系，从它们现有的数百种教材中甄选出 Andrew S. Tanenbaum、Bjarne Stroustrup、Brian W. Kernighan、Dennis Ritchie、Jim Gray、Afred V. Aho、John E. Hopcroft、Jeffrey D. Ullman、Abraham Silberschatz、William Stallings、Donald E. Knuth、John L. Hennessy、Larry L. Peterson 等大师名家的一批经典作品，以"计算机科学丛书"为总称出版，供读者学习、研究及珍藏。大理石纹理的封面，也正体现了这套丛书的品位和格调。

"计算机科学丛书"的出版工作得到了国内外学者的鼎力相助，国内的专家不仅提供了中肯的选题指导，还不辞劳苦地担任了翻译和审校的工作；而原书的作者也相当关注其作品在中国的传播，有的还专门为其书的中译本作序。迄今，"计算机科学丛书"已经出版了近 500 个品种，这些书籍在读者中树立了良好的口碑，并被许多高校采用为正式教材和参考书籍。其影印版"经典原版书库"作为姊妹篇也被越来越多实施双语教学的学校所采用。

权威的作者、经典的教材、一流的译者、严格的审校、精细的编辑，这些因素使我们的图书有了质量的保证。随着计算机科学与技术专业学科建设的不断完善和教材改革的逐渐深化，教育界对国外计算机教材的需求和应用都将步入一个新的阶段，我们的目标是尽善尽美，而反馈的意见正是我们达到这一终极目标的重要帮助。华章公司欢迎老师和读者对我们的工作提出建议或给予指正，我们的联系方法如下：

华章网站：www.hzbook.com

电子邮件：hzjsj@hzbook.com

联系电话：（010）88379604

联系地址：北京市西城区百万庄南街 1 号

邮政编码：100037

华章教育

华章科技图书出版中心

　　计算机软件的设计与其他产品的设计有着很大的差异。不像其他有形产品的设计，软件的设计似乎不存在简单可遵循的规范和步骤。实际上，如何设计符合用户需求的高质量软件仍然是专家研究和讨论的话题，因此，教授学生学习软件设计也并非易事。

　　本书作者马丁·P.罗毕拉德（Martin P. Robillard）是麦吉尔大学教授，他的研究方向包括软件演化、架构和设计以及软件重用。罗毕拉德教授自 2005 年以来一直在为本科生讲授软件设计课程，并且具有多年的程序设计经验。本书是在作者多年教授软件设计的基础上写成的，因此，在引导学生如何设计软件方面具有独到之处。

　　作者用叙事的方式，通过扫雷游戏、单人纸牌游戏和 JetUML 三个大家比较熟知的应用实例以及大量的代码段，让读者体验软件设计过程中应该遵循的设计原则，面对问题和需求时不同设计决策带来的影响，各种设计模式的适用场景，以及如何使用面向对象程序设计语言提供的各种支持机制解决设计问题。三个应用实例涵盖了各种设计问题和解决方案，包括有效利用类型和接口、封装、复合、继承、设计模式、单元测试和函数式程序设计机制等。书中配备的大量代码段为读者理解和掌握内容提供了很好的帮助。全书每章开始都给出本章要介绍的设计原理、程序设计机制和设计模式等，每章结尾给出指导性的小结，以及读者可以进一步学习的"代码探索"，并为此提供了包含三个实例全部代码的辅助网站。每章最后还为读者提供了延伸阅读的文献指引。这些都为读者更好地掌握内容提供了便利和帮助。

　　本书在翻译过程中得到了刘锋编辑和李美莹编辑的大力支持，我们在此表示感谢！

　　限于译者水平，译文中难免出现疏漏和错误，欢迎大家批评指正！

译者

2020 年 4 月于广州

本书是我在麦吉尔大学讲授软件设计 10 多年的基础上写成的。最初，我的重点是讲解在高质量参考文献中出现的软件设计技术。但是，我很快意识到讲授软件设计的主要困难在于其他方面：讲解如何应用一种设计技术或者使用一种程序设计语言机制相对容易，真正的难题在于阐明应当在什么样的场景下使用某种设计技术，以及为什么使用这种技术。为此，我需要解释软件开发者如何设计软件。随着时间的推移，我的讲解变得更注重于探讨在一个给定场景下可以做出哪些不同的设计决策。

本书的目的是帮助读者通过发掘设计过程的经验来学习软件设计。我将通过不同的例子分享设计软件的经验，其中每个例子在一个具体场景中解释其设计技术的元素，并探讨在这种场景下的替代解决方案。每个例子将由许多代码块和设计图支撑。

我希望本书能够成为学习软件设计的有效资源和指南。但是，我相信仅仅靠阅读一本书不可能真正掌握设计技术。根据我的学习经验，有效的学习方法包括阅读他人的代码、自己经常性地编写代码，以及不懈地重构现有代码以尝试其他设计方案。为此，本书着重把编写代码和实验作为阅读本书不可或缺的部分。为了支持这种学习过程，本书有一个辅助网站，其中包括练习问题以及能够实践许多设计决策的三个应用实例。这些应用实例的介绍可在每章后面的"代码探索"中找到。

如书名所示，本书使用 Java 语言讲解软件设计基础。书中的所有代码，包括应用实例，都是用 Java（版本 8）编写的。但是，Java 语言只是讲解设计思想的工具，并非本书的主题。本书内容将覆盖可适用于多种技术的设计概念和方法。许多概念（如封装）是所有技术通用的。有的概念（如继承）是特定于某种程序设计范式的，但适用于多种程序设计语言。无论是通用的还是范式特定的内容，将这些例子改编到其他语言应该是相对容易的。在少数情况下，内容涉及 Java 特定的语言设计机制（如克隆）。在这种情况下，我将把这种机制呈现为一种更通用技术的实现。

本书面向的读者是那些拥有最少的编程经验，而且希望从编写小型程序和脚本晋级到处理大型系统的开发的人。读者对象自然也包括计算机科学和软件工程专业的大学生。但是，我将必须具备的计算概念限制到最少，以使得没有经过基本计算训练的程序员也可以阅读本书。出于同样的考虑，理解书中的代码只需要极少的语言知识，比如在程序设计入门课程中讲解的内容。用于理解本书内容的关键 Java 知识可以在附录中找到，必要时书中也讲解了 Java 的更高级特性，而且对 Java 语言的类库的特定元素进行了最少的引用。我希望本书对于想写出结构清晰、设计良好的软件的读者都有帮助。

本书组织结构

第 1 章是软件设计的一般性介绍。后续各章通过特定设计问题逐步引入各种设计概念和技术。在主题内容之外，本书也包含启发读者的内容，以帮助他们进一步探索和学习相关内容。

- **章节概述**：每章开头列出本章覆盖的概念和原理、程序设计机制、设计技术以及模式与反模式。
- **设计场景**：在概述之后有一个题为"设计场景"的段落，介绍本章实例的设计问题。因此，要理解某一章的代码无须阅读先前的各个章节。
- **图表**：每章包含许多表述设计思想的图表。尽管这些图表用于阐释书中的概念，但是它们也可用于讨论设计时的实际图表演示。
- **代码段**：每章包含许多代码段。代码通常遵循附录 B 的惯例，偶尔为了紧凑有例外。代码段的完成版本可以在辅助网站下载。
- **小结**：在每章有编号的主节后有一个标题为"小结"的未编号节，该节是本章关键信息和建议的总结。这些总结可作为适用设计知识的目录，并假设这些内容已经被读者掌握。这些内容用项目符号形式列出，以便阅读。
- **代码探索**：在"小结"之后有一节标题为"代码探索"，该节讨论实践中的软件设计。为方便实践且避免读者迷失在讨论的细节中，各章讨论的设计场景尽可能保持简单。结果是，软件设计中的某些有趣的方面也在简化中消失。本节的代码探索活动就是让读者学会在实践中应用本章介绍的某些主题。"代码探索"一节关注应用实例代码的特定部分。在阅读"代码探索"一节之前，建议读者重新阅读代码，尽可能多理解代码。"代码探索"一节讨论的应用实例在附录 C 中均有描述，包括用于创建本书图表的应用 JetUML。
- **延伸阅读**："延伸阅读"一节提供本章内容的进一步参考资料。
- **辅助网站**：本书的附加资源可参见 https://github.com/prmr/DesignBook。网站内容包括本章代码的完整注释版本，还有习题及答案。
- **应用实例**：附录 C 描述的三个 Java 应用实例是按照本书涵盖的许多原则和技术开发的，可作为进一步学习和探讨的基础。

致谢

非常感谢 Mathieu Nassif 对全书手稿进行了详细的技术审阅，并提出了大量的更正、建议和有趣的论点。感谢 Jin Guo 审阅了大部分章节，并在她的教学中实验了大部分内容。感谢 Kaylee Kutschera、Brigitte Pientka 和 Clark Verbrugge 对手稿各部分提出的反馈意见。我还要感谢斯普林格负责计算机科学的主编 Ralf Gerstner 在本项目一开始给予的信任，以及本项目执行过程中他惯有的勤奋和专业精神。

Martin P. Robillard

2019 年 4 月

绪　论

1988 年，有一小段代码备受人们关注。这是国际 C 语言混乱代码大赛的获奖者之一编写的程序，它能够在终端控制台上输出一首名为"The Twelve Days of Christmas"的 18 世纪诗歌。图 1-1 是程序运行时显示在输出控制台的前三句诗歌。这首诗歌的特别之处在于，它的结构是有规则的。这种具有规则性结构的文本可以通过软件来构造，而不是只能通过硬编码数据的方式产生。因此，对于"The Twelve Days of Christmas"这种诗歌，我们有机会找到一种清晰简洁的方法，把它输出到控制台。然而，正如这个比赛的名称所表达的那样，这个程序的特点就是混乱。实际上，其内部的工作过程是不可知的。图 1-2 复制了这个程序的完整代码。

```
On the first day of Christmas my true love gave to me
a partridge in a pear tree.

On the second day of Christmas my true love gave to me
two turtle doves
and a partridge in a pear tree.

On the third day of Christmas my true love gave to me
three French hens, two turtle doves
and a partridge in a pear tree.
...
```

图 1-1　图 1-2 中"The Twelve Days of Christmas"程序的部分输出

```
main(t,_,a ) char* a;{return!0<t?t<3?main(-79,-13,a+main(-87,
1-_,main(-86, 0,a+1 )+a)):1,t<_?main( t+1, _, a ):3,main(-94,
-27+t, a )&&t == 2 ?_<13 ? main ( 2, _+1,"%s %d %d\n" ):9:16:
t<0?t<-72?main( _, t,"@n'+,#'/*{}w+/w#cdnr/+,{}r/*de}+,/*{*+\
,/w{%+,/w#q#n+,/#{l,+,/n{n+,/+#n+,/#;#q#n+,/+k#;*+,/'r :'d*'\
3,}{w+K w'K:'+}e#';dq#'l q#'+d'K#!/+k#;q#'r)eKK#}w'r)eKK{nl]\
'/#;#q#n'){)#}w'){){nl]'/+#n';d}rw' i;# ){nl]!/n{n#'; r{#w'r\
nc{nl]'/#{l,+'K {rw' iK{;[{nl]'/w#q#n'wk nw' iwk{KK{nl]!/w{\
%'l##w#' i; :{nl]'/*{q#'ld;r'}{nlwb!/*de}'c ;;{nl'-{}rw]'/+,\
}##'*}#nc,',#nw]'/+kd'+e}+;#'rdq#w! nr'/ ') }+}{rl#'{n' ')# \
}'+}##(!!/"):t<-50?_==*a?putchar(31[a]):main(-65,_,a+1):main
((*a == '/')+t, _,a+1):0<t?main ( 2, 2 , "%s"):*a=='/'||main
(0,main(-61,*a,"!ek;dc i@bK'(q)-[w]*%n+r3#l,{}:\nuwloca-O;m\
.vpbks,fxntdCeghiry"),a+1);}
```

图 1-2　Ian Phillips 1988 年编写的"The Twelve Days of Christmas"C 程序源代码。
这段代码能够通过编译，运行的时候会产生图 1-1 中的输出结果

在某种程度上，这一段离奇的计算机冷知识说明了在软件中缺乏清晰结构的影响。对这个问题，我们有一个简单的程序设计功能需求：要实现的程序不需要任何输入，并能够生成一个不可变的输出。然而，正常人无法理解实现这个功能的代码。你可能会问，这又会带来什么问题呢？

软件需要变化，并且为了能够实现这种变化，至少有一个人必须在某个时刻介入。导致软件变化的原因有很多，从修复软件中出现的错误到调整代码以适应世界的不断变化，这些都能导致软件发生变化。举例来说，在上文的诗歌中所提到的许多"礼物"都是欧洲的鸟类（如 partridge、turtle dove、French hen）。现代软件开发的最佳实践包括了软件应用的本地化（localization），也就是让应用软件符合不同地区的具体文化特征。所以，读者可能期望修改代码，将诗歌中的欧洲鸟类替换为读者所在地区的常见鸟类（例如，对于北美地区的读者，可以把 partridge 替换为turkey）。但是，如果想要修改一段代码，就必须了解它的结构，而且这种结构必须在一定程度上能够适应这种修改。对于"The Twelve Days of Christmas"这个例子来说，任何试图修改这段代码的努力都是徒劳的。

用"The Twelve Days of Christmas"作为例子来阐明这个道理或许有些滑稽。因为这段代码是故意混乱，把它视为并不与软件设计相关，我们或许能获得些许安慰。不幸的是，在现代软件开发的复杂的社会、技术和经济现实面前，编写这种混乱的代码往往是阻力最小的途径，设计糟糕的代码也并不难找到。举例来说，在一个备受关注的有名案例中，法院判定一款自动驾驶软件应对一起致命事故负责。审查这个软件的专家认为，它的结构就如同一碗意大利面，让人找不到头尾。不论这种混乱的代码是有意还是无意写成的，最终导致的结果都是相似的：难以理解，难以在修改时不引入错误。

为了进一步对比，我们设计一个结构清晰的程序。与本书其余代码一样，程序都是用 Java 编写的。首先，我们先生成第一行诗歌：

```java
static String[] DAYS = {"first", "second", ..., "twelfth"};

static String firstLine(int day)
{
  return "On the " + DAYS[day] +
    " day of Christmas my true love sent to me:\n";
}
```

这段代码很清晰，因为函数简短，只抽象了一个明显的概念（创建诗歌的第一行），而且唯一的参数化直接映射到问题域（即改变日期）。

第二个子问题是创建一个给定日期的礼物列表。在本例中，可以利用诗歌中固有的递归结构来编写一个函数代码，它通过将礼物添加到一个较小的礼物列表中来创建一个礼物列表：

```
static String[] GIFTS = { "a partridge in a pear tree",
                          "two turtle doves", ... };

static String allGifts(int day)
{
  if( day == 0 ) { return "and " + GIFTS[0]; }
  else { return GIFTS[day] + "\n" + allGifts(day-1); }
}
```

allGifts 函数提供了一种递归算法的经典实现。在这个例子中，代码的结构是清楚的，它很轻松地实现了一种基本的计算策略。

现在，剩下来的工作只是将这十二句诗歌组合在一起，就能得到这首完整的诗歌。但是在第一句中还有一个小问题，我们并不需要在"a partridge"的前面加上连词"and"。不管程序的规模有多小，想要完全避免这种讨厌的特殊情况都可能是困难的。

```
static String poem()
{
  String poem = firstLine(0) + GIFTS[0] + "\n\n";
  for( int day = 1; day < 12; day++ )
  { poem += firstLine(day) + allGifts(day) + "\n\n"; }
  return poem;
}
```

我们一眼就能看出代码的总体结构：先是特殊处理的第一句，然后剩下的十一句通过依次迭代产生，其中每一句都是将两个函数的输出连接起来得到，即一个函数构造第一行，另一个函数构造礼物的列表。

1.1　定义软件设计

软件设计是一种具有神秘色彩的活动。对于许多软件开发项目，如果你想得到相关软件系统的"设计"，得到的回答可能是一个茫然的表情。"设计"并不一定是一种你可以切实感受到的东西。同样，也很少有人会以"软件设计师"的头衔自称。在这个意义上说，设计软件不同于设计家具或者服装。

对于软件设计有许多不同的定义，侧重点也是各不相同。"设计"这个词可以是动词，也可以是名词。所以，它既可以指一个过程（进行"设计"），也可以指这个过程的结果（一种"设计"），从而增加了它的模糊性。笔者对软件设计（过程）的定义应该是：构建数据和计算的抽象，并且将这些抽象进行组织管理，从而得到能够运行的应用软件。也许一开始这个定义看上去过于局限，但是如果我们想一想"抽象"这个术语所能表示的含义（变量、类、对象等），就会发现这实际上为如何解释软件设计提供了很大的灵活性。

在实践中，设计的过程本质上是一个进行决策的过程。我们应该使用列表还是栈？这个接口应该提供什么功能？这个错误应该在哪里进行处理？将设计理解为决策就会引入一个新的概念，即设计空间（design space）。设计空间可以被看作一个 n 维几何空间，其中每一个维度都对应一个设计质量属性。常见的软件设计质量属性包括可理解性、可重用性和易实现性。在这样的设计空间中，每一个具体的设计决策（或者是一组相容的决策）都对应于空间中代表这个决策结果的一个坐标。图 1-3 用两个维度给出了这个概念的图示。实际上，任何一个设计决策都可能在某个维度上表现优秀，但在其他维度上却表现比较差，我们将其称为设计折中（design trade-off）。

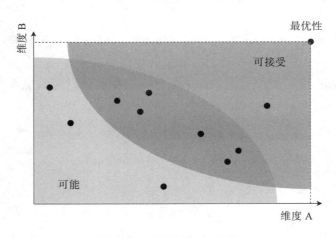

图 1-3   设计空间概念的图示

设计空间有两个有用的子空间，分别是可能解（possible solution）空间和可接受解（acceptable solution）空间。值得注意的是，理论上的最优解，即同时满足在所有维度上都最优的解，在实际中不大可能存在。这些都表明，在设计的决策过程中，很少只有唯一一个"正确答案"，只有在某些维度上更好或者更坏的解决方案（甚至也包含在大多数维度下都非常糟糕的解决方案）。

设计空间的概念可能让人感觉设计的决策过程更像是一个系统的、几乎数学化的过程。不幸的是，事实并非如此。几何空间是完全定义的，而软件设计的现实充满了不确定性。在这一点上，将软件设计过程比作 n 维几何空间的比喻就失效了。首先，并不是所有的可能解都是已知的，在复杂的情况下，或许有无穷多个可能解。其次，给定质量属性（如可理解性）之后，评估一个决策在多大程度上满足该属性是一个非常近似的过程。因此，并没有一个标准公式来计算如何到达设计空间的某一点。在大多数实际的软件开发过程中，想要遵循事先确定好的一组步骤来进行软件需求的设计和实现，是不切实际的。这个事实起初可能让人感到不安。如果没有学习的规范，我们要怎样才能学习设计呢？设计是一个富有启发性（heuristic）的探索过程：在实践经验、一般原则和设计技巧的指导下，迭代解决问题的过程。实际上，正是软件设计过程的启发性本质使之成为令人兴奋的创造性活动。

组成设计空间维度的质量属性，同时也对应于设计的一般目标。软件设计的重要目标之一就是降低软件的复杂度，或者说使其更易理解。设计简洁、易于理解的代码更不易出错，并且易于修改，而混乱的代码却会掩盖原始开发者的重要决策。如果开发者在修改代码的时候忽视了已有的设计约束，那么修改代码就可能与代码的原始结构产生冲突，从而导致错误，降低软件的质量。这种因为修改代码时不尊重原始结构而产生的问题，称为"粗鲁的手术"（见本章延伸阅读）。

通常来说，设计目标的相对重要性取决于软件设计的具体场景。设计场景（design context）是指在某个特定领域中找到并集成一个设计解决方案时，该领域对解决方案的具体需求和约束条件。举例来说，由于经济成本或者合约方面的原因，设计目标之一可能是软件应用可重用性的最大化。或者，如果想把一段代码集成到一个安全性十分重要的应用中，那么此时更重要的设计目标就是优化程序的健壮性（即容错性）。在本书中，笔者非常重视可理解性这个质量属性，并且强调在设计中，代码本身就要能反映其中的设计决策和决策意图。这种让设计决策在代码中充分体现出来的理念，笔者称之为可持续性（sustainability）。

如果把设计过程看作一系列有关软件抽象的决策活动，那么对于"一个设计"或者"这种设计"的一个合适的定义就是这些决策的集合。对于一个设计成品来说，这样的定义足够广泛，可以避免指定描述设计的媒介。在正式的软件开发环境下，这可以是正式的标准设计文档。在不那么正式的开发环境下，设计决策可以写在与项目相关的代码、图表或各种文档页面中。更极端一点，设计决策甚至可以只存在于开发者的头脑中。但是因为人们往往会忘记或者记错事情，后一种方法还是不用为好。1.3 节是关于如何获得设计知识的概述。

1.2　软件开发过程中的设计

设计仅仅是软件系统开发过程中的众多活动之一。关于软件开发的不同过程模型，有许多相关的资料和文献。过程模型描述（某些情况下是规定）了如何将不同的步骤组织起来，从而创建一个系统。不同的过程模型可以依据不同的原因提供不同的处理方式。在软件工程学科出现的早期，人们认为，开发高质量软件的理想方式是一个"规划为重"的过程，瀑布软件过程模型就是一个典型例子。然而，到了20 世纪 90 年代中期，这种开发理念受到了一场运动的冲击。这场运动倡导一种更加有机的软件开发方法，又称为敏捷开发（agile development）。实际上，关于如何更好地开发软件的理念不断演变，但归根到底最重要的是，首先要有一个软件开发过程，该过程能够很好地适应正在开发的系统和开发组织。举例来说，如果一个开发组织想要开发一个视频游戏的原型，那么其选择的开发过程可能与开发银行软件或者航天软件的过程不同。

如何制定、适应乃至遵循软件开发过程的问题并不是本书的重点。但是，即便是刚刚开始学习软件设计，如果不想迷失在广泛的技术领域和浩瀚的技术术语中，那么对软件开发过程有个大体认识还是很有用处的。

在软件开发的过程中，与软件设计紧密相关的一个概念是软件开发实践（practice）。实践是为了获取一定利益而进行的一种理解良好的做事方式。关于软件开发实践，程序员熟知的一个例子就是版本控制（version control）（通过使用软件工具来记录不同版本发生的变化）。另一个例子是结对编程（pair programming）（两个人结对，一起在一台电脑前编程）。在本书中，笔者提到了许多直接支持良好设计的软件开发实践，包括使用代码规范（coding convention）（见附录 B）和重构（refactoring）（见下文）。

另一个与软件设计直接相关的软件开发过程概念是迭代（iteration）。正如在 1.1 节中讨论的一样，在寻找一个设计解决方案时，通常会将不同的方案进行迭代。然而，在软件开发中，迭代也发生在一个更宏观的层次上，意指系统的设计需要周期性地扩展、审查和 / 或改进。在某些情况下，甚至可以在不影响系统可观测行为的前提下，对设计进行改进。这种改进代码设计但是又不会影响其功能性的软件开发实践，称为重构。必须或者希望进行重构的原因有很多。其中一个原因仅仅是原始开发者并没有真正正确地实现系统，在代码使用了一段时间之后，发现另一种设计显然要优于现有设计。另一个原因是我们想要添加的模块或者功能不能很好地与现有的设计结合，所以需要对设计进行重构，从而能更好地支持后添加的新代码。第三个原因是为了减少不断积累的设计缺陷。在维护代码（如修复错误）的时候，开发者通常会采用"快速但肮脏"的解决方案，尽管能够快速解决问题，但是不能很好地与现有的设计对接。这种现象称为积累的技术债务（technical debt）。因为没有花费精力去编写清晰的代码，开发团队实际上是在预支未来的开发成本。如同在金融行业中，过度借贷会导致破产的风险升高一样，如果任由技术债务积累下去，那么项目的可行性就会受到威胁。如果项目中产生了技术债务，那么偿还债务的一种方式就是重构。优秀的软件开发团队会周期性地对代码进行重构。因此，软件设计总是处于不断的演化过程中。

1.3 获取设计知识

设计（或者设计方案）是决策的集合，其中每一个决策都是在设计空间下，根据特定的设计问题或者设计场景进行搜索的结果。这种定义自然会引出设计决策到底是什么的问题。通俗地说，我们可以认为一个设计决策就是一个关于如何做某个具体事情的声明，并且最好附上相应的原因。举一个简单的例子，我们会用链表来存储约定列表，因为多数情况下，我们会给这个列表添加元素。如果这个决策想要真实体现，那么在某些时刻，至少要有一个开发者想到这一点。因此，我们存储设计决策的第一个媒介，就是某个人的大脑。对于小规模的项目，这个媒介就足够了。然而，考虑到人类记忆的短暂性，在人脑以外记录重要的设计决策总是值得的。由此带来如何获取设计决策的问题。数十年来，这个基本问题一直都是学术界和产业界研究和辩论的话题。人们在这方面撰写了许多完整的相关著作，但本书并不进行深入的讨论，所以以下对设计知识的外部存储方法做一个简明的总结。

- **源代码（包括标识符和注释）**：许多设计决策可以直接编写在源代码中。上文所说的选择链表作为数据结构就是一个例子。使用源代码的好处在于，它是一种形式语言，其语法规则可以由编译器进行检测。然而，源代码不适合进行设计决策原理的阐述。在这一点上，代码注释可以起到辅助作用。
- **设计文档（包括通用图表）**：设计决策可以记录在为此设计的专业文档中。用于记录软件的文档格式多种多样，从标准设计文档到博客文章。设计文档还可能包含图表，这是表现设计决策的另一种方式。
- **讨论平台和版本控制系统**：设计信息还可以"记录"在邮件列表中，以及存储在其他软件开发工具的注释中，比如问题管理系统和版本控制系统。
- **专用模型**：在某些软件开发项目中，开发者可以用形式化模型来说明软件的许多方面的信息。这些模型还可以自动转换为程序设计语言代码。这种方法称为生成式程序设计（generative programming）或者模型驱动开发（Model-Driven Development，MDD）。在模型驱动开发中，这些模型可以作为设计文档。作为软件构造的方法，模型驱动设计和开发并不在本书的讨论范围之内。

因为本书涉及的设计抽象层次与源代码紧密相关，之后讨论的许多设计决策都会或多或少体现在代码中。后续章节也会包含许多用来记录设计决策的图表和伴随文本。

统一建模语言

有些情况下，我们需要讨论的设计问题和解决方案非常烦琐、不便，或者仅仅是太复杂，难以用源代码或者自然语言进行描述。对于这种情况，我们可以使用一种专业的建模语言（modeling language）。这种情况并不仅仅局限于软件。例如，想仅仅通过语言来描述器乐几乎是不可能的，因此，我们使用乐谱记法。

从历史上来看，为了从抽象的层面反映软件系统的各个方面，开发了许多种不同的建模语言和记法。然而，如果模型是用一种不熟悉的记法所表示的，那么在解释模型的时候就会产生较大的开销，因此，这种记法上的不匹配会成为使用时的阻碍。值得庆幸的是，在 20 世纪 90 年代中期，主流的软件建模记法合并为了一个，即统一建模语言（UML），随后被国际标准化组织（ISO）采纳为标准语言。

UML 是一种建模语言，它用不同类型的图表来阐述软件的各个方面。设计信息可以通过 UML 清晰地表达出来，包括类之间的关系（如 A 继承自 B）、对象状态的改变（如加入第一个元素之后，一个列表对象的状态由空转变为非空），以及分配在对象上的调用序列（如 a.m1() 调用了 b.m2()）。

　　并不是所有的开发团队都会使用 UML。然而，使用 UML 的开发团队也会出于不同的原因选择不同的使用方式。比如，在瀑布式开发过程中，UML 可以用来生成正式的设计文档。也有人根据生成式程序设计的理念，用 UML 对软件进行详尽的描述，从而能够通过模型自动生成代码。在本书中，我们仅用 UML 来草绘（sketching）设计理念。本书中的图表并不能自动转换为代码。笔者尽可能只使用必要的、最少的建模语言，并且逐步引入这种记法。

　　对于 UML 图表，很重要的一点是记住它们是模型（model）。这意味着，它们并不是用来记录设计解决方案中的所有细节的。在理想的情况下，一个 UML 图表重点在于阐明一个单独的主要设计思想（single main idea）并且只包含相关的信息。在绘制 UML 图表时，将与要阐明的要点并不直接相关的系统部分和细节省略，是一个很普遍的做法。

1.4　共享设计技术

　　记录一个特定系统的设计知识是一回事，但是我们要怎样才能得到设计过程中通用的技术呢？软件设计会受到设计者技术和经验的影响，而这种启发性的知识往往并不容易进行综合，也难以汇总传播。在早期，传播设计技术的组织方法的中心在于综合的设计方法（design method）。这种设计方法规定了一系列的步骤，并且也说明了专门的图表和其他工具的使用。在 20 世纪 80 年代，这种方法达到了顶峰，而随着面向对象程序设计这一范式迅速普及，这种设计方法被能够适应该范式的方法所取代。综合的面向对象的设计方法在 20 世纪 90 年代中期达到顶峰。同时，人们也发觉，在许多面向对象的应用中，有些设计解决方案中的元素往往会重复出现。

1.4.1　设计模式

　　在 *Design Patterns: Elements of Reusable Object-Oriented Software* ⊖ [6] 一书中，作者通过设计模式（design pattern）这个概念阐述了在面向对象设计中元素重用的设计理念。因为该书有四位作者，所以又经常称为"四人组"之书。它也是目前最有影响力的软件设计相关书籍之一。依据最初由一位名为 Christopher Alexander 的建筑师提出的架构模式的概念，该书为解决常见的软件设计问题提出了 23 种设计模式。从此之后，人们提出了数不清的其他设计模式。对于软件工程来说，这种将解决特定问题的设计解决方案进行抽象的理念，提供了一种传达设计技术和设计经验

　　⊖　本书中文版由机械工业出版社出版，中文名为《设计模式：可复用面向对象软件的基础》，ISBN 为 9787111618331。——编辑注

的实用方法，而不再需要采取综合的设计方法，因此是软件工程的一个重大突破。时至今日，设计模式和其他相关概念的变体仍然是获取设计技术的主要方式。当前，对于不同的程序设计语言，存在着以书籍和网站形式出现的数不尽的设计目录。

根据原始的四人组之书，一种模式必须具有以下四种基本元素：

模式名称（pattern name）是由一两个词语构成的一个句柄，用于描述一个设计问题、相应的解决方案和产生的效果。给一个模式命名即刻丰富了我们的设计词汇，这样可以让我们在一个更高级的抽象层次上进行设计。有了模式的名称，我们就可以进行相关的讨论。

问题（problem）描述该在什么时候应用该模式。它具体解释了设计的问题和具体的设计场景。

解决方案（solution）描述组成设计的元素、元素之间的相互关系、每个元素的职责，以及元素之间的协作。但是，解决方案描述的并不是某一个具体的设计或实现，因为模式就像是一个模板。

效果（consequence）是应用模式之后产生的结果和应权衡的问题 [6]。

在本书中，当讨论的内容涉及相关模式时，我们将引入原书的部分模式并将其集成到讨论的内容。对于模式的结构化描述，因为在其他设计目录中可以轻松找到，因此本书没有复述。相反，本书只对模式进行简单的描述，更着重于问题和解决方案之间的联系，并附上与模式相关的重要设计决策的讨论。因为有时难以将设计问题单独分离出来，笔者也更喜欢将问题称为应用模式的场景。最后，在某些情况下，本书用 UML 图表来表达模式所体现的解决方案，同时，UML 图表还会用来记录该模式的抽象元素（abstract element）的名称。因为这些元素是抽象的，笔者更喜欢称之为模板解（solution template），而不是某个具体的解。当试图在实际情况下应用模板时，一个常见的任务就是要将模板解中的抽象元素映射到代码中的具体设计元素。在本书中，设计模式的名称将会用小型大写（SMALL CAPS）字体显示。这样做是为了表明这个术语是定义良好的设计概念，与一般的用法区别开来。比如说，有一种设计模式被称为“Strategy”（策略）模式。本书不用“Strategy 设计模式”，而是用 STRATEGY 来表示这种设计模式，由此也可以将它与表示通用问题解决方法的策略（strategy）进行区别。

因为在众多资料中很容易就能查找到设计模式的模板解，因此学习设计模式要培养的最重要的能力是要知道在什么情况下应用这些模板。为此，本书对设计模式的介绍重点在于阐述使用模板的原理以及它们在不同设计场景下的优缺点，而模板解不是关注的重点。当初次学习设计模式时，一个易犯的错误就是过于热心，试图在所有情况下都应用这些模式。正如设计解决方案中的其他元素一样，设计模式的特定实例也会对应于设计空间中的一个特定点，而设计空间下的每一个点都有它的优缺点。如果可以概括设计模式的使用的话，那就是尽量采用使整体设计更加灵活的设计模式。在某些情况下，设计的灵活性正是我们需要的，而在另外的情况下，这种灵活性却过犹而不及，反而会造成代码中不必要的结构和混乱。换句话说，在给定的设计场景下，以特定的方式使用一种特定的设计模式，这也是一种设计决策，就像其他大多数设计决策一样，也需要进行审慎的评估。

1.4.2 设计反模式

关于设计模式的一个有趣观点是设计反模式（antipattern）的概念。正如某些设计解的元素在不同的应用中反复出现一样，可识别的缺陷也可以从许多相似的情况中抽象出来并分类。这个概念是在千禧年之际，在一本十分流行的关于重构的书籍中提出的。这本书记录了 22 种反模式，形成重构相应代码的动机 [5]。典型的反模式包括诸如 DUPLICATED CODE†（重复代码）、LONG METHOD†（过长方法）等，本书也将讨论这些问题。出于与设计模式相同的原因，反模式也会用 SMALL CAPS 字体显示，但是为了与实际的设计模式进行区分，会在后面加一个短剑符号†。设计反模式也称为代码异味（code smell）或者（代码中的）难闻气味（bad smell），以表达不健康症状的概念。

小结

本章介绍了软件设计，并且将软件设计置于软件开发项目的一般场景下。

- 动词"进行设计"指的是设计软件时遵循的过程，名词"一种设计"指的是这种过程的结果。
- 软件设计的过程就是构建数据和计算的抽象，并且将这些抽象进行组织管理，从而得到能够运行的应用软件。
- 对于设计问题，很少只存在唯一的"正确答案"，只有在某些维度中更好或者更差的解。
- 设计成品是一个或多个设计决策的外部表现。
- 在开发软件系统时，设计只是其中进行的众多活动之一。软件开发遵循一定的过程，不同的开发组织选择不同的过程，有些开发过程注重计划，有些则是敏捷开发过程。开发过程经常会涉及迭代。
- 软件开发实践是为了获得一定利益的一种做事方式，而且这种方式被人们广泛接受。常见的例子包括版本控制、代码规范和重构。
- 设计知识可以记录在源代码注释、专业文档、讨论区以及模型中。
- 统一建模语言（UML）是根据不同类型的图表进行组织的一种建模语言。通过 UML 可以有效地阐明软件的各个方面，还可以避免陷入设计的细节中。
- 设计模式记录了可应用于常见设计场景下的抽象设计解决方案。设计模式的描述包含模式名称、对要解决的设计问题或者场景的描述、模板解以及对应用这个模式带来的效果的讨论。

- 设计反模式是对常见的设计缺陷的抽象描述。

延伸阅读

David L. Parnas 在论文 "Software Aging"[12] 中引入了术语 "粗鲁的手术" 一词，并且阐明了维护良好软件设计的必要性。Parnas 是软件工程学科早期的贡献者之一。Robert C. Martin 在其著作 *Clean Code: A Handbook of Agile Software Craftmanship*[7] 的第 1 章，就讨论了糟糕乃至混乱的代码造成的弊端。笔者在题为 "Sustainable Software Design"[14] 的短篇论文中更详细地讨论了清晰的设计决策可以带来的好处。

Martin Fowler 在 *UML Distilled, 3rd Edition*[5] 的第 1 章中，对 UML 进行了更全面综合的介绍。Fowler 将使用 UML 的模型分为三种用途：作为设计草图、作为创建应用的蓝图，以及作为可以执行的源代码。本书的用法属于作为设计草图。

关于设计模式的最早的书是 *Design Patterns: Elements of Reusable Objected-Oriented Software*[6]，该书的作者为 Erich Gamma、Richard Helm、Ralph Johnson 以及 John Vlissides。因此，这本书又经常称为 "四人组" 之书。因为这本书要早于 UML，所以书中用来记录软件设计的记法会显得有些陌生。但不论如何，这本书仍然是不朽的参考文献。

Martin Fowler 的另一本书 *Refactoring: Improving the Design of Existing Code*[3]，是关于重构实践的主要参考文献。这本书中提出了设计反模式的概念（在书中又被称作 "代码异味"）。Robert C. Martin 在上文提到的 *Clean Code: A Handbook of Agile Software Craftmanship* 的第 17 章中，也给出了一个代码异味的列表。

第 2 章

Introduction to Software Design with Java

封　　装

本章包含以下内容。

- **概念与原则**：封装、信息隐藏、抽象、不可变性、接口、引用共享、逃逸引用。
- **程序设计机制**：类型系统、枚举类型、作用域、访问修饰符、断言。
- **设计技巧**：类定义、对象图、不可变封装、引用复制、复制构造函数、契约式设计。
- **模式与反模式**：Primitive Obsession †（基本类型偏执）、Inappropriate Intimacy †（狎昵关系）。

　　软件设计中一个基本的技巧是将整个系统分解为区别显著、方便管理的抽象。但是，如果仅是将其分解成几个藕断丝连的模块，这些模块之间相互关联、彼此依赖，那就几乎没什么意义了。真正有用的分解，应该让分解后的每个抽象都彼此独立。对于优秀的设计，与软件抽象密不可分的一个概念就是封装（encapsulation）。

　　设计场景

　　我们先来看看怎么有效地用代码表示一副纸牌，以此来开始软件设计的学习。纸牌的表示在大多数电脑纸牌游戏中是必需的，比如经典的单人纸牌游戏（Solitaire）。我们以一副普通的纸牌为例，其中共有 52 张不同的牌，每张牌都可以完全由其花色（红桃 ♥、黑桃 ♠、方块 ♦、梅花 ♣）和点数（A, 2, 3, ⋯, 10, J, Q, K）定义。因此，用于表示这副牌的软件结构应能够表示 0 ~ 52 之间任意几张牌的任意序列。

2.1　封装与信息隐藏

　　封装的概念类似于把东西放在一个包装盒里面，好比坚果仁被封装在坚果壳里。这样的外壳或包装盒，起到了保护的作用。在软件设计中，我们把数据和计算都封装起来，限制各部分代码之间的接触点。封装有几个优点：首先，理解独立的代码块更容易；其次，其他代码调用独立代码时不易出错；最后，修改代码的一部分时不会破坏其他代码。在软件设计中，与外壳相当的是接口（interface）的一般概念。

　　软件设计中的封装概念和信息隐藏（information hiding）原则有关，该原则在 20 世纪 70 年代初就已经存在。信息隐藏的核心思想在于，封装结构只透露足以使用它们的最少信息，而隐藏剩余信息。关于信息隐藏的一个典型的例子就是抽象数据类型（ADT）栈（stack）的实现，其接口只提供 push 和 pop 操作。这种接口能让客户端代码（client code）完全使用栈结构，但关于在该栈中如何存储元素的底层设计决策对于使用栈的代码则是隐藏的。在本书中，笔者使用客户端代码这个词表示任何引用了抽象（如 ADT 栈）但不属于该抽象的定义的代码。

　　尽管封装和信息隐藏原则对于软件设计非常宽泛，但是依然有一些具体的技巧来确保我们的代码遵循了这些原则。本章的剩余部分将介绍一些这种技巧。

2.2　将抽象编码为类型

　　第一个设计任务是定义表示一副牌的抽象。这里的"定义"指确定抽象表示的内容，以及抽象在代码中的形式。对于一副牌来说，设计过程的第一部分非常简单，因为代码中需要呈现的概念（一副纸牌）在实际生活中有明确的定义。但是，并非所有的设计案例都如此简单。

　　本质上来说，一副纸牌仅仅是一些牌的有序集合。因此，我们可以使用任意的标准数据结构（数组、线性表等）来表示这个集合。但是，这个集合到底应该装什么？一张牌到底是什么？在代码中，可以用很多不同的方式来表示纸牌。比如，按一定的约定用 0 ~ 51 的整数来表示每张牌（例如，0 ~ 12 按升序表示方块，13 ~ 25 按升序表示红桃等）。

```
int card = 13;       // 13 = The ace of Hearts
int suit = card / 13  // 1 = Hearts
int rank = card % 13; // 0 = Ace
```

从第二行和第三行看出，我们需要找一种类似的方法来表示花色和点数⊖。为了避免纸牌花色转换时不断地做乘除法，我们也可以用一对数值来表示一张牌，其中，第一个数表示花色，第二个数表示点数（或者反过来）。

```
int[] card = {1,0}; // The Ace of Hearts
```

　　我们甚至可以用由 6 个布尔值构成的组合来表示一张牌。尽管这种方法糟糕透了，但在技术上仍然是可以实现的：这是一个可能的决策，但绝不可以被采用（见 1.1 节）。事实上，上述提到的三种方法都有重大缺陷。

　　第一，纸牌的表示方法设有映射到相应领域概念。为了方便我们对代码的理解，尽量避免在写代码时犯错，理想的表示方法应该与之所表达的概念紧密相关。比如，数据类型 int 对应的概念是整数（一种数的类型），而非纸牌。很有可能当我们声

⊖　模运算符（%）返回整数除法的余数。

明一个 **int** 型变量时，本想表示一张纸牌，却稀里糊涂地给这个变量赋了另一种值（比如一副牌的张数）。对于编译器来说，这并非错误，但执行代码时会造成很大的困惑。

第二，这些表示方法与其实现方法耦合紧密。如果我们用整数来表示牌，那么代码中任何表示某张牌的地方都会用到整数。若将这种表示方法替换成其他的（比如，用前面提到的数组），那么就需要在代码中找出每一个用整型变量 **int** 表示纸牌的地方，并对这些代码进行修改。

第三，损坏一个表示某张牌的变量也很容易。在 Java 中，一个 **int** 型变量可以有 2^{32} 个不同的值。但是，要表示纸牌，我们仅需一个很小的子集（52 个）。这样一来，绝大多数 **int** 型变量可以表示的值（2^{32}–52）就不能代表任何合法信息，由此敞开了通向错误的大门！如果用 **int** 型二元数组来表示，问题将变得更严重，因为它可以有 $2^{33}+1$ 个不同的值⊖。

显然，我们可以做得更好。通常来说，把领域概念硬塞给 **int**、**String** 等基本通用数据类型是个坏主意。在理想情况下，这些数据类型应该只用于存放对应类型的值。比如，**int** 型应该只用于存放实际的整数（或许也可以存放非常类似的概念，比如货币）。同样，**String** 应该只用于存放旨在表示文本或类文本信息的字符串，而不是用于其他概念的编码（比如"AceOfClubs"）。用基本类型表示其他抽象是软件设计中的一个常见问题，这样的做法就是反模式 PRIMITIVE OBSESSION†。

为了遵循信息隐藏的原则，我们应该组织代码来隐藏如何表示纸牌的决策，将这种决策隐藏在与纸牌概念相关的接口后面。在对类型有强大支持的程序设计语言中，如 Java，我们通常用类型来完成这个任务。在这个设计案例中，为了用代码恰当地表示一张牌，我们用一个 Java 类表示类型 Card：

```
class Card {}
```

从下面的代码可以看到，使用具体类型可以隐藏一张牌的具体定义。但是，尽管现在有了一个 Card 类，我们仍需要决定在类里面怎样具体表示一张牌。我们可以这样做：

```
class Card
{
  int aCard; // 0~51 encodes the card
}
```

这个类定义了一个 **int** 型实例变量 aCard。这个实例变量的变量名包含了前缀 a，这遵循附录 B 中详细说明的代码规范。客户端代码可以通过间接引用来引用这个变量，如下所示：⊜

⊖   附加的一个值来源于数组类型的变量也可以为空。

⊜   从技术上讲，只有将该代码放在与 Card 类相同的包的类里声明的方法时，代码才能编译。这里的细节并不重要。2.3 节说明了可以在代码中访问类成员的位置。

```
Card card = new Card();
card.aCard = 28;
```

　　尽管使用类可以更好地将值与纸牌的领域域概念联系起来，但是仍存在其他问题。首先，破坏一张牌的表示的可能性仍然存在。其次，用 **int** 型变量来表示这个值的决策并未完全被隐藏，因为客户端代码可以通过对实例变量的间接引用来直接访问变量。接下来我们将解决如何在内部表示纸牌的问题。下一节再处理隐藏这个决策的问题。

　　两个关键的观察有助于我们找到更好的纸牌编码方法。第一，一张纸牌的值完全由两个子概念决定，即花色（例如方块）和点数（例如 A）。所以，我们可以把分解的过程更进一步，为花色和点数定义抽象。按照之前的逻辑，基本数值并不是编码这些抽象的良好选择，所以我们更希望用一种专门的类型。此时，第二个重要的观察就有帮助了：已知纸牌的点数只能是 13 个不同值中的一个，因此可以预先枚举出来。而对于花色，值的数量甚至更少（只有 4 个）。因此，为这些抽象进行编码的最佳工具是枚举类型（enumerated type）：

```
enum Suit
{ CLUBS, DIAMONDS, SPADES, HEARTS }
```

　　在 Java 中，枚举类型是一种特殊的类声明。枚举类型的声明中列举出的关键字是全局常量（又名静态域，详见 A.3 节）。这些常量储存与枚举值相对应的类对象的唯一引用。比如：

```
Suit suit1 = Suit.CLUBS;
Suit suit2 = Suit.CLUBS;
boolean same = suit1 == suit2; // same == true
```

　　枚举类型可以完美契合我们所处的情形。这种类型满足所有设计需求，因为枚举类型 Suit 和 Rank 变量和与之相关的花色和点数概念有直接的联系，这些枚举变量只能取对该类型有意义的值⊖。对于创造或实现鲁棒性较高的设计，枚举类型是一个简单但是有效的工具。它可以帮助我们避免 PRIMITIVE OBSESSION†，通常来说，还可以让代码变得更简洁、更不易出错。

　　下面的代码将花色和点数的值结合，完善了 Card 类的定义。这里假设每个枚举类型是在自己的文件中定义。

```
enum Suit { CLUBS, DIAMONDS, SPADES, HEARTS }
enum Rank { ACE, TWO, ..., QUEEN, KING }

class Card
{
  Suit aSuit;
  Rank aRank;
}
```

⊖　不幸的是伴随有 **null** 异常，见 4.5 节。

既然有了一个合理的类型在代码中表示一张牌，我们就可以遵循同样的思路，回到表示一副牌的问题。由于一副牌只是一些牌的集合，我们可以用一些 Card 组成的 List 来表示一副牌：

```
List<Card> deck = new ArrayList<>();
```

但是，这种方法的缺点和用 int 类型的数值来表示一张牌的缺点一样。

- 纸牌列表与一副牌的概念并没有紧密的联系。它可以表示任意牌的列表，例如，玩单人纸牌游戏时创建的一堆纸牌，游戏中丢弃的牌等。
- 牌的列表将一副牌在程序中的表示与其实现联系了起来。如果我们后来选择用数组来代替列表的表示方法，那么就要修改所有相关的代码⊖。
- 结构很容易被破坏：一副简单的牌最多可容纳 52 张无重复的牌。列表数据结构允许存放任意张牌，包括重复的牌。

在代码中表示一副牌的更好方法是给它定义一个适当的类型：

```
class Deck
{
  List<Card> aCards = new ArrayList<>();
}
```

尽管定义仅包含一个 ArrayList 实例的新类看起来有些冗余，但这有助于避免很多上面所讨论的问题。这个新的类型 Deck 特化了列表，并将其直接绑定到对应的域概念。同时，它使得隐藏纸牌的存储决策成为可能。本章剩余部分将详细介绍具体如何实现隐藏。

2.3 作用域与可见性限制

将抽象编码为类型只是封装过程中的第一步。一旦我们认为这些类型是符合设计的优秀抽象时，就需要确保这些类型可以有效地在客户端代码中隐藏信息。至此，我们已经确定了用代码表示纸牌所必需的四种类型：Deck、Card、Rank 和 Suit。其中每个类型都定义了一些可能用到的值和操作的集合。现在，我们回到这些类型的取值及其操作的问题，以便实现值和计算的优质封装。

在 Java 和大多数面向对象的程序设计语言中，对象（object）是将一些变量聚集在一起，并通过间接引用来访问变量的值的机制（详见 A.2 节）。如果不用封装，那么构成对象的任意一个变量值都可以被随意访问。例如下面的代码：

```
class Deck
{
  public List<Card> aCards = new ArrayList<>();
}
```

⊖ 令人不安的是，在线性表赋值的等式右侧用 Stack 替换列表实际上是可行的，因为在 Java 中，Stack 是 List 的子类型。笔者将在第 7 章解释为何这会令人不安。

```
class Card
{
  public Rank aRank = null;
  public Suit aSuit = null;
}
```

我们可以如下使用这些对象[⊖]：

```
Deck deck = new Deck();
deck.aCards.add(new Card());
deck.aCards.add(new Card());
deck.aCards.get(1).aRank = deck.aCards.get(0).aRank;
System.out.println(deck.aCards.get(0).aSuit.toString());
```

因为完全没有进行封装，我们可以不遵循任何原则使用这些类型的内部实现。如果不在代码上付出大量努力，这种代码几乎总是轻易地导致错误，仅仅因为误用结构的方法数量远远超过正确使用的方法数量。用上面的代码举个例子，尽管不明显，但执行时会引发 NullPointerException 错误。如果封装得当，错误地使用类型几乎是不可能的。

　　封装的核心思想是将抽象的内部实现隐藏在接口之后，接口严密地控制着抽象的使用。设计良好的抽象和这些抽象的优秀接口，是大部分软件设计中相关联的基本任务。设计优秀接口是很困难的任务，需要将不同的机制和技术相结合。我们从最简单的一种开始，即访问修饰符（access modifier）。访问修饰符是 Java 的关键字，用于控制哪些代码能看见（see）或访问（access）程序中某些元素（例如类、域、方法）。限制对域（field）的访问的思想，与局部变量的可见性和作用域（scope）的思想非常类似。在大多数程序设计语言中，作用域是意为变量边界的词汇。在 Java 中，作用域由花括号确定。例如，下面的代码段有一个编译错误：

```
public static void main(String[] args)
{
  { int a = 0; }
  { int b = a; }
}
```

该代码段的第二个赋值语句中对变量 a 的引用无效，因为根据 Java 的作用域规则，这个变量在该语句的作用域中不可见。从这个简单的例子中看起来，作用域好像是一种限制。但是，这实际上是一种强大的特性。要理解第二个语句的问题，我们只需追踪这个作用域中对变量的引用（这与代码中的每个位置相对）。对于类，我们同样可以这样做。

　　在 Java 中，使用访问修饰符，可以控制类和类成员（以及一些特定的域）的可见性。在本章，我们只着重于区分 **public**（公有）和 **private**（私有）访问修饰符[⊜]。标记为 **public** 的成员对所有代码都可见。上述的例子中，由于 Deck 类的

⊖　这段代码没有在任何方法中定义过，因为其确切位置无关紧要。例如，可以将代码放在 main 方法中。

⊜　其他两个修饰符是 protected 和"默认"（没有修饰符）。具有默认可见性的成员可以通过在同一个包中声明的类里的代码进行访问。protected 修饰符将在第 7 章讨论。

域 aCards 是公有的，Deck 类型的对象的变量 aCards 对任何能引用该对象的代码都可见。相反，标记为 **private** 的成员只在这个类的作用域内可见，也就是说，只在类声明开始的左花括号和类声明最后的右花括号之间可见。

实现优秀封装的一个一般原则是类成员应该具有尽可能小的作用域。因此，实例变量几乎总是私有的。此外，公有的方法应该尽可能少地暴露本应被封装的实现决策。遵循此原则，修改后的 Card 类设计如下：

```
public class Card
{
  private Rank aRank;
  private Suit aSuit;

  public Card(Rank pRank, Suit pSuit)
  {
    aRank = pRank;
    aSuit = pSuit;
  }

  public Rank getRank() { return aRank; }
  public Suit getSuit() { return aSuit; }
}
```

这个类正确地封装了一张纸牌的表示，因为客户端代码不能以任何方式与纸牌的内部表示进行交互。事实上，用这种设计，有可能无须修改任何客户端代码，就能够把域类型改为 int 或枚举类型（比如 PlayingCard），从而改变一张纸牌的表示方法。

作为软件设计的一种机制，访问修饰符具有双重作用。第一，它表达了开发者关于某些结构到底该如何使用的意图。第二，它支持通过编译来自动实施上述意图。在一个理想的设计中，开发者的意图应该清晰，或者至少不能过分模糊。

2.4 对象图

对象图是一种 UML 图表（见 1.3 节），表示已有的对象（如类实例）的图表。每当执行一个 **new** 语句，就创建一个对象，返回指向该对象的引用并可以传递。通常，将构建对象的结果以及它们内在的引用关系用图的方式表达出来是很有意义的，尤其当一些对象被巧妙地组织在一起时，或某些对象之间的关系很重要时。

我们将介绍一种官方 UML 对象图的加强版，以便展示某个对象的域和数值，这类似于计算机科学入门课程中常用的数据结构图表。在对象图中，对象用矩形表示，其中包含名称和类型，并表示为 name:type（名称：类型）的形式。名称和类型都不是必需的，但通常来说，至少要有其中一个。按照 UML 图表中的约定，对象（而不是类）的名称有下划线。对象也可以包含域（field），类似于 Java 程序中的域（field）。域可以包含一个基本类型的值或一个引用类型的值（详见 A.1 节）。后者的值用指向对象的箭头表示。我们来看看图 2-1 中的图表：

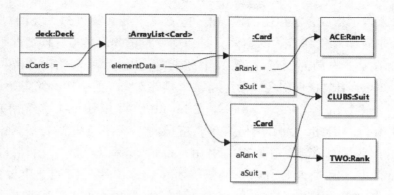

图 2-1　对象图实例，展示了表示一副纸牌的对象图的详细模型

图 2-1 建模了一个名为 deck 的 Deck 类实例。可以省略名称，只在矩形框中写 :Deck，就像匿名类 :ArrayList<Card> 一样。这个 deck 有一个域 aCards，其当前值是对 ArrayList<Card> 对象的一个引用。ArrayList<Card> 对象的 elementData 域引用了两个 Card 实例。在这里，由于 ArrayList 是标准库类型，需要掌握标准库源代码的必要知识，才能准确建模这个类的对象。但对于设计草图，是否使用真实的名称并不重要。无须查阅所有实现细节来对标准库类型的内部属性建模，通常用一个自己想到的名称就可以了。比如，在上面的图表中，把域命名为 data 或 elements 将提供同样的信息。

通过建模，我们可以忽略一些细节。实际上，在 ArrayList 实例中，域 elementData 指向了包含真实数据的 Object 类型的数组。在这里这个信息用途不大，我们将其直接连接到内部包含的数据。同样值得注意的是，列表指向 2 张牌，而不是 3 张、4 张或 52 张。关于对象图的另一个要点是，它代表了程序执行时的一个快照（snapshot）。在这里，列表中有 2 张牌。另一个解释是，我们不认为包含所有 52 张牌才能说明一副牌是一个牌的列表。不过，那两个 Card 实例模型的细节面面俱到。枚举类型的值理应由名称来区分，枚举值 Suit.CLUBS 在 2 张牌之间被共享。我们将在第 4 章中讲到更多关于引用共享的细节。

第二个图表（图 2-2）说明了我们可以做一些恰当的建模简化。首先，加入一个名为 main 的无类型对象。这个"对象"是表示一个方法主体的技巧。对象图没有

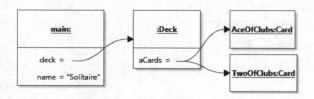

图 2-2　表示一副纸牌的简化模型对象图

明确的记法来表示构成方法声明的代码语句。但是，这可以通过无类型对象来实现，因为从图表来看，对象和方法的主体只是一些变量的集合（第一种情况下为实例变量，第二种情况下为局部变量）。第二个区别是，Deck 对象现在是匿名的，名称 deck 被用来表示指向任何对象（而不是某个具体对象）的引用。第三，方法 main 包含储存了一个字符串的变量 name。在 Java 中，严格地说，字符串是 String 类型的引用实例。因此，为了严格准确，应该将一个字符串值表示为 String 类实例的引用，它是对 **char** 值数组的引用，每个 **char** 值包含一个字母。这种程度的细节显得多余且烦人。所以我们只展示字符串文字。第四个重要的区别是，ArrayList 被抽象化了。在这个图表中，我们能看出一副牌用某种方法记录了一些纸牌，但看不出内部是如何储存的。这些纸牌可能存储在数组中、列表中，或其他结构中。尽管某些情况下（比如 2.5 节将讲到的），这些细节可能很重要，但是大多数情况里，内部的数据结构细节是多余的。最后一点可能有点跨度，Card 实例的值人为地使用了一个便于理解的名称，而不是建模域值。这不是指 Card 实例没有域 aRank 和 aSuit，只是这张图表省略了这些细节。

2.5　逃逸引用

关键字 **private** 对域的可见性限制提供了基本的封装，但这种对内部结构的保护绝非铜墙铁壁。为了讨论这一问题，我们回到在对象 Deck 实例中储存对象 Card 的集合的问题。假设我们用 Java 的 ArrayList 类型把 Deck 实现为纸牌列表⊖。

```
public class Deck
{
  private List<Card> aCards = new ArrayList<>();

  public Deck()
  {
    /* Add all 52 cards to the deck */
    /* Suffle the cards */
  }

  public Card draw() { return aCards.remove(0); }
}
```

目前为止，在这个类外部的代码使用 Deck 实例的唯一方法就是把一张牌从一副牌中取出（draw）（也称为移除）：这里没有其他的成员（方法或域）可以在类外面被引用。类被很好地封装起来了，但其可以提供的功能却十分有限。假设客户端代码需要查看一副纸牌的具体内容，我们可以简单地往类中加一个 "getter"（获取）方法：

⊖　Stack 看起来可能是一个更好的选择，但笔者宁愿避免使用这种类型，因为它的设计是第 7 章讨论的一个设计缺陷的受害者。

```
public class Deck
{
  private List<Card> aCards = new ArrayList<>();

  public List<Card> getCards() { return aCards; }
}
```

不幸的是，虽然这种方法可以解决访问一副牌的内容问题，但是付出的代价也很大，它使得内部私有的纸牌列表的引用逃逸（escape）出了类的作用域，因此给予了类外部访问内部元素的权限。例如：

```
Deck deck = new Deck();
List<Card> cards = deck.getCards();
cards.add(new Card(Rank.ACE, Suit.HEARTS));
```

在这里，Deck 实例中对纸牌列表的引用逃逸到了客户端代码的作用域里，由此可能导致混乱，比如添加了一个额外的红桃 A。

显然，将域声明为私有还不能够确保优秀的封装。如果一个类被很好地封装的话，那么必须通过方法去修改对象里储存的数据。继而，为了达到这样的封装质量，同时也有必要阻止逃逸类作用域对内部结构的引用。对私有结构的引用逃逸出类作用域的途径主要有三种：返回指向内部对象的引用、在内部存储外部引用，或通过共享结构泄露引用⊖。

2.5.1　返回指向内部对象的引用

返回指向内部对象的引用问题在之前 getter 方法的运用中已经说明了。为每个域都自动提供 getter 和 setter 并非好主意，因为就像上述例子所示，它可能导致封装的退化。图 2-3 展示了这种逃逸带来的影响。

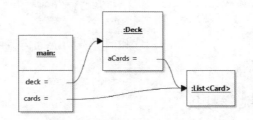

图 2-3　类作用域外引用泄露带来的影响

尽管一个对象就是一些变量的集合，在设计场景中，这些变量对应于一个抽象。主要通过 getter 和 setter 访问类会导致设计上的缺陷，因为对象代表的抽象不够有效。这个问题也称为 INAPPROPRIATE INTIMACY †，因为其表现为类"花费太多时间相互在对方的私有部分翻找"[3]。对象应尽可能使用各个实例变量之上的抽象方法进行交互。在 Deck 类的例子中，这意味着禁止对"私有部分"的内部纸牌列表访问。

⊖　第四种更间接的方法是使用元程序设计，详见 5.4 节。

2.5.2 在内部存储外部引用

返回指向内部对象的引用问题在于这个引用被客户端代码共享了。一个类似的问题是通过外部对象的引用来初始化另一个对象的内部状态，从而引入这种共享。

例如，如果一副牌有一个"setter"方法：

```java
public class Deck
{
  private List<Card> aCards = new ArrayList<>();

  public void setCards(List<Card> pCards) { aCards = pCards; }
}
```

在下面代码中，一旦外部引用被赋给内部域，该内部域的引用便早已"逃逸"了：

```java
List<Card> cards = new ArrayList<>();
Deck deck = new Deck();
deck.setCards(cards);
cards.add(new Card(Rank.ACE, Suit.HEARTS));
```

在这里，我们可以在客户端代码的作用域内破坏一副牌的状态，比如添加额外的红桃 A。从对象图的角度来看，这种代码带来的后果和通过 getter 方法泄露引用差不多，图 2-3 给出了说明。

这种问题出现的另一种方式是通过构造函数设置一副牌的内容，与 setter 方法类似：

```java
public class Deck
{
  private List<Card> aCards = new ArrayList<>();

  public Deck(List<Card> pCards) { aCards = pCards; }
}
```

尽管泄露引用采取了不同类型的程序设计语言元素（构造函数，而不是 setter 方法），但结果都是相同的。

2.5.3 通过共享结构泄露引用

逃逸引用的问题很复杂，因为引用可以通过许多共享结构逃逸，而且并不总是很明显。下面的例子尽管是故意的，但向我们展示了这个问题：

```java
public class Deck
{
  private List<Card> aCards = new ArrayList<>();

  public void collect(List<List<Card>> pAllCards)
  { pAllCards.add(aCards); }
}
```

相关客户端代码如下：

```
List<List<Card>> allCards = new ArrayList<>();
Deck deck = new Deck();
deck.collect(allCards);
List<Card> cards = allCards.get(0);
cards.add(new Card(Rank.ACE, Suit.HEARTS));
```

图 2-4 说明了结果。不幸的是，自动检测逃逸引用是一个复杂的程序分析问题，目前没有任何产品工具能在 Java 中完成这个任务。目前防止引用从类的作用域中逃逸需要人工操作，依靠严格的程序设计和代码审查来完成。我们将在 2.7 节介绍如何在不泄露对内部结构的引用的情况下，暴露某些精心挑选的被封装在对象中的信息的机制。

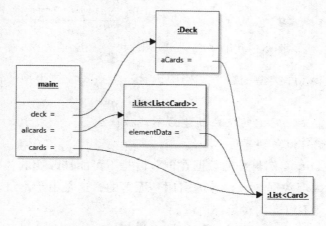

图 2-4　通过共享结构泄露引用带来的影响

2.6　不可变性

这一章主要的设计见解之一就是，确保优秀的封装，使得修改对象的内部状态必须通过方法来进行。2.5 节讨论了逃逸引用的问题，及其对封装的影响。然而，有一种泄露指向内部对象的引用是无害的：当对象是不可变（即不可能被修改）时。让我们来看下面的代码：

```
class Person
{
  private String aName;
  public Person(String pName) { aName = pName; }
  public String getName() { return aName; }
}
public class Client
{
  public static void main(String[] args)
  {
    Person person = new Person("Anonymous");
    String name = person.getName();
  }
}
```

Person 类的实现显然违背了 2.5 节给出的建议（不返回私有域的引用），因为 Person.getName() 返回了指向实例变量的值的引用。我们也可以将这种情况用对象图表示出来（如图 2-5）：

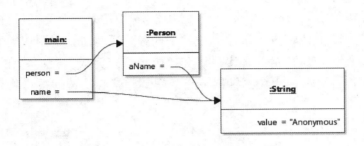

图 2-5　指向 String 实例的共享引用说明图

但是，String 库类型的参考文档中，有一个重要注意事项使情况完全发生了变化：

String 是常量，它们的值在创建后不能被改变。……由于 String 对象是不可变的，因此它们可以被共享。

因为被 String 实例封装的数据在创建后是不可能被改变的，所以共享封装在另一个对象里的内部数据 String 的引用是无害的，这是由于不可能运用引用来改变对象。这对任何不可变的对象都适用。

如果对象的类在对象初始化之后，不提供任何改变对象状态的方法，那么这样的对象就是不可变的（immutable）。引申开来，我们把产生不可变对象的类叫作不可变类（immutable class）[⊖]。不幸的是，在 Java 和其他多数程序设计语言中，没有一种机制可以保证一个类总是产生不可变的对象。对于类的设计，保证不可变性的唯一方法就是，谨慎地设计类，防止任何修改（例如不提供 setter 方法、不泄露引用等）。如果依靠标准库类（比如 String），除非我们愿意自己来检查源代码，否则只能相信文档说明。一般来说，不可变对象有很多优点。在本章背景中，其直接好处是，支持共享封装在对象中的信息，而不会破坏封装。第 4 章提供了额外的视角，有助于不可变类的设计。就目前来讲，在许多情况下，不可变性是理想的设计属性。

让我们将 Card 类定义为不可变的，来结束对不可变性的介绍。首先，我们需要两个假设为不可变的枚举类型 Rank 和 Suit[⊜]。在下面的声明中，Card 类是不可变的。

⊖　这里对语言稍微有点滥用，因为从技术上来讲，使类成为不可变是毫无意义的。但是，不可变类是比产生不可变对象的类更方便的术语。

⊜　仅仅列举值的简单枚举类型是不可变的。尽管在技术上可以定义可变的枚举类型，但这并不是一个好主意。详见第 4 章。

```java
public class Card
{
  private Rank aRank;
  private Suit aSuit;

  public Card(Rank pRank, Suit pSuit)
  {
    aRank = pRank;
    aSuit = pSuit;
  }

  public Rank getRank() { return aRank; }
  public Suit getSuit() { return aSuit; }
}
```

在这个类的定义中，给两个实例变量赋值的唯一方法是通过构造函数的调用，按定义，每个对象只能调用一次。域是私有的，所以不能从类外面访问。这里只有两个方法，尽管都是公有的，但都不能转变（或改变）对象的状态。最后，尽管方法返回了指向域内容的引用，但是这些域类型是不可变的，所以在任何情况下都不可能改变被引用的对象的状态。因此这个类是不可变的⊖。

2.7　提供内部数据

很多时候，我们定义的类的对象都需要将它们封装的部分信息提供给其他对象。如何在不破坏封装的情况下做到这一点呢？在软件设计界同样有不同的观点，且各自都有优缺点。为了方便讨论，我们来考虑 Deck 类的设计，要求找出一副牌中有哪些牌。

```java
public class Deck
{
  private List<Card> aCards = new ArrayList<>();
}
```

正如上面所讨论的，增加一个仅返回 aCards 的 getter 方法不在考虑范围内，因为这让 Deck 类外部的代码能够修饰 Deck 实例的内部表示。

2.7.1　扩展接口

解决方法之一是扩展类的接口，添加返回指向不可变对象的引用的访问方法。在这个例子中，可以给 Deck 类添加两个方法来完成该任务：

```java
public int size() { return aCards.size(); }
public Card getCard(int pIndex) { return aCards.get(pIndex); }
```

如果 Card 类是不可变的，这个解决方案就可以满足要求。然而，如果客户端代码需要经常访问一副牌中的所有纸牌，该方法则显得不太优雅。在这种情况下，

⊖　为了使类的不可变性更明确，可以将关键字 **final** 放在关键字 **class** 前面，以及两个域的前面。**final** 实例变量的使用将在第 4 章介绍，**final** 类的使用将在第 7 章介绍。

如果调用 size() 和遍历所有下标的 **for** 循环，代码就会显得凌乱。可能还需编写代码来检查 getCard 的参数没有超出范围，等等。

2.7.2 返回副本

另一个选择是返回储存在 aCards 中的列表的副本，这种方法模拟了返回指向域 aCards 的引用，而不破坏封装。因此，我们可以添加一个新的方法：

```
public List<Card> getCards()
{ return new ArrayList<>(aCards); }
```

这段代码依赖于构造函数 ArrayList(Collection) 的行为，它创建一个新的 ArrayList，并按相同的顺序，用集合的所有元素初始化这个列表。客户端代码会接收到一个指向不同的纸牌列表的引用，但该列表中包含相同的纸牌，如图 2-6 所示。

假设 Card 是不可变的，我们就有一个有效的解决方案，可以将 Deck 的内容提供给客户端代码。图 2-6 展示了执行下面代码的结果。

```
public static void main(String[] args)
{ List<Card> cards = deck.getCards(); }
```

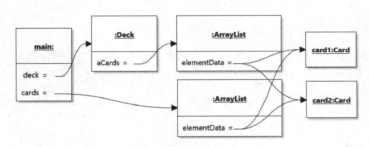

图 2-6 指向纸牌线性表副本的引用

可以看出，不可能通过指向其纸牌的引用改变 Deck 的内部状态。还有很多方法来实现这个思想。比如，标准库类 Collection.unmodifiableList(List) 会返回一个不可修改的参数包装类，在这里有相似的结果，所以我们可以这样做：

```
public List<Card> getCards()
{ return Collections.unmodifiableList(aCards); }
```

还有一些其他策略可以返回数据结构的副本或其包装类。最终，实现细节并不像核心想法那么重要，而核心思想就是返回一个与我们想封装的内部结构信息相同的不同对象。

尽管这看起来是一个简单的思想，但是复制对象实际上很复杂，因为需决定到底要复制对象图多深。目前为止，我们一直假设对象 Card 是不可变的，所以实现浅复制就足够了。一个列表的浅复制就是原列表的一个副本，其中每个元素共享原列表对应元素的引用（也就是说，其元素没有被复制）。但是如果 Card 实例是可变的呢？在这种情况下，上述例子的解决方案就不能提供一个优秀的封装了，因为这样就有可能不是通过接口来改变一副牌的状态，比如：

```java
public static void main(String[] args)
{
  Deck deck = new Deck();
  deck.getCards().get(0).setSuit(Suit.HEARTS);
}
```

对于可变的 Card 实例，为了正确实现复制，我们需要更进一步，在复制封装在 Deck 实例里的纸牌列表时，需要同时复制所有纸牌。这种复制引出了新的要求，即寻找一种简洁的方法来复制纸牌对象。

一个复制对象的常用技巧是用复制构造函数（copy constructor）。它的思想是设计一种构造函数，以相同类的对象作为参数，并（通常）复制对应的域值：

```java
public Card(Card pCard)
{
  aRank = pCard.aRank;
  aSuit = pCard.aSuit;
}
```

实际上，前面代码中的 **new** ArratyList<>(aCards) 就是使用 ArrayList 的复制构造函数的例子。现在，实现纸牌列表的（更）深的复制，变得更复杂了：

```java
public List<Card> getCards()
{
  ArrayList<Card> result = new ArrayList<>();
  for( Card card : aCards )
  {
    result.add(new Card(card));
  }
  return result;
}
```

但是，这个扩展版的解决方案保证了对象 Card 可变时，封装也完好。Java 提供了其他复制对象的机制，包括克隆（cloning）机制（详见 6.6 节）、元程序设计（详见 5.4 节）和序列化（serialization）机制（本书未覆盖的内容）。

2.7.3 高级机制

为了在维护封装的情况下将一个对象内部信息提供给客户端代码，复制对象只是很多策略之一。其他策略将在后续章节介绍，包括迭代器（详见 3.5 节）和流（详见 9.6 节）。

2.8 契约式设计

封装的优点之一就是，客户端代码很难甚至不可能破坏变量的值。遵循本章介绍的原则和指导能够帮助我们达到这个目标。让我们考虑 Card 类的下列实现（假设 Rank 和 Suit 是简单枚举类型）：

```
public class Card
{
  private Rank aRank;
  private Suit aSuit;
  public Card(Rank pRank, Suit pSuit)
  {
    aRank = pRank;
    aSuit = pSuit;
  }

  public Rank getRank() { return aRank; }
  public Suit getSuit() { return aSuit; }
}
```

这个类的封装非常优秀，但是它的"壳"上面还是有缝隙，这有可能创建带有 null 引用的纸牌：

```
Card card = new Card(null, Suit.CLUBS);
```

在大多数需要表示一张纸牌的情况下，这是不正确的。至少，笔者本人还不知道有什么纸牌游戏里有"方块 null"。因此，我们破坏了这个变量。4.5 节提供了关于 null 引用问题的延伸讨论。目前很重要的一点在于，这个类的接口是有歧义的：尚不清楚客户端代码是否不应使用 **null** 作为构造函数的参数，还是应该只注意不要使用 Rank 或 Suit 为 **null** 的纸牌。这种模糊性很容易破坏设计质量，使代码很难理解，并给使用它的开发人员造成困惑。

注意到这个问题来源于 Card 构造函数的参数合法值是什么或者应是什么的模糊性，一种自然而然的解决方案是定义接口元素（例如方法签名），来消除或最小化模糊性。契约式设计（design by contract）的思想遵循了原则性的接口规范说明。尽管在实践中，方法签名已经明确规定了接口需具备的大部分元素，但正如之前的例子，同时也给歧义留下了空间。勤勉的程序员会在方法文档中说明允许值的精确范围，以此帮助消除歧义。当然，有文档总比没有文档好。然而，契约式设计能更进一步，为确定接口的完整信息提供正式的框架。契约式设计的内容很多，因此为了方便理解，本节仅概述该方法的简化版本。

契约式设计的主要思想是，为方法签名（和相关文档）在客户端（调用方法）与服务器（被调用方法）之间提供某种契约。这种契约采用了一组先验条件（precondition）和一组后验条件（postcondition）。先验条件是方法执行前必须为真的谓词。这个谓词通常涉及方法的实参值，其中包含调用该方法的对象的状态。类似地，后验条件是方法执行完成后必须为真的谓词⊖。给定先验条件和后验条件，契

⊖ 完整的方法还涉及不变量的概念，从理论上讲，不变量指永远为真的谓词。在契约式设计的实践中，对于所有方法的入口点和出口点，不变量都为真就足够了。

约总体来说就是，只有在调用者符合先验条件时，才可以期望该方法符合后验条件。如果客户端调用不满足先验条件的方法，那么这个方法的行为是未定义的。在实际中，契约式设计是强迫我们考虑一个方法的所有用法的好办法。

在应用实例中（详见附录 C），我们遵循轻量级契约式设计，在注释中使用 Javadoc 的 @pre 标记和 Java 语句指定了先验条件，@post 标记指定了后验条件。

```
/**
 * @pre pRank != null && pSuit != null
 */
public Card(Rank pRank, Suit pSuit) { ... }
```

在 Java 中运用 **assert** 语句，可以让先验条件和后验条件（以及其他任何谓词）成为可检查的（checkable）：

```
public Card(Rank pRank, Suit pSuit)
{
  assert pRank != null && pSuit != null;
  aRank = pRank; aSuit = pSuit;
}
```

assert 语句判断该语句中谓词的真值，如果为假，则引发 AssertionError [⊖]。

如果正确实现契约式设计，则可以帮助避免防御式程序设计（defensive programming）的烦琐语法，因为在防御式程序设计时，代码中的极端情况（比如 null 引用）都需要检查。另外，在调试时该技术支持快速的过失指派（blame assignment）：如果先验条件验证失败，则客户端代码（调用的方法）有责任。如果后验条件验证失败，则实际被调用的方法有责任。更一般的是，**assert** 语句是提高代码质量的一个简单而强大的工具，而且可以到处使用，不仅仅局限于先验条件和后验条件。只要某个断言被验证失败，我们就可以确切地知道问题在哪，从而节省数小时的调试时间。

关于契约式设计值得注意的最后一点是，在方法接口中添加先验条件，实际上免除了我们处理条件的要求。所以下面的代码设计得不合理，因为它既声明了 null 引用不是有效输入，又系统地（通过引发异常）处理了这种情况。如果一个方法检查某种类型的输入（比如 null 引用），并产生明确定义的行为结果，则这是方法接口规范的一部分。设计方法接口时，很重要的一点是，确定方法是否负责拒绝非法值，或是否将这些值简单地指定为无效值。这是两种不同的设计选择。

```
/**
 * @pre pRank != null && pSuit != null
 */
public Card(Rank pRank, Suit pSuit)
{
  if( pRank != null || pSuit != null )
  { throw new IllegalArgumentException(); }
  ...
}
```

⊖ 在 Java 中，默认禁用断言检查，因此为了正确使用该检查，必须在 Java 程序运行时将 -ea（启用断言）添加为 VM 参数。

小结

本章的重点是，在定义类时如何遵循封装和信息隐藏的原则。

- 如何在代码中运用类来表示领域概念，而不是将这些概念的实例编码为原始类型的值（一种称为 PRIMITIVE OBSESSION†的反模式）。

- 运用枚举类型来表示元素数量较小的、可列举的值集合（例如纸牌花色、一年中的月份等）。

- 将抽象的内部实现隐藏在接口的后面，接口严格地控制抽象如何被使用。除非有充分理由，否则将类的域声明为 **private** 类，类似地，任何不是类型接口声明的方法都标记为 **private**。

- 确保类的设计能防止任何代码避开类的方法修改类的对象中储存的数据。特别要小心避免泄露类的可变对象私有域的引用。

- 在不破坏封装的情况下有两个策略可以提供对象内部数据，包括扩展类的接口，以及返回内部对象的副本。

- 对象图可以帮助解释或阐明复杂对象图的结构，以及引用的共享。

- 尽可能将类设计成不可变的。在 Java 中，只能通过细致的设计和代码审查来确保类是不可变的。

- 运用契约式设计可以避免方法签名中的歧义，以此来避免客户端代码错误地使用类实例的可能。

代码探索

本章的代码实例展示了有关定义抽象、封装和类结构设计的设计决策。

扫雷游戏中的 Cell

在阅读 Cell 类的代码时，首先注意到私有枚举类型的运用。的确，枚举类型 CellInteractionStatus 只能用于 Cell 作用域内。这种设计选择是因为 CellInteractionStatus 表达了两个维度的结合：一个单元是否被暴露，以及一个单元是否被标记。但是，将这个信息储存在两个布尔域中会有风险，因为这个游戏的逻辑不可能使某个单元既被暴露又被标记。鉴于这个原因，我们决定将这两个维度编码为枚举类型的值，使得攻击性的组合成为不可能。然而，由于允许客户端代码单独查询暴露 / 隐藏和标记 / 未标记的维度的风险很小，因此我们通过布尔型的 getter 方法提供信息，而不是返回枚举类型的值，笔者认为后者的做法不太直观。

关于 Cell 的实现，第二点要注意的是，它是可变的，该类的实例旨在表示雷区中的单元。尽管可以更改设计，以便在构造函数中设置已扫雷（mined）属性并保持不变，但是游戏规则规定应该可以对一个单元标记或者去掉标记，或者暴露一个单元。该要求不适合用不可变单元对象的解决方法。

最后，Cell 接口不提供关于相邻单元的任何信息。但是，实现扫雷游戏时，很有必要了解有多少相邻单元里有地雷。如果用 Cell.getNeighbours() 写代码不是显得更优雅吗？也许是的。然而，这也会混淆由 Cell 抽象表示的信息的定义。在目前的设计中，Cell 实例的职责仅限于记录和处理单个单元的信息，独立于其他雷区。

扫雷游戏中的 Position

乍一看，Position 类看起来非常简单，它表示行－列的一对整数坐标。何必费力用一个类呢？只用整数对不是更简单吗？这难道不是为了避免 PRIMITIVE OBSESSION† 做出的过度努力吗？这些问题的答案在类本身的定义中找不到，而是要检查代码所有使用 Position 的位置（大约有十几个位置）。用整数对的问题在于很容易错误地进行对调，产生差一错误（off-by-one error）等。在当前设计中，客户端代码从不需要初始化位置。Minefield 类包含一个 getAllPositions() 方法，该方法允许客户端代码无须指定初始或终止值，就能在所有位置进行迭代。将在第 3 章介绍迭代如何进行。由于 Position 实例表示雷区中的单个位置，因此让该类不可变是合理的。

JetUML 中的 Dimension

在 JetUML 中，Dimension 类是另外一个"袖珍抽象"的实例，类似于扫雷游戏中的 Position。给"维度"（dimension）概念明确编码的思想有两点：避免非法维度的可能性（比如有负数出现），以及防止对调宽度和高度引起的错误。当然，调用构造函数时必须按正确的顺序提供参数，但是，一旦 Dimension 对象被创建，就消除了对调这两个值的风险。

单人纸牌游戏中的 Card

贯穿本章的例子是创建一副纸牌，因此，在这里值得讨论单人纸牌游戏项目中的 Card 类。这是一个非平凡不可变类的例子。但是，这个类的代码实现了一些更高级的特性，包括静态成员和私有构造函数，这些将在第 4 章介绍。不过，先忽略这些特性，应该可以通过阅读代码判断这个类是不可变的，因为在构造函数之外无法改变域 aRank 和 aSuit 的值。这个类另一个值得注意的特性是内部枚举类型的使用。这两个枚举类型也可以在它们的文件中定义为顶层的。但是，将定义放在 Card 类定义中强化了两者之间的关系，并强调了这些抽象只是相对于 Card 实例才有意义。

JetUML 中的 Rectangle

JetUML 中的 `Rectangle` 类是不可变类的另一个例子，但是这个类更加复杂。除了众多查询方法（例如 `getX()`、`getHeight()`、`getCenter()`）之外，该类的接口还有一些创建新的 `Rectangle` 实例作为隐式参数的派生物。例如，`translated(int, int)` 返回 `Rectangle` 的新实例，该实例是隐式参数的转换版本。注意到命名上有细微差别，该方法称为 `translated` 而不是 `translate`，因为 `translate` 暗指隐式参数的转换。这个方法是必需的，因为对象是不可变的，它无法直接转换隐式参数。通过返回（未修改的）隐式参数的修改版来"修改"不可变对象的模式并非不常见。标准库类 `String` 提供了许多实例，比如 `substring(int)`，它返回一个调用该方法对象的子字符串，是一个新的 `String` 实例。鉴于这种获取被修改矩形的迂回战术，以及创建表示许多有不同矩形的新对象所涉及的性能损失，可以质疑为什么不简单地使用可变的 `Rectangle` 实例。至少在 JetUML 情况下，最主要的答案是对程序的理解。在 2.3 版本，代码中超过 50 个不同的位置使用了 `Rectangle` 实例。如果传递一个可变的 `Rectangle`，在应用程序执行的任何时刻，追踪该实例实际代表的物理矩形会变得非常困难。

延伸阅读

Vogel 等人所著的 *Software Architecture: A Comprehensive Framework and Guide for Practitioners* [17] 一书的第六章中综述了软件设计中不同的一般原理，以及它们之间的关系。从历史角度来看，关于信息隐藏原则的开创性论文是 Parnas 在 1972 年发表的 *On the Criteria to be Used in Decomposing Systems into Modules* [11]。这篇文章对文本处理系统的两种设计进行了对比，并提出了实现信息隐藏而非顺序处理分解的设计优势。

《Java 教程》(Java Tutorial) 中名为"枚举类型"的一节 [10] 提供了更多关于如何运用枚举类型的信息。

在 *Effective Java* [1]（中文版已由机械工业出版社引进出版书号为 978-7-111-61272-8）一书中，Bloch 将由类封装的内部对象的副本称为'防御性副本'（第 50 项）。

Bertrand Meyer（契约设计技术的发明者）的论文 *Applying Design by Contract* [8] 更详细地介绍了这种思想。

类型与接口

本章包含以下内容。

- **概念与原则**：接口、多态、松耦合、可重用性、可扩展性、关注点分离、接口分离。
- **程序设计机制**：Java 接口、接口实现。
- **设计技巧**：行为与实现解耦合、基于接口的行为规格说明、类图、函数对象、迭代器。
- **模式与反模式**：Iterator（迭代器）、Strategy（策略）、Switch Statement †（分情况语句）。

在前一章，我们知道了如何定义封装良好的类，但是为了方便起见，忽略了这些类的对象如何交互的问题。现在我们开始考虑这个问题。对象之间的交互是通过接口间接进行的。在程序设计语言中，"接口"是一个重载的术语，在不同的场景有不同的含义。

设计场景

与第 2 章类似，本章的运行实例是一个小型类库的开发，客户端代码可以利用这个库实例化一个 Deck 对象和一系列 Card 对象的集合，并用于开发不同的纸牌游戏。

3.1 行为与实现解耦合

一个类的接口由该类可以被另一个类访问（或者对另一个类可见）的方法构成。哪些方法可以被访问取决于各种语言有关的访问修饰符和作用域的规则。在本章中，我们将类的接口简化为该类的公有方法的集合。严格来说，这并不是真实的情况，但是目前我们还不需要考虑更多。在第 7 章中，我们将进一步完善这个定义。尽管以上接口的定义是针对类来描述的，但是这个定义扩展和应用到对象上也是合理的。经过扩展之后，一个对象的接口是可以在这个对象上调用的方法集合。哪种定义最适用，取决于具体的情况。如果我们从类定义的角度考虑设计解决方案，那么接口就是类的接口。如果我们根据类实例的集合考虑设计解决方案，那么接口就指对象的接口。在下一章中，我们会再次探讨接口的双重性。现在，让我们考虑以下代码：

```java
public class Client
{
  private Deck aDeck = new Deck();
}

public class Deck
{
  public void shuffle() { ... }
  public Card draw() { ... }
  public boolean isEmpty() { ... }
}
```

Deck 类的接口含有三种方法。其他类中的代码仅可以通过调用接口中的三个方法来与 Deck 类的对象进行交互。对此，我们可以认为 Deck 类的接口与 Deck 类的定义融在一起。换句话说，Deck 类的接口其实就是我们如何定义 Deck 类的结果：如果不与 Deck 类的一个实例进行交互，我们就没有办法获得与这三个方法对应的三个功能。在我们的例子中，要实现洗牌的功能，客户端代码就必须调用 Deck 类型的域或者局部变量 shuffle() 方法，没有其他的选择。

但是，在很多情况下，我们想要将一个类的接口与实现解耦合。有时，我们希望设计的系统中一部分的代码可以依赖于某些可用的功能，但是不希望被捆绑到这些功能的具体实现细节上。鉴于我们想要设计一个可以用来开发不同纸牌游戏的库，我们会发现，许多纸牌游戏都需要玩家进行抽取⊖纸牌，但是并不一定要从 52 张纸牌的标准套牌中抽取。举例来说，有些游戏可能需要从多副纸牌中抽取一张牌，从同一花色的一组纸牌中抽取一张牌，或者从有序的纸牌序列中抽取一张牌，等等。让我们考虑如下的代码，从一副纸牌中抽取指定数目的牌。

```java
public static List<Card> drawCards(Deck pDeck, int pNumber)
{
  List<Card> result = new ArrayList<>();

  for( int i = 0; i < pNumber && !pDeck.isEmpty(); i++ )
  { result.add(pDeck.draw()); }

  return result;
}
```

只有当待抽取的纸牌源是 Deck 的实例时，这个方法才有效。可惜的是，对于任何具有 draw() 和 isEmpty() 方法的对象来说，这一段代码都应该适用。因此，应该声明一个接口的抽象，而不是将接口绑定到一个具体的类上。这就是 Java 接口起作用的地方。在 Java 语言中，接口提供了在类的对象上可调用方法的规格说

⊖ 术语抽取（draw）在此应用于纸牌游戏的语境下，"抽取"（drawing）一张纸牌意为将其从纸牌源中移除。例如，不要与在用户界面组件上画纸牌的行为混淆。

明（specification）。所以，我们可以将抽象的 CardSource 定义成支持 draw() 和
isEmpty() 方法的任何对象：

```
public interface CardSource
{
  /**
   * Returns a card from the source.
   *
   * @return The next available card.
   * @pre !isEmpty()
   */
  Card draw();

  /**
   * @return True if there is no card in the source.
   */
  boolean isEmpty();
}
```

这个接口的声明列出了两个方法，并且包括描述每个方法行为的注释。值得注
意的是，draw() 方法的规格说明包括一个先验条件，只有当 isEmpty() 返回值
为假时，该方法才能被调用。这个先验条件是根据契约式设计提供的（见 2.8 节），
并且考虑到了对象当前的状态。由于接口方法的声明只是规格说明而不是实现，因
此方法应该如何执行的说明细节非常重要。对于方法的实现，我们总是可以检查代
码（如果我们能够获得代码）并推断出方法的规格说明。这并不是理想的情况，但
是总比什么都没有要好。但是，对于接口方法，想要对方法进行逆向工程是不可能
的。在 Java 术语中，没有被实现的方法称作是*抽象方法*[⊖]（abstract method）。如果
要将类与接口进行绑定，我们要使用关键字 **implements**。

```
public class Deck implements CardSource {...}
```

关键字 **implements** 有两个相关的作用。

- 正式规定类的实例必须为接口类型中的所有方法提供具体的实现，并且由编
  译器强制执行。
- 在实现类和接口类型之间创建了子类型的关系，现在我们可以说 Deck 是一
  种 CardSource。

一个具体类和接口之间的子类型关系成就了多态（polymorphism）的使用。通
俗地讲，多态即为具有多种形态的能力。在这个例子中，CardSource 是一种能够
以不同的具体形态表现的抽象，每一种具体的形态都对应着 CardSource 接口的一
种不同的实现方式。

如果要在代码中使用多态，重要的是要记住以下这点：根据 Java 类型系统的
规则，如果一个值与一个变量具有相同的类型，或者值的类型是变量类型的子类型
（subtype），那么就可以将这个值赋值给变量。因为接口实现的关系定义了子类型的

[⊖] 在 Java 8 之前，所有接口的方法都自动默认为抽象类型。但由于 Java 8 中接口可以包括带有实现的
默认方法，该特性不再成立。尽管如此，详细记录接口方法的预期行为仍然是好习惯。

关系，所以对于声明实现接口的具体类，其对象的引用可以赋值给声明为接口类型的变量。举个例子，Deck 类声明要实现 CardSource 接口，可以将 Deck 类对象的引用赋值给类型为 CardSource 的变量，如下所示：

```
CardSource source = new Deck();
```

更进一步，这意味着我们可以使得 drawCards() 方法的实现可重用性更强。

```
public static List<Card> drawCards(CardSource pSource, int pNumber)
{
  List<Card> result = new ArrayList<>();

  for( int i = 0; i < pNumber && !pSource.isEmpty(); i++ )
  { result.add(pSource.draw()); }

  return result;
}
```

现在，任何实现了 CardSource 接口的类的对象都可以调用这个方法。

关于多态使用的另外一个例子，是在 Java 集合框架中具体集合类型与抽象集合类型的使用。

```
List<String> list = new ArrayList<>();
```

在这里，List 是一个接口，并规定了明显的功能（如增加元素、移除元素等）。ArrayList 使用数组的结构来实现列表，是该功能的具体实现。但是，我们也可以将 ArrayList 替换为 LinkedList，代码仍能够正常通过编译。尽管 ArrayList 和 LinkedList 的列表实现的细节有所不同，但是它们都提供了 List 接口所需要的方法，因此可以进行替换。在软件设计中，多态提供了两点有用的益处。

- 松耦合（loose coupling），因为代码使用的方法并没有绑定到某个具体的实现。
- 可扩展性（extensibility），因为我们很轻松就可以添加接口的新的实现（即多态关系中的新的"形态"）。

3.2　指定接口的行为

与接口相关的典型设计问题包括：是否需要设计单独的接口以及这个接口应该定义哪些方法。对于这种问题，并没有通用的答案，因为在每一种情况下，都需要判断接口能否帮助我们解决设计问题或者实现某种特定的功能。在 Java 中，既能说明接口的目的又能表现出接口用处的一个很好的例子，就是 Comparable 接口。

在 Deck 类中，要实现的一项任务就是洗牌。借助函数库中的方法，可以轻松实现洗牌。

```java
public class Deck
{
  private List<Card> aCards = new ArrayList<>();

  public void shuffle() { Collections.shuffle(aCards); }
}
```

顾名思义，函数库中的 shuffle 方法将参数集合中的对象随机地重新排序。这也是代码重用的例子，因为对于任意类型的集合，都可以重用库方法进行重新排序。在这个例子中，重用很简单，因为如果想要打乱一个集合，我们并不需要了解被打乱的对象。

但是如果我们想要重用这段代码来对一副牌进行排序（sort）呢？如同许多经典的计算问题，排序问题有许多现成的高质量的实现方式。在大部分实际软件开发中，不需要自己编写排序算法。Java 的 Collections 类为我们提供了大量便于使用的排序函数。然而，如果不假思索地取巧使用以下代码：

```java
List<Card> cards = ...;
Collections.sort(aCards);
```

我们会得到一个看似神秘的编译错误。但这并不奇怪，函数库中的方法应当如何确切知道我们要怎样对纸牌进行排序呢？对于函数库方法的设计者来说，想要预见所有用户自定义的类型是完全不可能的，而且即使对于 Card 之类的一种给定类型，也会有不同的排序方式（比如说，先按牌的点数大小进行排序，再按花色进行排序，或者反过来）。

Comparable<T> 接口通过一个 **int** compareTo(T) 的方法定义了一个专门用于比较对象的行为，从而解决了这个问题。这个方法规定，如果隐式参数与显式参数相同，那么返回值是 0；如果隐式参数小于显式参数，那么返回值是一个负整数；如果隐式参数大于显式参数，那么返回值是一个正整数。考虑到这个接口的存在，Collections.sort 的内部实现可以依赖这个接口来比较待排序对象的大小。从概念上讲，sort 代码的内部实现看起来如下所示：

```java
if( object1.compareTo(object2) > 0 ) ...
```

因此，从排序 sort 实现的角度上讲，对象具体是什么并不重要，只要对象可以与其他对象进行比较即可。这个例子很好地说明了接口和多态如何支持松耦合：sort 代码对参数对象所要求的功能要尽可能地少。这是有关如何定义接口的一个很好的通用思想。在理想的情况下，接口应该包含客户端代码需要调用的最小的内聚行为"片段"。因此，Java 中的很多接口都是以"able"结尾的形容词来命名，用这个后缀来表示"可以……的"。除了 Comparable 之外，这样的例子还有许多，比如 Iterable、Serializable 以及 Cloneable。

为了能够对纸牌列表进行排序，需要提供 Card 的 Comparable 行为，因此需要通过关键字 **implements** 声明：

```
public class Card implements Comparable<Card>
{
  public int compareTo(Card pCard)
  { return aRank.ordinal() - pCard.aRank.ordinal(); }
}
```

这个很简单的实现是按照点数递增对纸牌进行排序，但是对于不同花色的纸牌的顺序并没有定义，因此就会造成不可预测性。对于 Comparable 接口来说，能够实现良好的全序关系会更有用。

因为接口也是类型，而且类型检查是编译器过程的一部分，所以在编译器可以确保只有当 Card 类实现了 Comparable<Card> 的接口时，List<Card> 类型的对象才能够作为参数传递给 Collections.sort。这种工作机制并不在本书的范围之内，因为理解它需要掌握 Java 泛型的类型规则（参见 A.6 节）。

具有所谓的"自然"序的其他库类型都实现了 Comparable 接口，包括 String（按照字母顺序）以及其他许多常见的类型。特别的是，Java 枚举类型是根据枚举值的次序进行枚举类型实例之间的比较，从而实现 Comparable 接口。掌握了这些知识之后，我们发现，上文中 Card.compareTo 的实现重复了枚举类型提供的可重用的比较行为，因此，我们可以进一步简化代码。

```
public class Card implements Comparable<Card>
{
  public int compareTo(Card pCard)
  { return aRank.compareTo(pCard.aRank); }
}
```

使用小型接口促进了一种称为关注点分离（separation of concern）的软件设计原则。对于开发者来说，这种理念要求一个抽象应该映射到一个唯一的"关注点"（或者关注领域）上。某些设计在关注点分离方面十分糟糕，不同的关注点会在一个抽象（例如一种方法）中纠缠（tangled）在一起，并/或散乱（scattered）分布在多个抽象中。使用 Comparable 接口是一个有效分离关注点的很好的例子：用来比较纸牌的代码完全包含在一个明确定义和声明的抽象中（compareTo 方法），该方法只做一件事。

3.3 类图

重点关注类型的定义和类型之间关系的设计很快就会变得难以用代码进行描述，但更容易通过图表来记录。类图表示了软件系统的静态（static）或者编译时（compile-time）的视图。类图对于表示类型是如何定义的以及类型之间的关系很有用，但是并不适用于获取代码运行时（run-time）的任何性质。类图是一种最接近代码的 UML 图表。但重要的是，要记住 UML 并不是代码的确切翻译。作为模型，它们可以用来表示一个或多个设计决策的本质，但是并不需要包含所有的细节。

类图具有丰富的相关记法。相比对象图而言，类图能够表示更多的信息。本书只涉及这种记法的一小部分。延伸阅读部分包含 UML 类图的相关参考资料。图 3-1 阐述了本书使用的主要概念。图中所有引用均摘自 *The Unified Modeling Language Reference Manual,* 2nd *edition* [15]。随着章节的不断深入，对于聚合、关联和依赖的概念解释会更加清楚。现在，我们可以简单地理解为这些概念代表两个类之间有某种关系。导航的概念由箭头表示，它表示代码如何支持某种类型的对象到另一种类型的对象。导航可以是单向的（如图 3-1 所示）、双向的，或者未指明方向的。

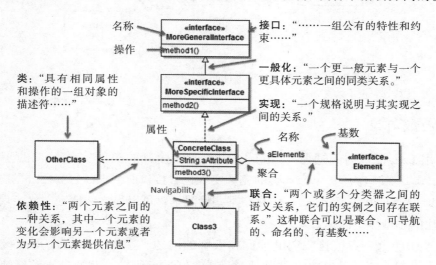

图 3-1　类图选定的记法

图 3-2 是一个类图实例，它显示了目前的纸牌游戏中设计元素间的关键关系模型。我们可以观察到以下几点：

- 代表 Card 类的长方形并不包含 aRank 和 aSuit 的域，因为它们分别表示为 Rank 和 Suit 枚举类型的聚合。同时使用域和聚合来表示一个给定的域属于建模错误。

- Card 类的方法没有表示。因为这些方法仅是构造器和访问器，我们认为它们并不是有价值的信息。包含这些方法并不会错，但是会使图表变得混乱。

- 在 UML 中，并没有一种很好的方式来说明某个类不包含某个特定成员（域或方法）。如要表示 Card 类不包含两个域的 setter，必须借助注释来实现。

- 表示泛型类型有点麻烦，因为有些情况下使用类型参数 Comparable<T> 更合适，而有些情况下使用类型实例 Comparable<Card> 更合适。为了体现通常情况下 Collections 对 Comparable 的依赖关系，我们在图 3-2 中选择了使用类型参数。

- 所有的 UML 工具都有一些需要克服的限制。为简单起见，JetUML（参见附录 C）没有用不同字体来区分静态成员和非静态成员。为了在 JetUML 中表明某个方法是静态的，我们只需要添加关键字 **static**。

- 该模型包含基数，例如一个 Deck 的实例聚合了从 0 到 52 个 Card 实例。

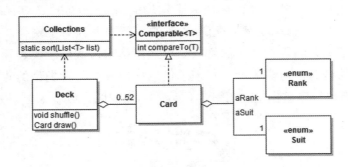

图 3-2　显示 Deck 类设计的关键决策的一个类图例子

3.4　函数对象

使用 Java 接口时，通常一个接口是实现该接口的类的完整接口的子集。以 Comparable 接口为例，Card 类的完整实现包含接口所要求的行为之外的方法（如 getSuit() 和 getRank()）。但是在某些情况下，可以很方便地定义仅实现只含有一个方法的小型接口的类。

为了阐明这一点，让我们继续比较纸牌的问题。实现 Comparable 接口可以让 Card 实例按照一种策略来与其他 Card 实例进行比较。例如先比较纸牌的点数大小，当点数大小相同时再比较花色。如果我们设计的游戏需要按照不同的策略对纸牌排序，并且有时需要在不同的策略之间进行切换，如何应对这种情况呢？一种方法是调整 compareTo 的代码，在 Card 实例中增加一个标志，并且通过切换这个标志改变比较策略。然而，这种草率的修改有许多缺点。在我们的例子中，使用这样的标记实例变量会造成如下结果。

- 会破坏 Card 类的不可变性。
- 会导致纸牌的表示和在代码执行的特定时刻获取排序策略这两个关注点的分离程度退化。

实际上，这种"切换"的方式通常被认为是较差的形式，并且这种程序设计习惯是一种称为 SWITCH STATEMENT†⊖（分情况语句）的反模式。

一种更好的解决方案是将比较代码放到单独的对象中。Compare<T> 接口能够支持这种解决方法，在此接口中最重要的方法是 compare（与 compareTo 相反）⊖。

```
int compare(T pObject1, T pObject2)
```

⊖　由于 switch 语句可以通过 if-else 语句代替，因此不论代码中是否实际使用了 switch 语句，它都有该反模式的明显特征。

⊖　从 Java 8 起，该接口提供了相当多的方法列表。这些方法在此并不重要，在第 9 章中，我们将说明如何利用这个接口中的附加方法。

类似于 Comparable 接口，Comparator 是泛类型，因此在以上的声明中，T 是一个必须实例化的类型参数（例如 Card 类型）。除了与 compareTo 方法在名称上略有不同之外，最显著的差异是该方法接受两个参数而不是一个。实际上，尽管 compare 与 compareTo 的规格说明非常相似，但是 compareTo 方法是将隐式参数（**this** 对象）与显式参数进行比较，而 compare 是比较两个显式参数。这并不奇怪，也有使用该接口的库方法。例如 Collections.sort：

```
Collections.sort(List<T> list, Comparator<? super T> c)
```

该方法的第二个参数是一个能够比较列表中两个实例的对象，但进行排序的列表对象不一定实现了 Comparable 接口。现在可以定义一个"点数优先"的比较器：

```
public class RankFirstComparator implements Comparator<Card>
{
    public int compare(Card pCard1, Card pCard2)
    { /* Comparison code */ }
}
```

和另一个"花色优先"的比较器：

```
public class SuitFirstComparator implements Comparator<Card>
{
    public int compare(Card pCard1, Card pCard2)
    { /* Comparison code */ }
}
```

以及使用相应比较器的 sort [⊖]函数：

```
Collections.sort(aCards, new RankFirstComparator());
```

在这种情况下，一个 Comparator 实例只是一个实现了单个方法的对象。在 Java 术语中，这种对象称为函数对象（function object）。函数对象的接口与其实现的接口是一对一的。

尽管简单，使用比较对象（以及扩展的类似函数对象）会带来许多有趣的设计问题和折中现象。首先，如果比较器类定义为独立的顶层 Java 类，那么 compare 方法就无法访问比较对象的私有成员。某些情况下，通过 getter 方法获取的信息足够用来进行比较，但是某些情况下需要访问私有成员才能实现比较。

在这种情况下，允许比较器类访问其比较的类的私有成员的一种方法是将比较器类定义为比较对象类型的嵌套类（nested class）（参见 4.10 节）：

```
public class Card
{
  static class CompareBySuitFirst implements Comparator<Card>
  {
    public int compare(Card pCard1, Card pCard2)
    { /* Comparison code */ }
  }
}
```

⊖　从 Java 8 起，sort 方法在 Collection（没有"s"）接口上也可调用。但为了在使用 Comparable<T> 接口时保留对称性，笔者保留了此版本。

这种设计上的变化给客户端代码造成的影响是最小的，唯一的差别是比较器类名称前的附加限定。

```
Collections.sort(aCards, new Card.CompareBySuitFirst());
```

另一种方法是将比较器类定义为匿名类（anonymous class）。这种方法适用于比较器类只引用一次的情况：

```
public class Deck
{
  public void sort()
  {
    Collections.sort(aCards, new Comparator<Card>()
    {
      public int compare(Card pCard1, Card pCard2)
      { /* Comparison code */ }
    });
  }
}
```

第三种方法是使用 lambda 表达式（lambda expression）。lambda 表达式是一种匿名函数。第 9 章将会介绍 lambda 表达式及相关机制。但是，由于 lambda 表达式实现的等效代码与上述代码非常近似，笔者会写在下面。其基本理念基于这样的观察：提供一个比较器时，由于该类只不过是 Comparator 接口的一种实现，因此不必对类命名。同样，由于该方法只不过是 compare 的一种实现，因此不必对该方法命名。第 9 章将介绍这段代码的实际工作方式。

```
public class Deck
{
  public void sort()
  {
    Collections.sort(aCards, (card1, card2) ->
      card1.getRank().compareTo(card2.getRank()));
  }
}
```

在以上两个实例中，由于实现比较的匿名类中代码定义在 Card 类之外，因此又带来了封装的问题。我们可以借助静态工厂方法（factory method）来解决此问题。这里的术语"工厂方法"指主要作用是创建并返回一个对象的方法。

```
public class Card
{
  public static Comparator<Card> createByRankComparator()
  {
    return new Comparator<Card>()
    {
      public int compare(Card pCard1, Card pCard2)
      { /* Comparison code */ }
    };
  }
}
```

最后一个问题是比较器是否应该存储数据。例如，除了定义按照花色和点数大小进行排序的不同比较器之外，还可以定义含有一个枚举类型域的

UniversalComparator，该域存储所需的比较类型。尽管可行，但这种方法可能导致代码难以理解，原因在 3.7 节中进行了说明，并会在第 4 章中进一步讨论。

3.5 迭代器

设计数据结构时，一个常见的需求是在不破坏封装和信息隐藏的前提下，访问一个对象封装的对象集合。此问题最初在 2.7 节引入，并且通过返回内部数据的副本解决。例如，返回封装在 Deck 实例中的纸牌列表的副本。这种方法带来的一个问题是，可能会隐式地泄露内部结构存储方式的信息（或至少给人泄露信息的印象）。例如，如果我们以列表来返回一副牌中的纸牌：

```java
public List<Card> getCards() {...}
```

使用 Deck 类的代码可能会依赖于定义在列表上的操作，或假设在 Deck 中纸牌的内部存储结构是列表。为了实现更高级别的信息隐藏，最好在不暴露封装对象的内部结构的情况下，允许客户端对其内部对象进行访问。迭代器（iterator）的概念支持这种设计特点。迭代器的概念非常普遍，并在多种程序设计语言⊖中都得到支持。

在 Java 中，迭代器易于使用，但了解其工作原理需要理解至少三种对象之间的仔细协调。迭代器是有效使用接口和多态的一个很好的例子。

为了支持迭代，必须先说明迭代的定义。像往常一样，规格说明是通过接口描述的，在这个例子中为 Iterator 接口。该接口定义了两个抽象方法：hasNext() 与 next()。因此，根据子类型的规则，只要一段代码能够访问任何一个 Iterator 子类对象的引用，不论该对象的实际类型是什么，客户端代码都可以对其进行迭代。为了 Deck 类中的纸牌能进行迭代，我们简单地重新定义 getCards 方法，返回类型为迭代器而不是列表：

```java
public Iterator<Card> getCards() { ... }
```

这样一来，要打印一副牌中所有纸牌，可以如下进行：

```java
Iterator<Card> iterator = deck.getCards();
while( iterator.hasNext() )
{ System.out.println(iterator.next()); }
```

尽管这种设计实现了解耦合的目标，但仍可以进一步推广。第一个重要的观察是，在大多数软件中，通常会有许多不同类型的对象需要进行迭代。列表是一个很明显的例子。在我们的例子中，这个类型是 Deck。实际上，需要迭代的例子有无穷多。但目前迭代系统的问题在于，每个类都定义了一个不同的方法获取一个迭代器。对于 List 类，方法是 iterator()。对于 Deck 类，则是 getCards() 方法。尽管两个方法的行为完全相同（即返回一个迭代器），但它们的名称不同。我们

⊖ 特别是 Python。根据官方的 Python3.7.0 教程，"迭代器的使用渗透并统一了 Python"。

可以通过接口解决这个问题。Iterable<T> 接口定义了可以迭代对象的最小行为"片段"。为了能够对一个对象进行多态迭代，我们只需要这个对象提供一个迭代器。因此 Iterable 接口的唯一抽象方法是 Iterable<T> iterator()。

可以通过实现 Iterable<Card> 接口以及将 getCards() 方法重命名为 iterator()，使 Deck 类可迭代：

```java
public class Deck implements Iterable<Card>
{
  public Iterator<Card> iterator() { ... }
}
```

这样的话，Deck 的实例可用于任何需要 Iterable 接口类型的地方。图 3-3 展示了到目前迭代器设计的主要设计元素。

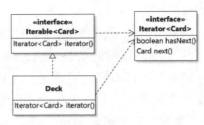

图 3-3　迭代器设计的类图

事实证明，在 Java 中使用 Iterable 对象的主要方法是增强 for（又称 for each）循环：

```java
List<String> theList = ...;

for( String string : theList )
{ System.out.println(string); }
```

上述代码仅是以下代码的语法糖：

```java
List<String> theList = ...;

for(Iterator<String> iter = list.iterator(); iter.hasNext(); )
{
    String string = iter.next();
    System.out.println(string);
}
```

因此，要遍历一副牌，可以使用如下代码：

```java
for( Card card : deck ) { System.out.println(card); }
```

这种增强 **for** 循环实际工作的方式在于，循环头最右边应该是 Iterable 子类的一个实例（或者特殊情况下也可以是数组类型）。

要完成基于迭代器的 Deck 设计，还有最后一个问题：iterator() 方法被调用时如何返回一个 Iterator 实例。一种可行方法是自定义一个类，实现 Iterable<Card> 接口，但更容易的方法是，注意到 Deck 类中包含的 List 同样也是 Iterable，它返回的 Iterator 便是我们所需：

```
public class Deck implements Iterable<Card>
{
    private List<Card> aCards;

    public Iterator<Card> iterator() { return aCards.iterator(); }
}
```

由于 Iterator 接口依赖于某个未知的具体类的实例，如何通过 UML 表示 Iterator 接口的实现并不是明显的。尽管我们知道 List.iterator() 的返回类型是 Iterator 接口的某种子类型，但我们并不知道最终实现该接口的类型名。事实上，该类有可能是一个匿名类，按照定义，在这种情况下并没有类名。因此，此时需要考虑的问题是我们并不知道类型名。但是，我们并不能在类图中直接将类名写为"未知"（unknown），因为这反而表明这个类名是已知的，"未知"即为类型名。现在，假设类型为匿名的，并且通过 UML 版型（stereotype）（<<anonymous>>）表示，名称保留为空。在 UML 中，版型是元素类型的一种变体，其名称写在尖括号中。

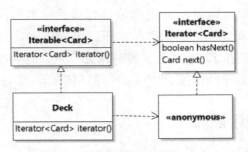

图 3-4   完整迭代器设计的类图

3.6   Iterator 设计模式

3.5 节介绍了迭代器，在不破坏对象的封装和信息隐藏特性的前提下，访问封装在其内部的对象集合。并不意外，这种方法是一种常见的设计模式，称为 Iterator。Iterator 的设计场景是：

在不暴露内部表示的前提下，顺序访问聚合对象的元素 [6]。

图 3-5 的类图可以最好的表示 Iterator 的解模板（solution template），该图只是图 3-4 中解的抽象。

值得注意的是，图 3-5 中的解模板与图 3-4 中的具体实现相比，它们之间的一个很重要区别是，解模板未使用 Java 库接口 Iterable 和 Iterator。尽管设计模式可以（并且通常是）由库支持，但设计模式实际上是可以通过代码

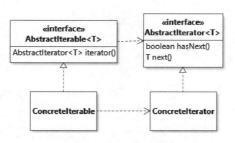

图 3-5　ITERATOR 解模板的类图

实现的抽象设计元素，且不依赖于具体的库实现。因此，解模板仅仅表明，要在代码中实例化 Iterator，需要一个能够替代 AbstractIterable 和 AbstractIterator 的类型以及它们的具体实现。不过，在 Java 中 Iterator 的变体很少。由于只有 Iterable 的子类可以用于增强 **for** 循环，因此实际上通常将 Iterable 用作 AbstractIterable，从而迫使 Iterator 用作 ConcreteIterator。由于 ConcreteIterable 就是进行迭代的对象，因此其余部分的对应几乎是自动的。如何创建 ConcreteIterator 是一个有很多可能性的设计决策，但最简便的方法通常是直接返回数据结构提供的迭代器（如 ArrayList.iterator()）。在某些情况下，可能也需要对不同集合组合的元素进行迭代，或者迭代顺序与集合中元素排列顺序不同。这种情况下，最简单的方法是按照正确的顺序对遍历对象创建新的集合，然后返回新集合的迭代器。

3.7　STRATEGY 设计模式

接口和多态的主要优点之一是增加了设计的灵活性。3.4 节的 Collections.sort(…) 方法中 Comparator 实例的应用就是接口支持设计灵活性的例子。使用诸如比较器之类的函数对象来定制另一部分代码的行为（比如排序），这被认为是更通用的一种设计理念的一个实例，该设计理念称为 STRATEGY（策略）设计模式。STRATEGY 的基本设计场景为：

定义一个算法族，对每个算法进行封装，使其可相互替换。策略使得算法的改变独立于客户端[6]。

这个定义非常笼统，尤其考虑到对于"算法族"并没有一致的定义。幸运的是，STRATEGY 的解模板为面向对象的代码提供了说明——属于同一族的算法实现相同的接口。

STRATEGY 看起来极其简单。实际上，在许多情况下，它可能难以与多态的基本用法进行区分。笔者认为，当部分设计的重点在于允许算法的切换时，可以将其视为 STRATEGY 的实例。如图 3-7 所示，一个例子是对一组牌使用不同的纸牌比较器。另一个例子是不同的自动出牌策略的实现，将在代码探索部分进一步讨论。

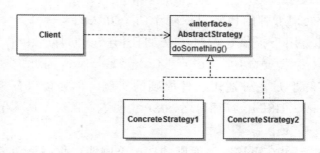

图 3-6   STRATEGY 的解模板

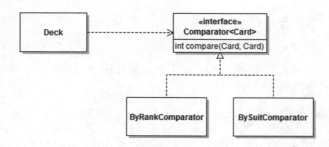

图 3-7   STRATEGY 的实例

尽管 STRATEGY 从道理上讲很简单，但在实践中实施起来需要考虑许多设计问题：

- AbstractStrategy（抽象策略）定义算法需要一种还是多种策略方法？通常情况下只需要一种方法，但某些情况下可能需要多种方法。
- 策略方法应该返回某种类型还是对参数产生副作用？
- 策略是否需要存储数据？
- 适用的返回值类型及 / 或方法的参数类型应该是什么？理想情况下，我们希望选择能够最小化策略与客户端间耦合度的类型。

图 3-7 展示了比较纸牌的场景下 STRATEGY 实例化的一个例子。由于重用 Comparator 接口，所以 AbstractStrategy 的设计已经确定。由于该策略没有任何副作用，并且返回应用比较算法之后的结果，因此是纯函数式的。现在可以更清楚地发现，如果将 Comparator 接口实现为带有一个数据成员的 UniversalComparator，并根据相应的值判断采取哪种比较策略，则并不真正符合 STRATEGY 的设计观念。因为实际的策略是通过一个对象状态的改变来进行选择的，而不是改变具体的策略对象。

3.8   接口分离原则

在本章中，我们看到了定义专用接口的各种优点，这些接口定义了客户端需要行为的部分内聚片段。如此，代码就不会与实现的细节耦合，仅依赖于实际需要的方法。例如，处理纸牌的代码只依赖于两个方法的 CardSource（纸牌源）接口，因此代码可重用于提供这两种方法的任何类。同样，由于 Collections.sort(…) 方法只要求集合中的元素是 Comparable，因此它也具有这样的特点。这种理念实际上是一种通用设计原则的实例，称为接口分离原则（Interface Segregation Principle，ISP）。简而言之，ISP 说明不应强制客户端代码依赖不需要的接口。

ISP 的理念更容易在不遵守该原则的情况下阐明。我们重新考虑 3.1 节中的代码，其中 drawCards 接受一个 Deck 类作为参数：

```java
public static List<Card> drawCards(Deck pDeck, int pNumber)
{
  List<Card> result = new ArrayList<>();

  for( int i = 0; i < pNumber && !pDeck.isEmpty(); i++ )
  { result.add(pDeck.draw()); }

  return result;
}
```

在 3.1 节中，笔者讲到这并不是最优的设计，因为它将接口与实现绑定在了一起。为此，我们声明一个 IDeck 接口将二者分离：

```java
public interface IDeck
{
  void shuffle();
  Card draw();
  boolean isEmpty();
}
```

```java
public class Deck implements IDeck...
```

让 drawCards 方法依赖于该接口：

```java
public static List<Card> drawCards(IDeck pDeck, int pNumber)
```

这有效地实现了接口和实现的解耦合，并支持非 Deck 类也可以使用 drawCards。然而，这种设计仍不是最优的，因为其迫使 drawCards 静态依赖于一个不需要的方法，即 shuffle。如果我们想从一个不支持洗牌的纸牌源中抽取怎么办？因此，3.1 节最初的 CardSource 确实遵守了 ISP，并在接口中仅包含 draw 及 isEmpty。

为了进一步阐明 ISP 理念，假设部分代码可能仅重排某个对象。为了支持这个行为，定义只有一个 shuffle() 方法的 Shufflable 接口。图 3-8 展示了 Deck 类关注点的最大灵活性分离，其中包括三个不同的接口，分别实现 Deck 类支持的三个内聚的行为片段，以及调用这些功能不同组合的三个客户端代码（由 Client 1～3 表示）。

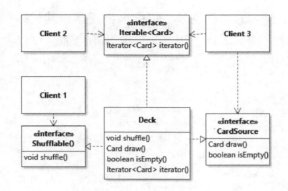

图 3-8　接口分离的实践

这种设计具有松耦合，这是它的优点。然而，对于客户端需要调用多个行为片段的情况，这种松耦合的设计却有明显的缺点。图 3-8 中的 Client 3 展现了这种情况，该客户端同时需要对 Iterable<Card> 进行迭代并且从纸牌源中抽取纸牌。由于在 Java 中只能给变量声明一个类型，我们该如何表达这种功能的组合？例如，如果将 CardSource 的实例传递给想对纸牌进行迭代的方法，那么就可能会得到粗糙的代码：

```
public void displayCards(CardSource pSource)
{
  if( !pSource.isEmpty() )
  {
    pSource.draw();
    for( Card card : (Iterable<Card>) pSource) { ... }
  }
}
```

实际上，这段代码不仅粗糙，而且由于给 displayCards 提供的参数可能并不是 Iterable 的子类，因此也并不安全。类型系统的子类型给这个问题提供了一个直接的、更好的方法。在 Java 中，接口可以声明为扩展其他接口。其语义为，如果 A 扩展了 B，则实现 A 接口的类型必须为 B 接口中声明的所有方法提供实现，因此传递性也成立。通过扩展接口，可以在遵守 ISP 的同时更容易地支持功能的组合调用。在纸牌的例子中，如果发现大部分调用 CardSource 的代码也调用 Iterable<Card>，但不是反过来的情况，则可以将 CardSource 声明为 Iterable<Card> 的子类，如图 3-9 所示。

原则上，以上方法在相反的情况下也适用，如果发现大部分调用 Iterable<Card> 的代码同样也调用 CardSource，但不是反过来的情况，那么将 Iterable<Card> 声明为 CardSource 子类是合理的。但实际上，由于 Iterable<T> 是不可修改的库类型，因此这种扩展并不可行。因为也有许多代码只依赖 Iterable<T> 而不依赖 CardSource，因此，这只是理论上的可能性。最后，很难立即得到最合适的软件设计。可能会出现客户端代码中总是同时使用两个分离接口的情况。这种情况下，应用 ISP 可能并不合适，可以考虑将所有的方法声明都定义到一个接口中，从而将两个接口融合为一个。

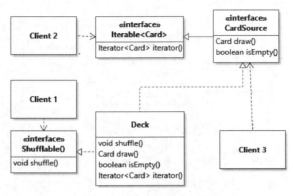

图 3-9　接口扩展的例子

小结

本章重点介绍如何使用接口和多态以实现可扩展性和重用性。

- 如果计划对设计中的部分使用不同的实现，使用接口类型将规格说明与实现解耦合。
- 将可能一起使用的内聚方法组合定义为一个接口。
- 用子类型组织接口之间的关系，以便实现行为的灵活组合。
- 使用库接口实现常用的行为，例如库接口 Comparable。
- 通过类图探讨或记录有关类之间关系的设计决策。
- 将函数对象视为实现小规模功能的可行方法，例如比较算法等。函数对象通常可以定义为匿名类的实例或 lambda 表达式。
- 通过迭代器在不破坏对象的封装和信息隐藏属性的前提下，暴露其封装的对象集合。这种设计理念称为 ITERATOR 设计模式。
- 如果部分设计需要支持可互换的算法族，考虑采取 STRATEGY 模式。
- 确保代码不会依赖不需要的接口，如果在代码的某些地方发现某种接口的许多方法并没有用到，则将该大型接口分解成更小的接口。

代码探索

JetUML 中 Comparable 的 Java 版本

在 JetUML 中，JavaVersion 类 提 供 了 一 个 Comparable 子 类 的 实 例。

JavaVersion 类负责检测并表示在用户计算机上可用的 Java 运行环境的版本。由于长期以来 Java 更改了版本编号规则，这个简单的需求难以实现，这也是该类中代码量巨大的原因。在任何情况下，该类的声明包括所需的 compare(JavaVersion) 方法，进行 Java 版本中不同组件（分别为最高版本、最低版本以及安全版本）的比较。在 UMLEditor 类的 checkVersion() 的方法中调用了此功能。但在这种情况下，Comparable 的使用并不是多态的。代码中调用 compare 方法的唯一地方是一个类型为 JavaVersion 的变量，而非 Comparable 类型。因此，如果不使用 Comparable 接口（或者也可以将比较方法任意命名），软件设计也是相同的。然而，将 JavaVersion 声明为 Comparable 的子类也不会损害设计，甚至可能带来些许好处——它更明确地显示，可以用库类型支持的标准用法进行版本的比较。

单人纸牌游戏中 Strategy 模式与接口分离

当与不同设计模式结合在一起使用时，接口分离原则可以成为一个特别强大的设计特色。在单人纸牌游戏中，程序包 ai 提供了 STRATEGY 模式的详细实例。PlayingStrategy 接口定义了 computeNextMove 方法，当玩家选择"自动出牌"功能时，由 GameModel 的实例调用。借助自动出牌的功能，软件在游戏中可以决定如何出下一张牌，而不是等待用户出牌。任何实现 PlayingStrategy 的类都可以提供出牌的决策行为。该软件包包含两种出牌策略。NullPlayingStrategy 并不执行任何操作，且总是返回所谓的"空操作"。该策略意义不大。GreedyPlayingStrategy 选择执行对游戏影响最直接的操作。如要实现一种不同的策略，例如在决策过程中引入概率，那么开发者只需要创建一个实现 PlayingStrategy 的新类，且在域 GameModel.aPlayingStrategy 的初始化中以该类的实例赋值。

为了决定如何走一步，策略对象需要游戏的相关信息。该信息通过策略方法的参数的形式提供。在单人纸牌游戏项目的设计中，关于游戏的所有信息都存储在 GameModel 的实例中。这是一个非常重要的类，它定义了访问器方法（如 getScore()），以及可以改变游戏状态的方法（如 reset()）。这意味着，将 GameModel 的实例传递给一个策略对象，那么策略对象中的代码可以改变游戏的状态。由于在设计中，游戏策略应该只计算一步走法，而不是实际上完成这一步走法，因此这种现象是过度耦合的。笔者通过接口分离原则进一步阐述这种限制，如下所示。GameModel 类实现了 GameModelView 接口，该接口仅定义了 GameModel 中提供有关游戏信息且不改变状态的方法。这样决策的后果"限制"GameModel 接口，使其仅包含查询方法，然后再将 computeMove 中的参数类型声明为 GameModelView。这样，尽管传递给策略对象的仍然是

GameModel 的实例，但限制后的接口使得策略对象中的代码仅能够查询游戏状态，而不能更改它。

延伸阅读

图 3-1 中类图记法的定义改编自 *The Unified Modeling Language Reference Manual* [15]，该书是关于 UML 最全面的资料之一。*UML Distilled* [5] 的第 3 章对这种图表的记法和语义进行了更简洁的概述。四人组之书 [6] 含 Iterator 及 Strategy 模式的原始细节描述。

对象状态

本章包含以下内容。

- **概念与原则**：具体和抽象对象状态、对象生命周期、对象身份、对象相等性、对象唯一性、状态空间最小化。
- **程序设计机制**：空引用、终极变量、可选类型、嵌套类、闭包。
- **设计技巧**：状态图。
- **模式与反模式**：SPECULATIVE GENERALITY † （推测一般性）、TEMPORARY FIELD † （临时域）、LONG METHOD † （过长方法）、NULL OBJECT （空对象）、FLYWEIGHT （享元）、SINGLETON （单例）。

状态转换是阅读代码时最难理解的部分之一。哪些操作会产生副作用？数据流经哪些路径？哪些对哪些有影响？本章阐明对象状态的含义，并说明合理控制对象状态的原则性方法。

设计场景

本章将继续第 3 章的讨论，即如何在代码中设计有效表示一副纸牌的抽象（详见第 3 章开头的设计场景）。

4.1 软件系统的静态和动态视图

我们有多种方法来理解软件系统。一种方法是了解源代码中声明的软件元素和它们之间的关系。例如，Deck 类中声明了域 aCards，它是用于存储 Card 实例的列表。这是系统的一个静态（static）（或编译时）视图。静态视图最适合用源代码或类图描述。另一种了解系统的方法是观察正在运行的软件系统中的对象。这两种不同的方法可以互为补充。例如，在某一时刻一个 Deck 实例包含了三张纸牌，而抽取一张纸牌后，Deck 实例将仅包含两张纸牌。这是软件的动态（dynamic）（或运行时）视图。动态视图对应着不同时刻程序变量具有的全部可能值以及引用的集合。这是我们在调试过程中跟踪代码执行过程所能看到的状态。动态部分不能简单地由任何单个图表表示。相反地，我们需要利用对象图、状态图（在本章中介绍）和时序图（在

第 6 章介绍）来理解软件的动态视图。静态视图和动态视图在软件设计中是互补的。有时更适合用静态视图来分析一些问题和解决方案，有时则应该依靠动态视图，或者两者皆需。这种软件系统静态视图和动态视图间的二元性近似于物理学中光的波粒二象性：

看起来我们有时需要用到一个理论，有时需要用到另一个，而有时两者皆需。[……] 我们有两个相反的现实图景，任何一个都不能完全解释光现象，但是它们一起则可以解释。

——阿尔伯特·爱因斯坦、利奥波德·英费尔德，《物理学的进化》

因此，对软件设计而言，看起来我们有时必须使用一个视图，有时则需要使用另一个，而有时两者皆需。我们有两个互补的软件系统图景，单独的任何一个都无法完全解释软件现象，但合起来就可以。本章主要关注如何理解软件中重要的动态属性。

4.2 定义对象状态

从运行时对象的角度考虑设计的话，对象状态（object state）是一个重要概念。非正式地说，对象的状态代表在给定时刻对象所表示的特定的信息片段。通常情况下，有必要区分具体状态（concrete state）和抽象状态（abstract state）。对象的具体状态指的是对象的域中包含的值的集合。例如，Player 对象当前仅包含玩家在积分制单人纸牌游戏中获得的分数：

```
public class Player
{
    private int aScore = 0;
}
```

Player 可能的具体状态的集合的基数是 2^{32}，约 40 亿[⊖]。我们通常用状态空间（state space）指代变量或对象的可能状态的集合。如果对象具有引用类型的域，那么状态空间的基数（即大小）将急剧增长。例如，Deck 实例的状态空间包括牌堆中任意数量的纸牌的一切可能组合，约为 2.2×10^{68} 个。这是一个巨大的数字[⊖]。对于 Player 类来说，添加类型为 String 的域 aName 将使状态空间爆炸，其大小只是受到计算机物理内存大小限制。因此，当设计软件时，考虑抽象状态更为实际。

原则上，抽象状态是具体状态空间的任意定义的子集。例如，对于 Player 去除域 aName 的简化版本而言，"偶数得分" 可以是 Player 的一个抽象状态，它由得分为偶数的约 2^{31} 种状态组合而成。类似地，对于 Deck 类的一个实例，抽象状态"三个 K"可以表达恰有三张点数为 Rank.KING 的纸牌的任意一副牌。这两个例

⊖ 在 Java 语言中，int 类型的变量占 32 位存储空间。

⊖ 由 $\sum_{k=0}^{52} \frac{52!}{(52-k)!}$ 计算得出。

子说明,因为抽象状态是状态空间的任意划分,因此它们可以被任意定义,无论这种定义是多么异想天开。但是,毫无疑问的是,上述两个抽象状态的例子在现实的软件系统设计中毫无用处。在实践中,状态空间划分的软件设计任务是定义与特征相对应的抽象状态,这些特征有助于构建简洁的解决方案。Player类更有意义的抽象状态可能是"非零得分",对Deck类则是"空"(牌堆中没有纸牌),这两者都对应单一的具体状态。当需要区分时,笔者使用术语有意义的(meaningful)抽象状态来代表会影响对象使用方法的抽象状态。例如,因为不可能从空牌堆中抽取纸牌,因此抽象状态"空"实际上消除了对象的一种使用场景(调用方法draw),从而是有意义的。相反,抽象状态"三个K"没有意义,因为至少在单人纸牌游戏中,一副牌中是否包含三个K对游戏进程没有任何影响,同时也与任何设计或实现决策无关。除非显式说明,否则在后文中术语抽象状态默认表示有意义的抽象状态。

有些对象没有任何状态,这是对象状态的一个特例。例如,函数对象(见3.4节)通常不关联任何状态。这种情况称为无状态(stateless)对象。当需要区分两种情况时,有状态的对象可以称为有状态(stateful)对象。对象的另外一个与状态有关的属性是可变性(见2.6节)。本章讨论的是既有状态又可变的对象。对于不可变对象,有状态和无状态的边界是不清晰的,因为实际上这些对象只有一个状态。

4.3　状态图

UML状态图是表达对象在生命周期中,因外部事件(通常是方法调用)从一个抽象状态转换到另一个抽象状态的方式的有效工具。它们展示了软件系统的一个动态视图。图4-1展示了本书中将会用到的所有状态图记法。

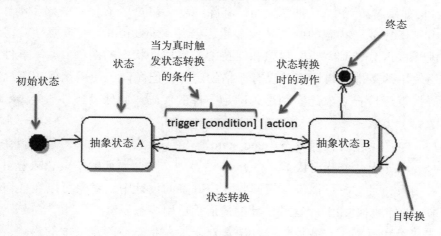

图 4-1　状态图记法

图4-2中的例子展示了UML状态图的记法和用途。本例表达由52张纸牌构成

的 Deck 类实例的一些重要抽象状态。虽然本图很简单，但它表达了 Deck 类设计中的关键信息。

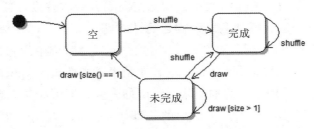

图 4-2　一个 Deck 实例的状态图

抽象状态"空"被标注为*初始状态*（start state），由此我们可以推断，构造函数返回的 Deck 对象中没有任何纸牌。

在状态图中，*缺失转换*通常意味着对于给定的状态，缺失的转换是不可能的（即无效的）。例如我们不能从空纸牌堆中 draw（抽取）纸牌。此外，转换被标注了 Deck 类的方法名。唯一合法的离开"空"状态的转换是 shuffle（洗牌），使得对象变为"完成"状态。由此可以简单地推断出（在本例设计中）"完成"是"完成洗牌"的简称。

离开"完成"状态的 shuffle 转换阐明了*自转换*（self-transition）的概念，也就是不引起抽象状态改变的事件。唯一离开"完成"状态的转换是 draw，其使得纸牌必然进入"未完成"状态。

同时，*动作*（action）可以被标注在转换上，用于说明转换的结果。与 draw 事件对应的动作是"将纸牌从牌堆中移除"。动作信息可以省去，此处因为事件名称是冗余的（例如纸牌游戏中，"抽牌"与"移除"意义相同），在图中省略了动作信息。

离开"未完成"状态的两个转换显示出*条件*（condition）的重要性，因为离开了条件就无法区分转到"空"状态和保持"未完成"状态的两种 draw 事件。本书中，我们使用的条件建模语言并没有严格的定义，但倾向于使用伪代码来描述，因为伪代码接近于检查对象的实例是否满足条件的代码。此处的条件假定 Deck 类中存在 size() 方法。

最后，本图不包含任何*终态*（end state）。终态元素用来说明对象是否在生命周期结束时必须处于一个特定状态。在 Java 语言中，生命周期的结束意味着对象的所有引用被销毁，且对象可以被垃圾回收。在许多的设计中，对象可以在任何状态下结束生命（即停止被使用）。这种设计的情形不适用终态元素。

应用状态图有利于自我评估设计决策对于抽象状态空间复杂度的影响，而这种影响在讨论对象时必须仔细考虑。此处的状态空间非常简单（只包含三种状态），因为设计时决定了代码中牌堆初始化和洗牌在同一处进行。将这一行为划分为独立的

initialize 和 shuffle 事件，或者引入 sort 事件，都将增加对象的抽象状态空间的复杂度（例子见图 4-3）。

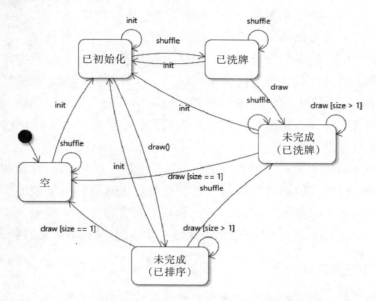

图 4-3　Deck 实例的状态图，其中初始化和洗牌是独立的操作

　　状态图的另一个重要优点是其支持系统化地探索给定类的对象的抽象行为。当给对象的状态建模时，最好讨论每一个状态并考虑任何可能的转换。这一简单的过程可以避免遗漏代码中特定的路径（如对一堆未完成的牌进行洗牌）。

　　在刚开始运用状态图对对象状态进行建模时，经常出现的倾向是运用状态图记法来建模"数据流"信息，其中状态代表"处理"，而箭头代表了处理阶段之间的数据流。这是对状态图记法的一个误用⊖。避免这类错误的方法是考虑状态的名称。如果状态的名称包含了动词，或者总体上具有描述动作（如"抽牌"）的感觉，那么这可能是一个信号：这种图并不是表达状态空间的好模型。

　　最后值得注意的是，状态图的概念与确定型有限自动机（Deterministic Finite Automata，DFA）非常接近。这并不是巧合，而是因为它们都是某种有状态现象的建模工具。但是，两种记法的目的不同。DFA 是完全且精确地描述计算模型的严格理论表示，而状态图则希望探讨关于软件更抽象的思想，用于支持软件开发活动，如软件设计、测试和文档编写。状态图可以省略特定的元素，但 DFA 不可以。

4.4　设计对象生命周期

　　作为方法调用的结果，有状态且可变的对象将会在不同的抽象状态间转换。对

　　⊖　对这种情况，更合适的模型是活动图，但这不在本书讨论范围内。

象的状态图模型也可称为它的生命周期（life cycle），因为它描述了对象的"生命"，包括对象的初始化、放弃以及最终被垃圾回收器销毁。生命周期的概念与人类的生命周期相似，包括（以某种方式）创造和经历生命不同阶段（儿童、青少年等）。但是，人类和绝大多数有机体的生命每个阶段仅仅依给定的序列发生一次，而与之不同的是，对象的生命周期与设计有关，并且可能非常复杂。对象的生命周期可以包含真实的循环、通过抽象状态空间的不同路径以及死循环。随着类的复杂度不断增长（即抽象状态的数量增长），类的实例的生命周期可能变得难以理解，即使有状态图帮助也是如此。图 4-2 和图 4-3 的对比显示了在看起来很小的设计改动下，对象生命周期增长的迅捷程度。

具有复杂生命周期的对象很难使用和测试（见第 5 章），同时设计和实现将非常容易出错。设计时应当遵循的良好原则之一是要避免对象拥有复杂的生命周期，即将对象状态空间最小化到能够实现其逻辑的最小必要程度。实践中，这意味着要精巧地设计类，使其无法进入无效或无用的状态，同时也没有不必要的状态信息。

4.4.1   无效和无用的状态

状态空间中的一些状态可能只是对象设计或实现方法的结果，而在给定的软件系统中一个对象不会处于这些状态。例如，在单人纸牌游戏中，一堆未洗的牌是没有意义的。若软件设计要求 Deck 的新实例必须先初始化后混洗，这种设计将引入两个抽象状态和图 4-3 所展示的复杂度，但却没有任何获益。在某些情形下，从对象生命周期中消除某些状态可能看起来在降低对象的灵活性（"如果我们有一天需要用到怎么办？"）。这是某些情况下可能做出的论断。但是，开销（以软件开发者理解代码、编写测试和修复缺陷所消耗的时间衡量）始终是需要首先考虑的事情。通常情况下，这种 SPECULATIVE GENERALITY†（推测一般性反模式）并不值得付出开销。

4.4.2   不必要的状态信息

设计对象时，另一个常见的错误实践是在实例变量中"缓存"状态的信息，这通常是为了方便，或假定的性能高效，或者为了两者同时的需要。例子是最好的解释，因为这个例子过于简单，因此证据可能看起来有些不可理喻。但是，这一例子带来的问题在代码中出现了无数次。

前文讨论的 Deck 类的实现利用列表保存了纸牌，并且提供 size() 方法使客户端代码能够获得牌堆中的纸牌数。

```java
public class Deck
{
  private List<Card> aCards = new ArrayList<>();

  public int size() { return aCards.size(); }
}
```

对效率有热切渴望的开发者可能会注意到，在单人纸牌游戏程序的典型执行过程中，对于相同大小的 Deck 实例，size() 方法被调用了无数次。例如，在调用 deck.draw()（从而改变了牌堆大小）前，deck.size() 可能被调用了十次，但每一次的返回值都一致。每一次对 deck.size() 的调用都导致了一个"无意义"的 aCards.size() 调用！因此，如果直接在牌堆中保存纸牌的数量并且返回它，难道不会效率更高吗？

```java
public class Deck
{
  private List<Card> aCards = new ArrayList<>();
  private int aSize = 0;

  public int size() { return aSize; }

  public Card draw()
  {
    aSize--;
    return aCards.remove(aCards.size());
  }
}
```

这一设计决策是计算过程中时间和空间交换的经典例子：以少许额外内存的代价，节约了少许时间。但是，除了真正执行时间很长的操作（如设备输入输出）以外，执行时间的节约和内存开销的代价都不显著，但是代码的简单性、优美性和可理解性都是大输家。

与不合时宜地担心性能相似，另一个用域保存冗余信息的常见理由是便利（如一个值难以由对象的其他域计算得出）。这种情形更难通过简单的代码例子说明。但是，一个广泛适用的通用原则是，应当尽最大可能避免在对象中存储值，除非它是唯一表达对象内在信息的值。违反这一原则通常会构成 TEMPORARY FIELD†（临时域反模式）。

4.5　可空性

许多程序设计语言提供了为引用类型的变量赋空值（**null** 值）的能力，这妨碍了开发者设计具有干净的状态空间和生命周期的对象。在 Java（以及许多相似的语言，如 C++）中，**null** 是一个特殊的值，表示值不存在或者缺失，但这也带来了麻烦。例如，如果变量赋值为 **null**：

```
Card card = null;
```

实际上是在说明，变量 card 的类型是引用类型 Card，但并不指向任何内容！这是一个很大的麻烦，因为引用类型的对象被视为是可以解引用（dereference）的：

```
System.out.println(card.getRank());
```

不幸的是，对于指向空的引用，无法对其解引用，因此结果就是产生令人担心的 NullPointerException，这是 Java 软件中不计其数的缺陷的典型症状。通常来说，空引用因其带来的危害，成了 Java 语言中最大的负特性。实际上，据报道称空引用的发明者 Tony Hoare 表达过自己对实现这一特性的悔意（见延伸阅读）。对于底层设计来说，空引用是一个问题，因为难以保证考虑到所有可能导致空引用的程序路径。更为概括地讲，空引用因为其固有的多义性而成为软件设计中的累赘。根据情况不同，对象状态中的空引用可能意味着：

1）变量是正确的，但暂时尚未初始化，并且将在对象的另一个抽象状态中初始化。例如，在 Deck 类中，aCards 可以赋值为 **null** 直到牌堆被混洗。

2）变量被不正确地初始化了，因为程序员忽略了变量本应被初始化的一条路径。

3）空值标志着正常情况下的、有意义的普通生命周期内对象中值的缺失。

4）空值是其他情况的标志，需要以特殊方法处理。

为了避免危险的空引用导致对象状态空间的不必要扩大和复杂化，推荐的最佳实践准则是设计不使用空引用的类。如何实现这一目标取决于是否需要对不存在的值进行建模。扫雷游戏和单人纸牌游戏是完全不使用空引用的代码的例子。

4.5.1 无须对不存在的值建模

在设计类时，如果可以避免一切存在特定变量没有值的抽象状态，那么就可以顺理成章地避免空引用这种情况。例如，"普通"的纸牌游戏必须有花色和点数，因此对于这两个实例变量，都没有必要允许空引用的存在。

```java
public class Card
{
  private Rank aRank; // Should not be null
  private Suit aSuit; // Should not be null

  public Card(Rank pRank, Suit pSuit)
  {
    aRank = pRank;
    aSuit = pSuit;
  }
}
```

有两种方法可以保证变量不会赋值空引用：输入校验（input validation）或者契约设计。对于输入校验，每次变量赋值时都需要检查输入值是否为空引用，并适时抛出异常：

```java
public Card(Rank pRank, Suit pSuit)
{
  if( pRank == null || pSuit == null )
  { throw new IllegalArgumentException(); }

  aRank = pRank;
  aSuit = pSuit;
}
```

对于契约设计，我们规定先验条件为 **null** 不是变量的合法值，并且（可以选择）通过 **assert** 表达式检查先验条件：

```
/**
 * @pre pRank != null && pSuit != null;
 */
public Card(Rank pRank, Suit pSuit)
{
    assert pRank != null && pSuit != null;
    aRank = pRank;
    aSuit = pSuit;
}
```

在两种情形中，如果 Card 构造函数是 aRank 和 aSuit 可以被赋值的唯一地方，那么就可以有效地保证两个变量中保存的值均不可能是空引用。

4.5.2　对不存在的值建模

在许多情形中，建模的领域概念要求准备一种没有值的情形。例如，考虑 Card 的实例包含"王牌"的情况。在许多纸牌游戏中，王牌是特殊的纸牌，其不具备花色和点数。为了将一张牌标为王牌，一种简单的方法是在声明中增加 aIsJoker 域：

```
public class Card
{
    private Rank aRank;
    private Suit aSuit;
    private boolean aIsJoker;
    public boolean isJoker() { return aIsJoker; }
    public Rank getRank() { return aRank; }
    public Suit getSuit() { return aSuit; }
}
```

这里判断纸牌是否为王牌的逻辑很简单，但是如何处理花色和点数呢？通常情况下有许多种选项，下面列出了三种。

1）空引用：直接忽略本节前文提到的建议，并对 aRank 和 aSuit 赋值为 **null**。这意味着可能对王牌调用（例如）card.getRank().ordinal()，并引发 Null-PointerException。这不是一个好的选择。

2）伪值（bogus value）：可以为王牌的花色和点数赋一个预定义的无意义值（如梅花 A）。但是，这既令人费解，又十分危险。部分代码中可能错误地请求了王牌的点数，并且获得了无意义的值 Rank.ACE。容易想象到，追踪这种错误耗时长且令人烦躁。这也不是一个好的选择。

3）枚举类型的特殊值：我们可以为 Rank 和 Suit 增加枚举值 INAPPLICABLE，并且为表达王牌的 Card 实例赋这个值。笔者认为，这种解决方案比上述两种略好，但仍然有一些显而易见的缺点。首先，枚举类型代表着列举所有可能的取值，而这是枚举类型的概念上的误用。虽然技术上可以这样写，但是概念上 INAPPLICABLE 不是有效枚举值，而是没有值的标志。其次，虽然实际上有 4 个花色和 13 个点数，但是这种方法将对两种类型分别创建 5 个和 14 个枚举值。这种不一致将会搞乱依赖这些类型的序数的代码（如牌堆的初始化），并有可能引入许多差一错误（off-by-one error）。

幸运的是，存在更好的解决方案，可以避免使用空引用来表达不存在的值。

4.5.3　可选值类型

避免使用空引用来表达不存在值的其中一个解决方案是使用库类型 Optional<T>。Optional 类型（可选值类型）是包装类型 T 的实例的通用类型，并且可能为空。要说明一个变量的值可能为类型 T 或空，可以将它的类型声明为 Optional<T>。在本例中：

```
public class Card
{
  private Optional<Rank> aRank;
  private Optional<Suit> aSuit;
}
```

要表达变量的值不存在，可以利用 Optional.empty() 的返回值。因此，为了创建表达王牌的 Card 构造函数，可以编写：

```
public class Card
{
  private Optional<Rank> aRank;
  private Optional<Suit> aSuit;

  public Card()
  {
    aRank = Optional.empty();
    aSuit = Optional.empty();
  }

  public boolean isJoker() { return !aRank.isPresent(); }
}
```

为了创建表达实际值的 Optional 实例，在 value 不（或不可能）为空时，可以使用 Optional.of(value)；而 value 可能为空时，则使用 Optional.ofNullable(value)（变量为空时实际保存 Optional.empty()）。调用 get() 可以获得被 Optional 实例包装的值。

以这种方式运用 Optional 可以去除对空引用的危险使用，同时干净地表达值的缺失。但也存在着一个主要问题，即两个域不再具备客户端代码期望使用的类型。客户端可能愿意使用 Rank 和 Suit 类型的值，但类的域现在储存类型为 Optional<Rank> 和 Optional<Suit> 的值。为了解决这个问题，有两个主要的方案：

- 修改 Card 类的接口使得 getRank() 和 getSuit() 相应地返回 Optional<Rank> 和 Optional<Suit>。这要求客户端代码在使用实际值的每一处均调用

get()，显得有些笨重。

- 在 getRank() 和 getSuit() 中解包可选值，以保留原有的接口，但要求客户端保证不会对表达王牌的纸牌上调用这些方法（可以用契约设计等方法保证）。这种解决方案看起来与使用空引用十分相似，但是它在技术上更为安全，因为当错误地使用该值时，对 Optional 的空实例调用 get() 会立即产生异常，而不是可能在代码的执行过程中潜在地传递了空引用。

4.5.4　NULL OBJECT 设计模式

存在另一种避免使用空引用来表达不存在的值的方法，同时也能够避免解包包装对象的问题。这种解决方案采用特殊的对象来表达空值。因此，这种思想称为 NULL OBJECT（空对象）设计模式。使用 NULL OBJECT 来表达空值依赖多态，所以仅适用于存在类型层次的情况。因为 Card 对象不是任何其他用户定义类型的子类型，因此我们不能用这种方法来表示王牌。为了阐述这种解决方案，可以考虑另一种不同的场景，其中 CardSource 可能在客户端代码中不可用。假设 CardSource 是一个接口，其中定义了方法 draw() 和 isEmpty()，并由 Deck 类实现（见 3.1 节）。

NULL OBJECT 的主要思想是创建一个特殊对象来表达不存在的值，并且利用多态函数调用来判断是否缺失值。图 4-4 以处理可能缺失的纸牌源问题，说明了这一解决方案的模板。

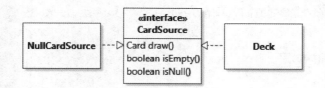

图 4-4　展示了支持 NULL OBJECT 模式的接口 CardSource 类图

在这一设计中，最初的 CardSource 接口上增加了一个新方法，用于判断是否在处理空对象，同时增加了一个表达空对象的类。如预料中的，isNull() 对 NullCardSource 以外的任何具体类型的对象均返回 **false**，而对 NullCardSource 的实例返回 **true**。客户端代码可以利用这一约定处理缺失的纸牌源：

```
CardSource source = new NullCardSource();
...
CardSource source = getSource();
if( source.isNull() ) {...}
```

利用 Java 8 的特性，NULL OBJECT 解决方案可以通过仅修改类型层次结构中的根类型来高效实现。首先，为了避免修改所有纸牌源类来实现简单地返回 **true** 的

isNull，我们可以使用默认（default）方法。在 Java 中，默认方法是在接口中实现并可应用于所有实现该接口类型的实例的方法。为了尽可能不影响代码的其他部分，可以通过匿名类，把 NULL OBJECT 实现为接口的常量。

```java
public interface CardSource
{
  public static CardSource NULL = new CardSource()
    {
      public boolean isEmpty() { return true; }
      public Card draw() { assert !isEmpty(); return null; }
      public boolean isNull() { return true; }
    };

  Card draw();
  boolean isEmpty();
  default boolean isNull() { return false; }
}
```

这一解决方案不再需要独立的 NullCardSource 类。客户端代码需要表达空纸牌源时，可以简单地使用 CardSource.NULL 提供的引用。因为 CardSource.NULL 和其他纸牌源行为一致，因此可以避免许多特殊情形的处理。值得注意的是这里包含的 draw 调用，因为对 NULL 纸牌源调用 draw 会违反前置条件（原因是其后续返回空引用不一致）。实际上，在理想的 NULL OBJECT 的应用中，甚至 isNull() 一类的检查方法都是不必要的。本例中，因为所有需要使用纸牌源的客户端代码都要检查它是否为空，因此获得 NULL 纸牌源与获得空纸牌源是不可区分的。由于这个原因，实践中很可能完全免除 isNull() 方法，并充分利用多态来实现一个没有边界条件的简单而清晰的设计。

4.6 终极域和变量

在 4.4 节中，笔者介绍了设计类时应当遵循的一项有用的原则，即在能够提供应有功能的情况下，保持类对象的抽象状态空间最小。例如，良好设计的 Deck 类有三个有意义的抽象状态，而不是十个。因为对象状态只是对象域取值的组合的抽象，实践中实现缩小状态空间这一原则的方法就是限制改变域值的途径。4.5 节中我们已经知晓，在一切情况下避免空引用有助于实现这一目标。在保持对象的抽象状态空间小而良好上，一个更严格的约束是避免在初始化后修改域的值，这样域的值就保持为常量。

在 Java 中，可以通过在变量声明（包含实例变量声明）前使用关键字 **final**（终极）显式地表达这种约束。例如，在 Card 类中，如果 aRank 和 aSuit 域被声明为 **final**：

```java
public class Card
{
  private final Rank aRank;
```

```
    private final Suit aSuit;

    public Card( Rank pRank, Suit pSuit)
    {
      aRank = pRank;
      aSuit = pSuit;
    }
}
```

那么这些域就仅能一次性地赋值，或者在声明的初始化部分，或者直接在构造函数中（如上例）⊖。尝试在代码中的其他部分为域重新赋值会产生编译错误。因此，**final** 关键字在限制对象的状态空间上迈出了巨大的一步，因为标记为 **final** 的域只能拥有单一的值。对于 Card 类，将 aRank 和 aSuit 标记为 **final** 将有效地使得类的对象不可变，因为代码中没有其他域。

在使用 **final** 关键字时需要记住的重要一点是，对于引用类型，变量中储存的值是对对象的引用。因此，尽管不可能对 **final** 域重新赋值，但是仍然可能修改被引用的对象的状态（如果对象是可变的）。例如，若将 Deck 类的 aCards 域标记为 **final**：

```
public class Deck
{
    private final List<Card> aCards = new ArrayList<>();
}
```

Deck 类的一个新实例如图 4-5 所见。

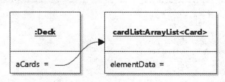

图 4-5　Deck 类的实例

因为 aCards 域是 **final**（图上未体现），可以确信，域中保有的引用将会始终指向同一个 ArrayList 实例（图 4-5 中名为 cardList），也就是说不可能使得这一箭头"指向"其他地方。但是，我们可以（且需要）修改 cardList 的状态，例如用全部纸牌将其初始化。因此，虽然终极域有助于限制对象的状态空间，从而使得理解运行时对象的行为更容易，但它并不能使得指向的对象不可变。

前文主要讨论了实例变量。但是，局部变量（包括方法的参数）也可以声明为 **final**。与域相对的是，使局部变量成为终极的意义并不清晰，因为局部变量不是长寿的（long-lived）⊜。仅有一种相当特别的技术情形要求局部变量不能被再次赋值（见 4.10 节），但在那种情况下，变量也不必用 **final** 关键字显式声明⊜。笔者个人有时将变量声明为 **final**，以此表明变量不会也不应当被重新赋值。这仅仅对于过长

⊖　实践中，域初始化代码（域声明中等号的右侧）无论如何将作为构造函数调用的一部分被执行。
⊜　局部变量仅在代码作用域范围内存在。
⊜　自 Java 8 开始，没有重新赋值的局部变量被编译器认为是"有效的终极"变量。

或复杂的不易理解的方法有用。理想情况中，这应该是一种少见的情形，因为有良好设计的方法是短小且简单的，并且 LONG METHOD †是一个已知的反模式。

4.7 对象身份、相等和唯一

设计对象生命周期时，需要始终铭记在心的三个重要概念是身份、相等和唯一。

身份指的是我们在讨论的一个特定对象这一事实，即使这一对象并不是变量。在程序设计语境中，对象的身份通常指代它的"内存位置"或"指向对象的引用 / 指针"。但是，在现代程序设计系统中，对象的内存管理高度抽象，因此最好简单地以对象身份来思考问题。绝大多数集成开发环境提供表达对象身份的便利方法。例如，在 Eclipse 调试器中，对象身份由对象 ID 表达。

图 4-6 的小例子中，两个 Card 对象被创建，因此产生了两个不同的对象，其身份也不同，分别由内部对象唯一标识符 21 和 22 表示（在右侧"Value"列中）。在图 4-7 的对象图中，main 方法被表达为一个对象，具有两个域，分别表示它的两个局部变量。此图展示了对象身份如何对应对象模型元素和对这些对象的引用。举例来说，如果列表中增加了一个 id 为 21 的 Card 对象的引用，那么就有两个位置指向共享的同一个身份。

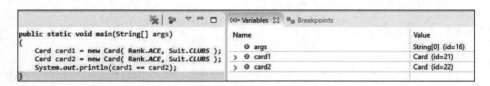

图 4-6 Eclipse 调试器中对象身份的表达

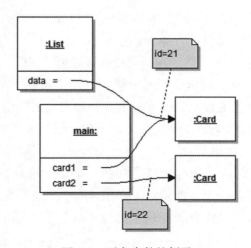

图 4-7 对象身份的例子

图 4-6 中 main 方法的最后一个语句提醒我们，在 Java 语言中，当两个操作数的值相等时，== 运算符返回 **true**。对于引用类型的值，"相同的值"意味着引用同一个对象（身份）。因此，此处表达式返回 **false**，因为尽管两个纸牌都表示梅花 A，但它们是对不同对象的引用。

在上述情形中，两个不同的 Card 对象均表达了梅花 A，这个例子解释了对象相等的概念。通常而言，两个对象的相等必须由程序员定义，因为相等的含义并非总能从对象的类的设计中推导得出。在非常简单的情形中（如 Card 类的对象），当所有的域都有相同的值时，可以说两个对象相等。但是，对于许多更复杂的类的对象来说，这种定义就有些过于严格。例如，如果一些对象缓存值，或者具备非确定的或不规范的内部表示，那么就可能在实际意义上是"相等"的，但并非每一个域都具有严格相同的值。例如，两个集合抽象类型（如 Java 的 Set）的实例具有相同的元素时必然是相等的，即使内部储存元素的顺序不同。

因此，Java 提供了自定义相等的机制，允许程序员说明同一个类的两个对象相等的含义。这种规格说明通过重载 Object 类的 equals (Object) 方法来实现。equals 方法的默认实现规定相等为身份相等（equality as identity）。换句话说，如果 equals 方法在一个类中没有重新定义，那么实际上 a.equals(b) 和 a==b 是一致的⊖。在许多情况下，如本书纸牌游戏的例子中，这并不是我们所需要的，因此必须提供自己的 equals 方法实现。下面的例子是实现 equals 方法的一个范例：

```
public boolean equals(Object pObject)
{
  if( pObject == null )
  { return false; } // As required by the specification
  else if( pObject == this )
  { return true; } // Standard optimization
  else if( pObject.getClass() != getClass())
  { return false; }
  else
  {
    // Actual comparison code
    return aRank == ((Card)pObject).aRank &&
      ((Card)pObject).aSuit == aSuit;
  }
}
```

第 7 章将再次介绍重载机制的部分细节。对目前来讲，如果 equals 方法在类中被重定义，那么对这个类的对象调用 equals 方法将执行重定义的版本，因此实现了自定义的相等。本例中，以下代码：

```
card1.equals(card2)
```

将会返回 **true**。

⊖ a==**null** 的情形除外。运算符 == 会正确地比较空值，但如果 a 是空的，a.equals(b) 会抛出 NullPointerException。

Java 语言中重载 equals 时需要特别注意的是，任何重载了 equals 的类必须同时重载 hashCode()，从而保证如下约束：

如果依据 equals(Object) 方法两个对象相等，那么对两个对象调用 hashCode 方法必须产生相同的整数结果。

——选自 Object.equals 的文档

这一约束是有必要的，因为除此之外，集合框架的许多类依赖相等判断和内部数据结构中索引对象的散列码两者的可替代性。

与身份和相等相关的最后一个概念是唯一。在实例代码中，我们自然会问，容许重复的对象表达相同的纸牌（如梅花 A）的意义是什么。类的对象的一个性质是唯一性，这有时是有用的。若两个不同的对象不可能是相等的，那么类的对象是唯一的。如果类的对象可以保证是唯一的，那么就不需要再自定义相等，因为在这种情况下，相等就变成身份相同，因此可以用 == 运算符比较对象。在 Java 语言中几乎不可能实现严格保证的唯一，因为存在元程序设计（metaprogramming）（见 5.4 节）和序列化（serialization）等机制⊖。但是在实践中，后文介绍的两种设计模式的应用，以及对元程序设计和序列化的有意避免，提供了实现唯一性的足够良好的保证，并且有助于简化一些设计。

4.8　FLYWEIGHT 设计模式

FLYWEIGHT 设计模式提供了一种干净地管理底层不可变对象集合的方法。尽管 FLYWEIGHT 经常用于解决性能问题，但也对确保对象的唯一性有意义。

FLYWEIGHT 的适用场景是类的实例被高度共享的软件系统。例如，在单人纸牌游戏中，许多类都引用 Card 对象。

模式的模板解的基本思路是管理特定类（称为享元类，flyweight class）对象的创建。享元类的实例可称为享元对象。FLYWEIGHT 的关键在于通过访问方法来控制享元对象的创建，以确保不存在重复的对象（身份不同但相等）。实现这一约束需要三个重要的元素：

1）享元类的私有构造函数（private constructor），它使得客户端不能控制类的对象的创建。

2）静态的享元存储（flyweight store），它保存了享元实例的集合。

3）一个静态的访问方法（access method），它对一个身份标志返回对应的唯一享元对象。访问方法通常检查所请求的享元对象在存储中是否已经存在，如果不存在，则创建对象，最后返回唯一的对象。

⊖　序列化指的是将对象转化为一种数据结构，这种数据结构可以在运行的程序以外储存，并可以在后续重新构建对象。重新构建已序列化的对象几乎总是创建序列化对象的副本。

例如，可以令 Card 为享元类。首先考虑非享元版本：

```java
public class Card
{
  private final Rank aRank;
  private final Suit aSuit;

  public Card(Rank pRank, Suit pSuit )
  {
    aRank = pRank;
    aSuit = pSuit; }

  /* Includes equals and hashCode implementations */
}
```

这个类的实例不是享元，因为它可以通过构造函数创建两个身份不一样但是相等的对象：

```java
Card card1 = new Card(Rank.ACE, Suit.CLUBS);
Card card2 = new Card(Rank.ACE, Suit.CLUBS);
System.out.println(String.format("Same?: %b; Equal?: %b",
  card1 == card2, card1.equals(card2)));
```

为了实现模板解的第一步，只需将构造函数前的 **public** 修改为 **private**，由此避免客户端代码随意创建新的 Card 实例。现在需要寻找 Card 类以外的代码获得类的实例的方法。在处理这个问题（模板解的第三步）之前，先为享元 Card 的实例创建一个存储（模板解的第二步）。实现这一步需要做出两个决策：选择一个数据结构来保存实例，以及决定这一结构在代码的存放位置。在本例中，因为游戏纸牌可以由两个键（花色和点数）完全索引，所以我们利用二维数组存储纸牌。至于数组的放置位置，显而易见的选择是作为 Card 类的静态域，这样就可以将其标记为私有，同时可以利用 Card 类的方法进行访问。下述代码展示了享元存储的定义及其初始化的一个实现。

```java
public class Card
{
  private static final Card[][] CARDS =
    new Card[Suit.values().length][Rank.values().length];

  static
  {
    for( Suit suit : Suit.values() )
    {
      for( Rank rank : Rank.values() )
      {
        CARDS[suit.ordinal()][rank.ordinal()] =
          new Card(rank, suit);
      }
    }
  }
}
```

因为要表达游戏纸牌的对象数量（52）较小，而且预先已知，所以我们选择利用静态初始化块来预初始化享元存储⊖。这仅仅是 FLYWEIGHT 实现的一种实例。即使对于相同的情况（游戏纸牌），也有许多可行的替代方案。例如，可以利用列表或散列表保存享元⊖。在当前的解决方案中，利用正确的索引访问集合将会得到所需的纸牌。例如：

```
CARDS[Suit.CLUBS.ordinal()][Rank.ACE.ordinal()];
```

将会返回表示梅花 A 的（应该是唯一的）Card 实例。

上述代码仅仅在 Card 实例的作用域内正确，因为 CARDS 是私有的。若要使类以外的代码能够访问纸牌，需要提供访问方法。本例中这一方法的实现非常简单：

```
public static Card get(Rank pRank, Suit pSuit)
{
  assert pRank != null && pSuit != null;
  return CARDS[pSuit.ordinal()][pRank.ordinal()];
}
```

基于享元存储是静态的事实，这一方法同样是静态的。这是合理的，因为通过一个纸牌实例请求另一个纸牌实例不合常理。对于表达游戏纸牌的享元对象，使用（rank，suit）对（pair），即有序对（点数，花色）作为标志键是符合直觉的。在其他情况下，标志键的选择可能不太显而易见。例如，对于类型 Person 的对象，可以选择姓名、身份证件号码等（作为标志键）。在任何情况下，标志键都不能是享元对象本身。在纸牌的例子中，这种方法可能看起来如下所示：

```
Card card = Card.get(someCard); // INVALID
```

这意味着要获得 Card 类的享元对象，需要预先获得这一对象。因为访问方法是唯一获得享元对象的方法，因此这种方法将产生死循环，故而存在缺陷。

实现 FLYWEIGHT 模式时需要考虑的一个重要事项是，是否预初始化享元存储，或者说是否惰性地在访问方法被请求时创建对象。答案取决于实际情况。通常来说，当只存在有限个且数量不大的享元集合时，预初始化享元（如例中）是合理的。在其他情况下，需要为访问方法添加额外的逻辑来检查对象是否已存在于集合中，并在不存在时根据键值创建对象。在后一种情况中，访问方法需要能够访问创建与给定的键值对应的享元实例所需的所有信息。下述代码展示了惰性创建实例版本的 Card 类中与享元相关的部分：

```
public class Card
{
  private static final Card[][] CARDS =
    new Card[Suit.values().length][Rank.values().length];

  public static Card get(Rank pRank, Suit pSuit)
  {
    if( CARDS[pSuit.ordinal()][pRank.ordinal()] == null )
```

⊖ 在运行时环境中第一次加载类时执行一次的代码块。
⊖ 最佳的选择可能是使用库类型 EnumMap，但是为了方便解释，基于数组的解决方案更实用。

```
    {
      CARDS[pSuit.ordinal()][pRank.ordinal()] =
        new Card(pRank, pSuit);
    }

    return CARDS[pSuit.ordinal()][pRank.ordinal()];
}
```

最后，值得注意的是，享元对象应当是不可变的，从而保证其能够保持唯一性，并且可以在代码任意一处被共享和比较。

4.9　Singleton 设计模式

Singleton 设计模式为确保给定的类在代码执行过程中任意时刻仅有一个实例的原则化方法。这一设计模式的适用场景是，需要管理在某个位置保存了大量或关键信息的一个实例，而且代码的其他部分可能需要这些信息。在单人纸牌游戏中，单例对象的典型例子是表达游戏的聚合状态（左上角发牌堆和游戏进程中其他纸牌堆）的实例。Singleton 的模板解包括三个元素：

1）单例类的私有构造函数，它使得客户端不能创建重复的对象。

2）保存对单例对象的单一实例的引用的全局变量。

3）返回单例实例的访问方法，通常称为 instance()。

在单人纸牌游戏实例项目中，GameModel 类的对象封装了游戏的聚合状态，并实现为一个单例：

```
public class GameModel
{
  private static final GameModel INSTANCE = new GameModel();

  private GameModel() { ... }

  public static GameModel instance() { return INSTANCE; }
}
```

Singleton 模式与 Flyweight 模式的区别是它试图保证给定类只有单个实例，而不是给定类有一组唯一实例。单例对象通常是有状态且可变的，而享元对象应当是不可变的。

实现 Singleton 模式时容易犯的典型错误是将指向类的实例的引用存储在名为 INSTANCE 的静态域或类似的域，而没有采取适当的措施来避免客户端代码独立创建新的对象。在这种情况中，使用"单例"一词十分具有误导性，因为代码的用户可能认为这个类只产生一个实例，而事实并非如此。

避免实例化的经典方法是私有类的构造函数。但是，在 *Effective Java* [1] 中，Bloch 提出了一个具有争议的技巧，即使用枚举类型（"第三项：使用私有构造函数或枚举类型以保证单例性"）。例如，可以使用以下方法使得 GameModel 成为单例：

```
public enum GameModel
{
    INSTANCE;

    public void initializeGame() {}
}
```

这种方法在技术上是可行的，因为编译器会阻止枚举类型的实例化。这种方法尽管在 *Effective Java* 中被"推荐"，却并不是没有批评声。笔者认为，这种策略是在使用一个程序设计机制（枚举类型）的技巧，但它实现的内容并非该机制最初的目的，因此可能会令人困惑。此处的类型 GameModel 并不是读者期望看到的，即 **enum** 类型应该表达的不同游戏模型的值的有限集合。因此笔者建议始终使用私有构造函数来保证单一实例约束。

4.10   嵌套类的对象

Java 语言中嵌套类的使用给状态管理带来了新的问题。嵌套类可以被划分为两大类型：静态嵌套类（static nested class）和内部类（inner class）。继而内部类又有两种特殊的类型：匿名类（anonymous class）和局部类（local class）。下文将介绍各个类别之间的区别。图 4-8 概括了这些类别以及它们之间的关系。

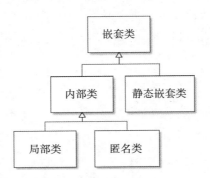

图 4-8   Java 类的不同类别以及它们之间的关系。注意，图中的类
指的是类的类别，而不是源代码的类

3.4 节中介绍了使用匿名类实现函数对象的方法。如其中所讲，内部类有时可以"秘密地"保存对其他对象的引用。因为这可能对其状态空间和生命周期产生重要影响，因此很有必要了解 Java 语言的这一特性。

4.10.1   内部类

首先我们讨论内部类。内部类是在其他类的内部声明的类，并用于提供涉及外部类（enclosing class）实例的附加行为，却不希望集成到外部类。例如，我们需要记忆特定的 Deck 对象被混洗的次数。通常情况下，实现这一功能的方法有很多。

为了说明使用内部类的方法，我们定义了 Deck 类的内部类 Shuffler：

```
public class Deck
{
  public void shuffle() { ... }

  public Shuffler newShuffler() { return new Shuffler(); }

  public class Shuffler
  {
    private int aNumberOfShuffles = 0;

    private Shuffler() {}

    public void shuffle()
    { aNumberOfShuffles++; Deck.this.shuffle(); }

    public int getNumberOfShuffles()
    { return aNumberOfShuffles; }
  }
}
```

在上例中，Shuffler 声明的第一部分看起来很寻常：我们声明了一个 Shuffler 类，包括 aNumberOfShuffles 域和 shuffle() 方法。但是，在 Shuffler.shuffle() 的代码中，事情变得有趣了，特别是在 Deck.this. shuffle()；语句中。内部类的实例会自动获得外部类的对应实例（称为外部实例，outer instance）的引用。内部类的外部实例是创建内部类实例的方法的隐式参数。最初看起来这可能会令人困惑，所以让我们跟踪一个执行过程：

```
Deck deck = new Deck();
Shuffler shuffler = deck.newShuffler();
shuffler.shuffle();
```

如往常一样第一行创建了 Deck 的新实例。第二行调用了变量 deck 指向的 Deck 类的实例的 newShuffler() 方法。这一方法创建了 shuffler 类的新实例，而其外部实例为 deck 指向的对象。在内部类中，外部实例可以通过外部实例的类名和 **this** 组成的约束名访问。因此，在本例中，Deck.**this** 指向 shuffler 的外部实例。第三行调用了 Shuffler 实例的 shuffle() 方法，但当执行这一方法时，其通过 Deck.**this** 调用了 Deck 类的 deck 实例的 shuffle() 方法。图 4-9 利用对象图说明了这一场景。

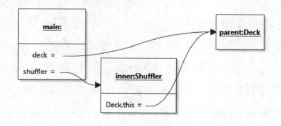

图 4-9　内部类的对象图

按照这种设计，牌堆可以通过 shuffler 实例混洗，而 shuffler 实例能够记忆混洗方法调用的次数。另外，也可以不通过 shuffler 实例混洗牌堆，在这种情况下域 aNumberOfShuffles 不会增加。不过，此处讨论的要点是，内部类的具体状态空间增加到了外部实例的状态空间中。尽管这可能导致复杂度显著增加，但也不一定。在好的设计中，内部类的对象的抽象状态空间应当抽象了外部实例的状态。Shuffler 类就是这样的情况，其中外部实例的状态并不影响使用 Shuffler 实例的方式。

Java 也允许声明静态（**static**）嵌套类。静态嵌套类和内部类的主要区别是，静态嵌套类不会连接到外部实例。因此，静态嵌套类主要用于封装和代码组织。

4.10.2　匿名类

如内部类一样，局部类和匿名类也通过对外部实例的引用拥有了对附加的状态信息的隐式访问。因为很少用到局部类，本节将关注匿名类。但是，局部类的工作机制和匿名类非常相似。例如，我们可以考虑下面的代码，它作为工厂方法，创建了能够按照给定点数的纸牌数量比较两个牌堆的 Comparator<Deck> 实例。

```
public class Deck
{
  public static Comparator<Deck> createByRankComparator(Rank pRank)
  {
    return new Comparator<Deck>()
    {
      public int compare(Deck pDeck1, Deck pDeck2)
      {
        return countCards(pDeck1, pRank) -
          countCards(pDeck2, pRank);
      }

      private int countCards(Deck pDeck, Rank pRank)
      { /* returns the number of cards in pDeck with pRank */ }
    };
  }
}
```

例如，下述代码可用于判断 deck1 是否比 deck2 拥有更多的 K：

```
Comparator<Deck> comp = Deck.createByRankComparator(Rank.KING);
boolean result = comp.compare(deck1,deck2) < 1;
```

这一解决方案是用工厂方法，创建 Comparator 类型的函数对象的例子，其中函数对象在 3.4 节介绍过。代码相对而言平淡无奇，但有一处比较有意思。仔细观察后可以发现，在匿名类内定义的 compare 方法能够访问 createByRankComparator 的参数 pRank，但它是独立类中的独立方法。在代码运行时，pRank 指向什么呢？当对象被 createByRankComparator 返回后，就具备了自己独立的生命周期，它和 Deck 对象无关。这是合法的、可编译的代码，并且实际上可行且产生我们希望的结果。

因为在匿名类中引用父级方法的变量是常用的程序设计习惯，因此其被程序设计语言支持。为了实现这种机制，当编译器创建匿名类的定义时，也（不可见地）为匿名类添加了域，并且将创建匿名类的方法中引用到的局部变量的引用全部复制到域中。因此，当匿名类的对象被创建时，对局部变量的引用也以相同的名称存储在匿名类中。图 4-10 的对象图解释了这个思想。

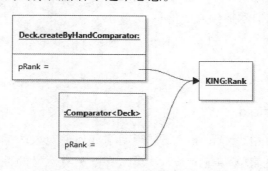

图 4-10　以对象图表述的闭包例子

在图 4-10 中，工厂方法被表达为独立的对象，pRank 域用来表达其参数。这一方法返回匿名类的全新对象。因此，compare 方法依然可以引用 pRank 参数，pRank 域创建在匿名比较器的实例中，并且复制了 pRank 参数的值。一个方法定义加上对局部环境变量的引用称为闭包（closure）。如对象图所示，闭包很容易产生对象实例间共享的引用。为了避免非预期的行为，Java 禁止变量在匿名类中被重新赋值。在 Java 7 及更早的版本中，匿名类引用的局部变量必须声明为 **final**。在 Java 8 中，编译器可以推断有效的终极变量，而不需要写出关键字⊖。

小结

本章定义了对象状态，并且认为完全跟踪一个对象的全部抽象状态可能很困难，同时提供了一组设计方法，用于设计生命周期简单且结构良好的类。

- 对于状态类，可以考虑使用状态图来系统化地推理类对象的抽象状态及其生命周期。
- 努力最小化类对象的有意义的抽象状态的数量，确保对象不可能进入无意义或无用的状态，并且避免为了便利或非关键的性能提升来存储信息。
- 避免使用空引用来表达对象和变量的合法信息，在有必要时，考虑使用可选类型或 NULL OBJECT 模式来表达缺失的值。
- 尽可能将实例变量声明为 **final**。

⊖　在 Java 中，严格意义上匿名类和 lambda 表达式不是闭包，因为其不能够修改引用的变量。但是，因为在 Java 中它们最接近闭包，笔者采用这一术语来描述捕获非局部变量的值的方法，就如本例。

- 明确是否需要让类对象唯一。
- 若不需要对象是唯一的，则需要重载 equals 和 hashCode 方法；若需要对象是唯一的，考虑使用 FLYWEIGHT 模式来保证唯一性。
- 考虑使用 SINGLETON 模式使得类只能产生状态对象的单一实例。
- 记住可以通过对外部类的实例的引用，或闭包中局部变量的副本的形式，在内部类的实例中附加额外的信息。

代码探索

扫雷游戏中的 Minefield

在扫雷游戏程序中，Minefield 类说明了如何使对象的抽象状态空间比应用领域对应的状态空间更简单。Minefield 类只有一个有意义的抽象状态。如构造函数的代码所见，Minefield 的实例在构造函数中完全初始化，并且不存在公有方法来重新初始化该域。因此，按照目前的设计，若要创建一个"全新的"雷区，客户端代码需要实例化新的对象。对于 getStatus() 方法，读者可能质疑仅有一个抽象状态的断言。但实际上，"状况"（status）的含义和"状态"（state）非常接近，而且这一方法的代码有效地说明雷区可能为未扫清（NOT_CLEARED）、已扫清（CLEARED）或已引爆（EXPLODED）三种状态之一。因此，为什么这些不对应到不同的抽象状态呢？它们当然可能对应到不同的抽象状态，因为抽象状态是任意定义的。但是区别抽象状态的重要属性是其是否有意义。对于 Minefield 的接口（其公有方法的列表）来说，每一个方法的工作方式是完全相同的，而且与雷区是已扫清的、未扫清的或已引爆的无关。由此，从客户端的角度来看，没有区别不同状态的必要，因此这里选取一个单一的抽象状态。

单人纸牌游戏中的 Card

单人纸牌游戏程序中 Card 类的实现是 FLYWEIGHT 设计模式的一个完整范例。此外唯一附加的特性是 Card 享元的两个访问方法。其中一个方法以点数和花色作为键，如前文所述。另一个利用了特殊的字符串编码来表达纸牌。尽管这一方法看起来违反了避免 PRIMITIVE OBSESSION†（见 2.2 节），但是，这一编码是序列化纸牌的表示这一特殊目的所需要的。

单人纸牌游戏中的 GameModel

在单人纸牌游戏程序中，GameModel 类提供了 SINGLETON 设计模式的典型例子。Tableau（牌列）和 Foundations（牌基）这两个域表达了所有牌堆的集合。尽管可以在 GameModel 中直接声明这些栈集合，但笔者使用了不同的类型来避免

GameModel 类变得过于复杂，并且可以在代码中直接表达划分状态空间的方法。

单人纸牌游戏中的 Move 匿名类

依然是 GameModel 类中，aDiscard 域表达了纸牌中的一种特殊类型的操作——从牌堆中移除一张牌。这一域如何和代码的其他部分一同作用是后续章节的内容。但是，域的初始化过程举例说明了匿名类如何保有对其父类的引用。通过实例化接口 Move 的匿名子类型，域的初始化过程需要提供接口的三个方法的实现。perform 方法的代码中给出了部分解释说明，这一方法实际执行了移除的操作。在代码中，可以看到对三个域的引用：aDiscard、aDeck 和 aMoves。这些不是匿名类的域，而是其外部类 GameModel 的域。

JetUML 中的 ApplicationResources

JetUML 中的 ApplicationResources 类提供了获得应用程序中出现的各种文本字符串（如按钮和菜单标签）的方法。为遵循字符串外部化的实践，这些字符串没有被硬编码，而是存储在独立的配置文件中。这个类提供了 SINGLETON 的例子，但是略有不同：没有 instance() 方法，相反地，单例实例被存储在 RESOURCES 域中，同时它是公有的。本例中，主要是出于代码美观的考虑，笔者没有严格实现 SINGLETON。单例实例在代码中被引用超过 100 次。为了避免引用笨重的表达式 ApplicationResources.instance()，笔者使用 Java 的静态导入机制来导入实例域的名称。但是，因为简单地引用 INSTANCE 不是很有意义，因此笔者将该域命名为 RESOURCES。以这种方式，ApplicationResources 类的单例实例可以在代码中任意一处以 RESOURCES 引用（假定存在 **import static ...ApplicationResources.RESOURCES**）。

延伸阅读

四人组之书 [6] 是 FLYWEIGHT 模式和 SINGLETON 模式的原始出处，并且有详细的模式介绍。*Refactoring: Improving the Design of Existing Code* [3] 书中第 3 章介绍了反模式 TEMPORARY FIELD† 和 LONG METHODS†，第 8 章中讨论了 NULL OBJECT 的思想。

Java 8 in Action [16] 的第 10 章标题为"利用可选值作为空值的更好替代"，并且提供了使用 Optional 类型的更多细节和例子。这也是笔者发现 Tony Hoare 轶事的地方。*Effective Java* [1] 的第 55 项提供了何时何处使用可选类型的洞见。

Object.equals(Object) 和 Object.hashCode() 的 API 文档提供了 Java 中相等含义的额外信息。《Java 教程》[10] 的嵌套类一节是很好的参考资料。

单 元 测 试

本章包含以下内容。

- **概念与原则**：单元测试、回归测试、单元测试的质量属性、测试套件、测试覆盖。
- **程序设计机制**：单元测试框架、JUnit、元程序设计、注解。
- **设计技巧**：测试套件组织、测试夹具应用、桩测试、私有结构测试、测试覆盖度量应用、异常条件测试。
- **模式与反模式**：DUPLICATED CODE † （重复代码）。

单元测试是自动执行我们编写的代码，以检测代码是否完成预定工作的一种实践。使用单元测试，可以构建一个规模可能较大并能快速执行的测试集，比如确保每次修改代码后，一切照常工作。此外，编写单元测试可以获得设计质量的信息。本章介绍了利于单元测试的机制（元程序设计和类型注解），以及设计单元测试并评估其质量的基本技术。

设计场景

本章讨论单人纸牌游戏应用实例中根据设计元素派生代码的测试。为简单起见，应用实例与实际的项目代码略有不同。测试实例首先着重于一个简单的库函数 Math.abs(**int**)，然后是枚举类型 Suit 的一个方法。随后的实例围绕 FoundationPile，这是表示游戏中完成排序的 4 个纸牌堆之一的一个类。最后一个设计问题是关于 GameModel 类的局部测试，该类封装了单人纸牌游戏过程中的所有聚合状态。

5.1 单元测试简介

软件质量问题通常由程序员编写的代码未达到预期效果而引起，并且程序员仍然不知道这种期望与现实之间的不匹配。举一个实际的例子，当用户想选择导出文件的位置时，JetUML 中的一个错误使得文件选择器⊖中的目录结构消失。引起这个

⊖ 这是图形用户界面的一部分，让用户通过浏览文件系统选择一个文件。

问题的元凶语句位于负责判定是否允许在文件选择器中显示某个文件的方法中。

```
public boolean accept(File pFile)
{
   return !pFile.isDirectory() &&
     (pFile.getName().endsWith("." + pFormat.toLowerCase()) ||
      pFile.getName().endsWith("." + pFormat.toUpperCase()));
}
```

粗略来看，这段代码是合理的："如果文件不是一个目录，而且文件名以特定的扩展名结尾，无论扩展名是大写还是小写，均接受该文件。"最后一条语句的目的是防止将名为如 directory.jpg 的图像输出到目录。不幸的是，过分关注这种古怪的可能性会使我们忽略其他更显然的需求，即确实需要在文件选择器中显示目录。这类盲区是错误通常出现的情形。并且实际上它们很容易隐藏在复合条件语句中。一旦找到错误，可以很容易地进行修改：去掉取反运算符，并将第一个与运算符（&&）替换为或运算符(||)。

　　测试（test）是检测一段代码是否有错误，从而增强我们对这段代码能够按照预期工作的信心的一种方法。这是一种保证软件质量的技术，而且可以有多种形式。由于本书是软件设计的入门书籍，所以重点关注一个称为单元测试（unit testing）的测试方法。单元测试的思想是对代码的一小部分进行单独测试。这样一来，如果测试失败，那么可以很容易查找问题所在的位置。

　　单元测试（unit test）包括一个被测单元（Unit Under Test，UUT）在输入数据上一次或者多次运行，并将运行结果与测试预言进行比较。一个 UUT 可以是代码中任何一段期望被单独测试的代码。通常是一些方法，但有的时候也可以是整个类、初始化语句或者代码中的某些路径。术语测试预言（oracle）表示执行 UUT 的正确结果或者期望结果。

　　例如，语句 Math.abs(5)== 5; 在技术上构成一个测试。这里的 UUT 是库方法 Math.abs(**int**) ⊖，输入数据是整数常量 5，这里的测试预言也是 5。UUT 执行结果与测试预言的比较也称为断言（assertion）。这个名称表明比较的作用是"断言"结果是我们期望的。

　　在测试非静态方法时，需要注意输入数据包括隐式参数（implicit argument）（即接收方法调用的对象）。再举一个涉及隐式参数的例子，考虑枚举类型 Suit 的一种定义，其中包含了一个额外的方法 sameColorAs(Suit)。在标准纸牌中，梅花和黑桃都是"黑色的"，方块和红桃都是"红色的"。

```
public enum Suit
{
   CLUBS, DIAMONDS, SPADES, HEARTS;

   public boolean sameColorAs(Suit pSuit)
   {
```

⊖　计算一个 **int** 值的绝对值的函数。

```
      assert pSuit != null;
      return (ordinal() - pSuit.ordinal()) % 2 == 0;
    }
}
```

这种设计没有返回 Suit 实例的颜色，而是返回本实例与另外一个 Suit 实例是否具有相同的颜色。如果游戏中花色的颜色不重要，只要求知道一个花色与另一个花色是否同颜色，那么这种设计决策就很有用。根据信息隐藏原则，我们仅提供必需的信息。对于本例，需要注意的是，相对于代码的清晰性和鲁棒性，编写代码的程序员更倾向于编写紧凑的代码。为了确保这段简单代码确实能工作，可以给这个方法编写一个单元测试：

```
public static void main(String[] args)
{
  boolean oracle = false;
  System.out.println(oracle == CLUBS.sameColorAs(HEARTS));
}
```

这个例子清楚地显示，尽管方法 sameColorAs 有一个显式（explicit）参数，但事实上这个 UUT 有两个参数：显式提供的参数 Suit.HEARTS 和隐式参数 Suit.CLUBS。根据上文中单元测试的定义，这个 main 方法构成一个单元测试，它包含一个 UUT（Suit.sameColorAs）、一些输入数据（CLUBS 和 HEARTS）、一个测试预言（**false**）以及比较结果和测试预言的断言。执行 main 方法将说明该测试是否通过。

如果我们想增加测试 sameColorAs 的输入数量，可以添加其他花色对。因为总共只有 4 种花色，所以实际只需 16 个测试就可以测试 sameColorAs 的所有可能输入。这种所谓的穷举测试（exhaustive testing）几乎是不可能实现的（见 5.9 节）。编写 sameColorAs 的穷举测试可以证明该方法确实对所有输入都能正确工作。这个结果不错，但是不要高兴得太早。源代码并不是一成不变的。假如后来出现了另一个程序员，出于某种需求的改变，他对 4 个花色进行了重排，但没有修改 sameColorAs 方法（或许因为该方法的代码实现看起来不错）：

```
CLUBS, SPADES, DIAMONDS, HEARTS;
```

此时，重新运行测试会立即暴露一个错误，这是由于 sameColorAs 方法的实现依赖于没有说明也没有检查的枚举值的排列顺序。此例说明了单元测试的第二个主要优点：除了帮助检测新代码中的错误外，在代码通过某种期望行为的测试后，即使代码进行了修改，单元测试还可以确保修改后的代码仍然满足期望的行为。运行测试以确保修改后的代码仍然保持之前测试过的正确行为（或者发现修改代码后出现的新错误），这样的测试称为回归测试（regression testing）。

了解单元测试不能做什么是很重要的。单元测试不能验证代码的正确性。当一个测试通过时，它只能说明被测代码的一次运行符合预期。有些软件工程技术用于确保一段代码的所有可能运行符合预期，但是单元测试不属于这种技术。5.9 节将进一步说明为什么测试并不是一种验证技术。

5.2　JUnit 单元测试框架基础

虽然可以手动测试一个系统，但单元测试通常是自动的。因为在软件开发过程中，自动意味着用编写代码的方式完成，因此，我们也可以编写代码测试其他代码，让测试自动化。这个任务通常由一个单元测试框架（unit testing framework）支持⊖。单元测试框架可以自动化单元测试工作许多单调机械的部分，包括收集测试、运行测试和报告结果。除了提供收集和运行测试以及显示结果的工具外，这些框架也提供一些构件，允许开发者用结构化的方法有效地（如果开发者选择的话）编写测试。测试框架支持的主要构件有测试用例（test case）、测试套件（test suite）、测试夹具（test fixture）和断言（assertion）。对于 Java 而言，主流的单元测试框架是 JUnit。我们将介绍足够多的关于这个框架的基本知识，以覆盖本章讲解的所有测试技术。但是，本章并不是 JUnit 的使用说明书，有关使用 JUnit 的其他信息请参考延伸阅读一节给出的参考资料。

在 JUnit 中，一个单元测试对应一个方法。下面的代码展示了 JUnit 的一系列简单的单元测试。

```
public class AbsTest
{
  @Test
  public void testAbs_Positive()
  { assertEquals(5, Math.abs(5)); }

  @Test
  public void testAbs_Negative()
  { assertEquals(5, Math.abs(-5)); }

  @Test
  public void testAbs_Max()
  { assertEquals(Integer.MAX_VALUE,Math.abs(Integer.MIN_VALUE)); }
}
```

这里的 @Test 注解实例（annotation instance）表示，带有标注的方法应该作为一个单元测试运行。5.4 节将解释注解的更多细节。现在读者只要明白，它是代码中用于标明一个方法是单元测试的标记。JUnit 库⊜给出了 @Test 注解的定义。上述代码实例展示了一个测试类（test class）（见 5.3 节），其中定义了 3 个测试，均用于测试库方法 Math.abs(**int**)。

⊖　5.1 节 main 方法的例子只是说明单元测试的思想，虽然它也是自动化的，但不应该将其视为测试产品代码的合理方法。

⊜　使用 JUnit 库之前需要将其添加到一个项目的类路径上。本章内容基于 JUnit 版本 4。

作为测试，测试方法应该至少包含 UUT 的一次执行。自动验证一个 UUT 的执行是否具有期望结果的方法是调用断言方法（assert method）。断言方法不同于 Java 中的 **assert** 语句。断言是 org.junit.Assert 类的静态方法，而且其唯一的功能是验证一个判断式，若判断式为假，则报告测试失败（test failure）。JUnit 框架包括一个图形用户界面部件，称为测试执行器（test runner），它自动扫描输入代码，检测输入中的所有测试，执行测试并报告这些测试是否通过。图 5-1 展示了在使用 Eclipse 集成开发环境中的测试执行器的情况下，执行测试类 TestAbs（如上所示）中所有测试的结果截图。注意，其中两个测试通过，一个测试（testAbsMax）失败。看到 Integer.MIN_VALUE 的绝对值实际上不等于 Integer.MAX_VALUE 或许令人有点惊讶。这一点在该方法的 Javadoc 中有说明：

如果参数等于 Integer.MIN_VALUE 的值，即 **int** 值的最小负数，则结果还是该值，为负数。

这种设计选择源于物理上的限制：因为一个信息位用于编码 0，因此没有剩余空间给 32 位 **int** 类型的 Integer.MIN_VALUE 的绝对值编码。单元测试除了具有检测错误的能力外，它也是暴露模糊、极端情况的重要方法。

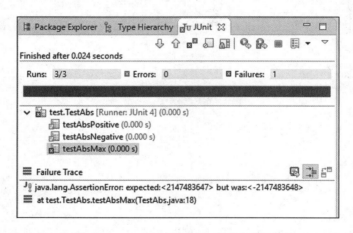

图 5-1   在 Eclipse 集成开发环境中使用 AbsTest 类执行 JUnit 的结果

5.3   测试代码的组织

为一个项目而建的一组测试称为一个测试套件（test suite）。在默认情况下，一个项目的测试套件由项目代码的所有单元测试构成。但是，由于各种原因，可能需要在不同的时刻（例如，重点检查某个功能，或者为了节省时间）运行不同的测试子集。单元测试框架通常支持定义任意测试套件，或者普遍支持运行单元测试的某些特定子集。例如，JUnit 提供了一个 @Suite 构件，它允许开发者列出一些测试类，并一起运行这些测试类。再举一个例子，Eclipse 集成开发环境的插件 JUnit 允许用户单独运行一个包的测试，甚至单独运行一个测试类。因为运行测试相对独立于测试的设计，所以本章剩余部分将重点放在如何编写测试本身。

在构建一个单元测试套件时，一个常见问题是如何以明智的方式组织测试。对这个问题存在不同的解决方法，但是在 Java 中，一个常用的方法是为每个项目类构建一个测试类，该测试类包含测试项目类方法或者涉及该类使用的所有测试。此外，通常把所有的测试代码放在一个不同的源代码文件夹中，而且文件夹具有能够反映产品代码包结构的类似结构。这种组织结构的原理是在 Java 中同一个包的类具有相同的包作用域（package scope），而与它们在文件系统中的位置无关。这也意味着一个测试包中的类和方法可以引用产品代码类的非公有（但也不是非私有）成员，但是仍然独立于产品代码。下面的图 5-2 展示了这种思想。

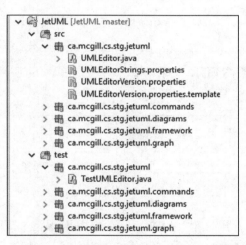

图 5-2　JetUML 应用实例的测试套件组织

5.4　元程序设计

在 5.2 节我们看到，可以用字符串 @Test 将一个方法标注为测试。单元测试框架根据这些注解来检测哪些方法是测试，然后在测试执行器中运行这些方法。这种通用的方法被大多数单元测试框架所使用，特别之处在于它使用代码操作其他代码。尤其是，测试框架先扫描这种代码以检测测试，然后运行这些代码，而且不需要任何调用测试方法的显式代码。这种策略称为元程序设计（metaprogramming），它是一种通用程序设计功能。元程序设计的基本思想是编写可以在程序代码的表示形式上进行操作的代码。尽管初看上去有些混乱，但元程序设计只是通用程序设计的一种特殊情况。当我们编写代码时，这些代码通常是在表示实际问题中的各种事物（游戏纸牌、几何形状、银行记录等）的数据上进行操作。对于元程序设计，处理的数据恰好是软件代码（类、方法和域等）。尽管元程序设计是一种程序设计功能，但它对于测试非常有帮助，而且可用于实现许多设计思想。在 Java 程序设计中，元程序设计也称为反射（reflection），而且可以通过类 java.lang.Class 和包 java.lang.reflect 得到相应的库支持。

5.4.1　内省

最基本的元程序设计任务是获取表示一段代码的对象的引用，进而对其分析，这种过程称为内省（introspection）。在 Java 中，类 Class<T> 是元程序设计的主要访问点。例如，要获取单人纸牌游戏中表示 Card 类的对象的引用，可以如下进行：

```
try
{
  String fullyQualifiedName = "cards.Card";
  Class<Card> cardClass =
    (Class<Card>) Class.forName(fullyQualifiedName);
}
catch(ClassNotFoundException e) { e.printStackTrace(); }
```

如图 5-3 中的对象图所示，对 Class.forName 的调用返回表示 Card 类的 Class 类实例的引用。

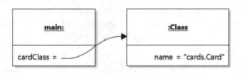

图 5-3　表示 Card 类的 Class 类实例

从上述代码容易看出，对 forName 的调用不保险，因为它可能以多种方式失败。首先，调用包含在一个 **try-catch** 块。forName 方法声明了受检异常 ClassNotFoundException，并在该参数与类路径上类的全限定名不对应时抛出该异常。在以上例子中，用一个字符串字面量作为 forName 的实参，这种问题似乎容易避免。但是，任何字符串都可以作为 Class.forName 的参数，所以，甚至可能在编译时不存在要求的类名，如下例所示：

```
public static void main(String[] args)
{
  try
  { Class<?> theClass = Class.forName(args[0]); }
  catch(ClassNotFoundException e) { e.printStackTrace(); }
}
```

因此，对于接收 forName 返回引用的变量，变量类型声明中必须使用一个类型通配符（type wildcard）。在上面的例子中，该变量声明为 Class<?>。类型通配符的功能超出本书讨论范围，但是，读者目前只需要懂得它可以是任何类型的占位符。在前一个例子中，因为我们明确知道哪种类型参数适合 Card 类，所以可以使用向下类型转换。

除 `forName` 库方法外，Java 还提供了另外两种获得 Class 类实例引用的方法，而且比较保险，其中一种方法是使用类字面量（class literal），另一种方法是使用所需要类的一个实例。下面代码例子说明了这两种方法的使用：

```
Class<Card> cardClass1 = Card.class;
Card card = Card.get(Rank.ACE, Suit.CLUBS);
Class<?> cardClass2 = card.getClass();
System.out.println(cardClass1 == cardClass2);
```

第一行是类字面量的用法。在 Java 中，一个类字面量是由类名和后缀 **.class** 构成的表达式，它指向 Class 类的一个实例的引用，该实例表示后缀前命名的类。所以，`Card.`**class** 指向表示 Card 类的 Class 类实例。因为使用类字面量时，Class\<T\> 中的类型参数 T 在编译时已知，因此，可以在变量声明中填写该实参。使用类字面量是获取 Class 类实例引用的最保险的方法，但是，前提是在编译时已知需要内省的确切类。

另一种获取 Class 类实例的方法是通过该类的一个实例，如上面实例代码中第二行和第三行所示。Java 程序中，可以在任何对象上调用方法 `getClass()`，它将返回指向该对象运行时类型的一个 Class 类实例的引用，第 7 章将对此做进一步解释。由于多态的原因，这个类型在编译时是未知的，因此，这种情况下需要在变量的类型声明中使用通配符⊖。但是，由于保证对 `getClass()` 的任何调用都会返回 Class 类实例的有效引用，所以，该方法没有声明抛出异常。

代码段的最后一行显示了 Class 类的一个非常重要的性质：它的实例具有唯一性（参见 4.7 节）。当执行该语句时，它在终端总是显示 **true**。事实上，Class 类没有可访问的构造函数，它的实例可视为唯一的享元对象（见 4.8 节）。

应用元程序设计可以内省任何类，包括 Class 类。初看上去可能不自然，但是 Class 类并没有特别之处，Class 类只是另一个类罢了。下列代码将产生图 5-4 的对象图：

```
Class<Class> classClass = Class.class;
```

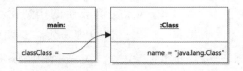

图 5-4　`Class.`**class** 的一个实例对象图

获取 Class 类的实例只是内省的第一步。Class 类的接口提供了许多方法，可用于获取表示类成员及其超类等对象。这里只举一例，下面代码段输出

⊖　对于本例，可以使用类型界，即 Class\<? **extends** Card\>。

String 类中声明的所有方法名。这个例子使用了 Method 类，它是用于表示 Java 代码中方法的库类。类似的表示构造函数（Constructor）和域（Field）的类也存在。

```
for( Method method : String.class.getDeclaredMethods() )
{
  System.out.println(method.getName());
}
```

5.4.2 程序的操作

获取有关代码库或代码内省的信息只是元程序设计的最基本形式。然而，在许多情况下，我们需要实际操作一个程序的代码。不同于动态语言（如 Python 或 JavaScript），Java 不允许在类（以及对象）中添加或者删除成员。但是，在 Java 中可以利用元程序设计功能改变类成员的可访问性、设置域的值、创建对象的新实例，以及调用方法。我们在这里只给出与一般软件测试和设计相关技术的简短综述。相关库类的 API 文档提供了详细目录。

假设 Card 类是通过 FLYWEIGHT（享元）设计模式实现的，而且有一个私有构造函数，那么我们将使用元程序设计"欺骗"该模式，构造一个重复的梅花 A。

```
try
{
Card card1 = Card.get(Rank.ACE, Suit.CLUBS);
Constructor<Card> cardConstructor =
  Card.class.getDeclaredConstructor(Rank.class, Suit.class);
cardConstructor.setAccessible(true);
Card card2 = cardConstructor.newInstance(Rank.ACE, Suit.CLUBS);
System.out.println(card1 == card2);
}
catch( ReflectiveOperationException e ) { e.printStackTrace(); }
```

在这个例子中，第二个语句获得一个指向 Constructor 类实例的引用，该实例表示 Card 类的（私有）构造函数。为了使得该构造函数在其类之外可访问（accessible），第三个语句修改了它的可访问性，有效地避开了代码中的 **private** 关键字。第四个语句在 Constructor 对象上调用 newInstance。该调用构造一个新实例，这个实例属于 Constructor 实例表示的构造函数所在的类，而不属于 Constructor 类。因为这个类是 Card，其构造函数需要两个类型分别是 Rank 和 Suit 的参数，我们将相关类型值传给 newInstance 调用。因为反射构造函数执行可能出现很多问题，本例中的大多数方法都会声明抛出各种类型的受检异常，其超类型是 ReflectiveOperationException。

元程序设计的第 2 个例子涉及程序操作，我们用元程序设计将梅花 2 改为梅花 A。尽管这看似只是一种巧妙的玩牌欺骗方法，但它也是一种可以用于简化编写测试的技术（参见 5.7 节）。

```
try
{
  Card card = Card.get(Rank.TWO, Suit.CLUBS);
  Field rankField = Card.class.getDeclaredField("aRank");
  rankField.setAccessible(true);
  rankField.set(card, Rank.ACE);
  System.out.println(card);
}
catch( ReflectiveOperationException e ) { e.printStackTrace(); }
```

这段代码原理类似于上例，但是有一个显著的区别。因为 rankField 表示 Card 类的一个域，而不是该类的一个实例，set 的调用需要知道在哪个实例上给这个域赋值。因此，set 的第一个实参是 Card 的一个实例，表示我们想给该对象的 aRank 域赋新值，第二个实参是要赋的值。

5.4.3 程序元数据

使用元程序设计不仅可以操作包含代码元素的数据（如类、方法和域），而且还可以处理关于这些代码元素的元数据。那么它能"元"到什么程度？确实，元程序设计功能可以很强。在 Java 以及类似语言中，可以用注解（annotation）的形式给代码元素添加信息（即元信息）。我们已经看到一种注解：在 JUnit 用 @Test 表示一个方法为单元测试。

在单元测试框架中把方法标记为测试时，另一种可能的方法是按照某种规定，用注释的方式给出。例如：

```
public class AbsTest
{
  /* TEST */
  public void testAbsPositive()
  { assertEquals(5,Math.abs(5)); }
}
```

但是，代码注释属于非结构化（unstructured）信息，是给人看的，而不是为代码准备的。使用代码注释表示元数据容易出错，因为没有有效的方法检测注释是否始终遵循这种规定。为此，Java 提供了可用于代码各个位置的系统性注解。在 Java 语言中，一个注解类型（annotation type）用类似于接口的方法声明，例如：

```
public @interface Test {}
```

在注解声明之后，可以在代码中用 @Test 的形式添加注解实例（annotation instances）。Java 注解的主要优点是具有类型并能用编译器进行类型检测。在 JUnit 中用于标记单元测试的 @Test 注解是 JUnit 库提供的类型注解，由编译器检测其使用。例如，编写成 @test（小写"t"）将导致编译错误。Java 注解支持许多其他特性（见延伸阅读），但是它们的主要作用是为某些代码元素添加结构化以及可进行类型检测的元数据，而且能被编译器、开发环境、单元测试框架及其他类似工具阅读。读者在本书中还会看到注解的其他应用。因为注解是代码的"正式"组成部分，所以，有关它们的信息可以通过元程序设计获取⊖。

5.5　测试构建

与编写产品代码不同，编写非平凡类的单元测试常常是一项具有挑战性和创造性的工作。因此，不存在编写单元测试的标准公式或者模板。事实上，浏览不同开源项目的测试套件会发现，不同的社区遵循不同的代码风格，使用不同的测试技术。不过，有些基本原理是大家都遵循的，包括单元测试的高效性（fast）、独立性（independent）、可重复性（repeatable）、单一性（focused）和可读性（readable）[7]。

- 高效性。单元测试需要经常运行，而且在许多情况下是在编程 – 编译 – 执行周期内运行。为此，测试套件都应该能在几秒内完成运行。否则，开发者将倾向于省略运行测试，测试也就失去存在的意义。这意味着单元测试应该避免运行时间长的操作，比如频繁的访问 I/O 设备以及网络，而将这些功能的测试放在单元测试之外考虑。比如，放在验收测试（acceptance test）或集成测试（integration test）中。

- 独立性。每个单元测试应该能够单独运行。例如，一个测试不应该依赖另一个测试提前运行，从而令该测试的输入对象处于某种特定的状态。首先，通常希望一次只运行一个测试。其次，就像代码一样，测试套件也随着新测试的添加和测试的移除（最低限度内）而不断变化。测试独立性有助于测试套件的演化。最后，JUnit 和类似的测试框架不保证测试将会按照某种预期的顺序运行。在现实中，这意味着每个测试必须从构成测试一部分的状态初始化开始运行。

- 可重复性。在不同的环境下运行单元测试应该得到相同的结果（例如，在不同的操作系统环境下）。这意味着测试预言不应该依赖于特定环境的属性，如显示器的尺寸、CPU 速度，或者系统字体。

- 单一性。测试应该检查和验证一段代码尽可能单一的运行行为。这条原则源于单元测试的目的是帮助开发者识别缺陷。如果一个单元测试由 500 行代码组成，而且要测试对象间一系列复杂的交互，那么在测试失败的情况下，很难判断问题出在哪里。相反，如果测试只检查单个方法在单个输入上调用的结果，那么很容易找到问题的位置[7]。笔者的观点是，在许多情况下这一点构成过于严格的限制，从而造成效率低下。不过，理想情况下，测试应该最好只测试一个 UUT 的一个方面。如果 UUT 是一个方法，我们称它为测试的焦点方法（focal method）。

⊖　但是，用这种方法只能获取用 @Retention(value=RUNTIME) 元注解标识的注解类型的注解实例。有关元注解的资料请参阅 "延伸阅读" 资料给出的参考文献。

- 可读性。测试的结构和编码方式应该易于识别测试的所有构件（UUT、输入数据、测试预言），以及测试的合理性。我们在测试一个对象的初始化吗？还是一个特殊情况？还是一种特定的值的组合？为测试选取合适的名称常常有助于显示其测试内容。

例如，假设在单人纸牌游戏中有一个类 FoundationPile，让我们来编写该类的一个方法 canMoveTo 的单元测试。只有当输入 pCard 可以移到一个该类实例表示的牌堆顶部时，此方法才返回 **true**。根据游戏规则，只有在以下情况这张牌才能移动：该牌堆为空而且输入牌是 A，或者输入牌与牌堆顶部纸牌的花色相同，而且输入牌的点数正好比该牌堆顶部点数大一（例如，只能将梅花 3 移到梅花 2 上）。

```java
public class FoundationPile
{
  public boolean isEmpty() { ... }
  public Card peek()       { ... }
  public Card pop()        { ... }
  public void push(Card pCard) { ... }

  public boolean canMoveTo(Card pCard)
  {
    assert pCard != null;
    if( isEmpty() )
    {
      return pCard.getRank() == Rank.ACE;
    }
    else
    {
      return pCard.getSuit() == peek().getSuit() &&
        pCard.getRank().ordinal() ==
          peek().getRank().ordinal()+1;
    }
  }
}
```

作为第一个测试，我们将测试限制到最小，只测试牌堆为空的情况：

```java
public class TestFoundationPile
{
  @Test
  public void testCanMoveTo_Empty()
  {
    FoundationPile emptyPile = new FoundationPile();
    Card aceOfClubs = Card.get(Rank.ACE, Suit.CLUBS);
    Card threeOfClubs = Card.get(Rank.THREE, Suit.CLUBS);
    assertTrue(emptyPile.canMoveTo(aceOfClubs));
    assertFalse(emptyPile.canMoveTo(threeOfClubs));
  }
}
```

这个测试符合我们所述的 5 个特性。它有闪电般的运行速度，独立于任何其他测试，而且不会受任何环境特性的影响。这个测试具有单一性，它不仅只测试一个方法，而且只测试该方法的一个特定输入组合。最后，这个测试的许多特性增强了它的可读性。首先，测试名表达了唯一测试的方法和输入内容。其次，变量名描述了其内容。最后，断言语句是自明的。例如，阅读最后一行语句，可以清楚地看到，调用 canMoveTo 把梅花 3 放在一个空纸牌堆上将返回假，这应该是正确的。

但是，关于这个测试的一个问题是它的覆盖（coverage）。这个测试只验证被测方法的一条路径，该方法的许多可能的执行路径没有被测试。覆盖问题将在 5.9 节做进一步讨论。当前，我们尝试在同一个类中添加一个测试来解决这个问题。

```java
@Test
public void testCanMoveTo_NotEmptyAndSameSuit()
{
  Card aceOfClubs = Card.get(Rank.ACE, Suit.CLUBS);
  Card twoOfClubs = Card.get(Rank.TWO, Suit.CLUBS);
  Card threeOfClubs = Card.get(Rank.THREE, Suit.CLUBS);
  FoundationPile pileWithOneCard = new FoundationPile();
  pileWithOneCard.push(aceOfClubs);
  assertTrue(pileWithOneCard.canMoveTo(twoOfClubs));
  assertFalse(pileWithOneCard.canMoveTo(threeOfClubs));
}
```

这个测试通过增加覆盖改进了测试套件。不过，注意到两个测试间有许多冗余代码，即用于构造 FoundationPile 实例以及纸牌的代码。假设我们进行了 20 次测试，这样的测试显然看上去不是最佳的。在包含多个测试方法的测试类中，通常方便的方法是定义一些"默认"对象或者值作为实参、显式参数，或 / 以及测试预言。这种实践避免了在每个测试方法中重复设置代码，造成 DUPLICATED CODE†。用于测试的基准对象通常称为一个测试夹具（test fixture），并被声明为一个测试类的域。但是，因为上面讨论的原因，特别是因为 JUnit 不能保证测试之间的运行顺序，因此，保持测试的独立性非常重要。这意味着任何测试方法不应该假设另一个测试结束时令测试夹具处于一个给定的状态。在大多数情况下，这一点排除了用测试类的构造函数初始化测试夹具，因为构造函数仅在框架初始化测试类的时候被调用。解决这个问题的方法是在测试类中指定一个方法，并在运行任何测试方法之前先执行该方法，然后初始化所有所需的结构。方便的是，JUnit 提供了自动执行该方法的功能，无须用户在测试代码中显式调用。

在 JUnit 中使用注解 @Before 注解一个方法，表示在运行任何测试之前运行这个方法。类似地，也可以用注解 @After 注解一个方法，表示在任何单个测试之后运行该方法（例如，释放某些资源）。当然，不可变的对象不需要重新初始化，因此可以作为类的静态域存储。下面的代码是改进后的牌堆测试类 TestFoundationPile，其中使用了测试夹具。

```java
public class TestFoundationPile
{
  private static final Card ACE_CLUBS =
    Card.get(Rank.ACE, Suit.CLUBS);
  private static final Card TWO_CLUBS =
    Card.get(Rank.TWO, Suit.CLUBS);
```

```
private static final Card THREE_CLUBS =
  Card.get(Rank.THREE, Suit.CLUBS);

private FoundationPile aPile;

@Before
public void setUp() { aPile = new FoundationPile(); }
 @Test
 public void testCanMoveTo_Empty()
 {
   assertTrue(aPile.canMoveTo(ACE_CLUBS));
   assertFalse(aPile.canMoveTo(THREE_CLUBS));
 }

 @Test
 public void testCanMoveTo_NotEmptyAndSameSuit()
 {
   aPile.push(ACE_CLUBS);
   assertTrue(aPile.canMoveTo(TWO_CLUBS));
   assertFalse(aPile.canMoveTo(THREE_CLUBS));
 }
}
```

这段代码不仅避免了重复，而且通过代码整理增加了可读性。特别是第一个测试的可读性非常好，而第二个则只需要根据测试添加一行特定的初始化语句。唯一遗憾的是使用了一个域表示一堆纸牌，由此失掉了用一个变量名描述其状态的灵活性。对于这个例子来说，这是为使用测试夹具的优点付出的一点代价。尽管总是可以给 aPile 域一个适当的别名变量（如 emptyPile），但是，这样修改并不一定会增强可读性，因为别名也会阻碍代码的理解。

5.6 测试和异常条件

在编写单元测试时，要明确我们测试的 UUT 是否满足期望的行为，这一点非常重要。它也意味着在使用契约式设计时，用不满足被测方法的前提条件的输入来测试代码是没有意义的，因为这种情况下的行为没有说明。例如，考虑 FoundationPile 类（5.5 节定义的类）的 peek 方法的一个版本，它返回该牌堆顶部的牌。

```
class FoundationPile
{
  boolean isEmpty() { ... }

  /*
   * @return The card on top of the pile.
   * @pre !isEmpty()
   */
  Card peek() { ... }
}
```

文档的前提条件表示，如果前提条件不满足，则不能期望该方法实现契约（返回顶部纸牌）。因此，如果在一个空堆上调用该方法，则不存在测试期望值。但是，当接口有显式地抛出异常时，情况则不同。考虑下面 peek() 方法的一个实现：

```
class FoundationPile
{
  boolean isEmpty() { ... }

  /*
   * @return The card on top of the pile.
   * @throws EmptyStackException if isEmpty()
   */
  Card peek()
  {
    if( isEmpty() ) { throw new EmptyStackException(); }
    ...
}}
```

在这种情况下，在空堆上调用 peek 应该引发 EmptyStackException。这是该方法指明的、期望的行为。如果在空堆上调用 peek 没有引发异常，那么 peek() 方法就没有满足期望的行为，意味着代码有缺陷。我们应该设计测试来检查这种潜在缺陷。

JUnit 4 有两种测试异常的习惯用法。一种是用 @Test 注解的 expected 性质[⊖]：

```
@Test(expected = EmptyStackException.class)
public void testPeek_Empty()
{
    new FoundationPile().peek();
}
```

利用这个功能，如果对应的测试方法结束时没有引发指定类型的异常，则 JUnit 会令这个测试自动失败。这种测试习惯是有用的，但是异常行为必须是测试最后发生的，因此有其局限性。对于希望能够更灵活地测试异常相关控制流的情况，可以使用下面的用法：

```
@Test
public void testPeek_Empty()
{
  FoundationPile pile = new FoundationPile();
  try
  {
    pile.peek();
    fail();
  }
  catch(EmptyStackException e ) {}
  assertTrue(pile.isEmpty());
}
```

这个方法有点绕，但确实满足了我们的需求。如果 UUT（实例中的 peek 方法）有问题，即应该引发的异常没有出现，那么代码将会继续正常执行并运行下一条语句，也就是用 JUnit 的 fail() 方法迫使测试失败。如果 UUT 是（至少部分）

⊖ JUnit 5 用静态方法 assertThrows 取代了这个用法。

正确的，即应该引发的异常出现，那么控制流将立即跳转到 **catch** 子句，因此跳过
fail();语句。因此，可以在 **catch** 子句下面添加代码，如上例所示。

5.7　封装与单元测试

做测试时常常遇到的一个设计问题是，编写测试需要的某些功能不属于被测试
类的接口。例如，类 FoundationPile（见 5.5 节）的接口没有返回一堆纸牌张数
的方法（如 size()）。因为 FoundationPile 类没有 size() 方法，根据信息
隐藏的原则，我们可以假设产品代码并不需要这个信息。但是，如果能获取这样的
信息，那么会对测试带来很大方便。比如，在一堆纸牌上添加或者删除纸牌时，测
试可以检查纸牌数的变化。那么是否应该在被测类接口上添加一个 size() 方法
呢？尽管大家对此意见不一，但我们的建议是，在设计产品代码时，尽可能保持最
佳最紧凑的封装，并让测试代码设法解决这些限制可能带来的问题。当一个接口不
包含有助于测试的方法时，一个典型的解决方法是在测试类中用辅助方法（helper
method）的形式提供所需的功能。例如：

```java
public class TestFoundationPile
{
  private FoundationPile aPile;

  private int size()
  {
    List<Card> temp = new ArrayList<>();
    int size = 0;

    while( !aPile.isEmpty() ) { size++; temp.add(aPile.pop()); }

    while( !temp.isEmpty() )
    { aPile.push(temp.remove(temp.size() - 1)); }

    return size;
  }

  @Before
  public void setUp() { aPile = new FoundationPile(); }
}
```

通常有许多获取所需信息的方法，而且不会破坏被测类的接口。对于难以通过类的
接口方法获取信息的情况，使用元程序设计也是一种手段（参见 5.4 节）。

编写测试时，一个相关的问题是，我们如何测试私有方法呢？对于这个问题，
存在许多不同的可能途径，同样，大家对于哪一种最好也没有一致的意见：

- 私有方法是其他可访问方法的内部成员，因此它们并不是真正应该被测试的
"单元"。按照这个逻辑，私有方法的代码应该通过调用它们的可访问方法来
进行间接测试。

- **private** 访问修饰符是帮助我们组织项目代码的工具，可以被测试忽略。

尽管第一个途径的道理是可以理解的，但是，笔者认为第二种选择也是有道理的。在许多情况下，一个简短的方法可以限制在一个类的作用域内使用，但是，单独对其进行测试仍然是有意义的。不需要对私有方法进行单独测试的情况可能包括，它们的参数或者返回类型表达了所在类的详细内部结构，或者对所在类的内部实现作了某些狭义的假设。

如果觉得有必要测试一个私有方法，则需要绕过该方法的访问限制。这可以用元程序设计实现。为了便于讨论，假设 FoundationPile 也有一个私有方法：

```
private Optional<Card> getPreviousCard(Card pCard) { ... }
```

而且我们希望测试该方法。这种思想是有道理的，因为该方法输入单张 Card，并返回一个 Optional<Card>（参见 4.5 节），它们是设计中的两个基本元素。在测试代码中，我们将用元程序设计构造一个调用私有方法的辅助函数。

```java
public class TestFoundationPile
{
  private FoundationPile aPile;

  @Before
  public void setUp() { aPile = new FoundationPile(); }

  private Optional<Card> getPreviousCard(Card pCard)
  {
    try
    {
      Method method = FoundationPile.class.
        getDeclaredMethod("getPreviousCard", Card.class);
      method.setAccessible(true);
      return (Optional<Card>) method.invoke(aPile, pCard);
    }
    catch( ReflectiveOperationException exception )
    {
      fail();
      return Optional.empty();
    }
  }

  @Test
  public void testGetPreviousCard_empty()
  {
    assertFalse(getPreviousCard(Card.get(Rank.ACE, Suit.CLUBS)).
      isPresent());
  }
}
```

在这个测试类中，我们定义了一个在 aPile 实例上执行 UUT 的辅助方法（getPreviousCard（Card）），它也构成部分的测试夹具。利用这个辅助方法，测试代码看上去很正常。但是，这里有一个很大的不同。这里的调用 getPreviousCard 并不是对 UUT 的调用，而是利用元程序设计绕过 **private**

关键字的访问限制，使用（同名的）辅助方法调用测试单元。

5.8　桩测试

　　单元测试的关键是单独测试小部分代码。但是，在某些情况下，单独测试很困难，例如，当需要测试的部分为：

- 触发大量其他代码的运行。
- 包含依赖于环境（如系统字体）的部分。
- 涉及不确定性行为（如随机性）。

　　下面的设计展示了这种情况，这是单人纸牌游戏的简化版。GameModel 类有一个 tryToAutoPlay() 方法，该方法将任务动态代理给某种策略，以此触发下一步的计算，而这样的策略有多种选择（见图 5-5）。现在我们想编写 GameModel. tryToAutoPlay(...) 方法的单元测试。

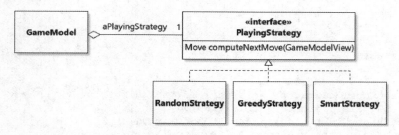

图 5-5　GameModel 的玩牌策略

　　这个任务至少面对 4 个问题：

- 在 GameModel 实例上调用 tryToAutoPlay 方法会将该调用代理给一个策略对象上的 computeNextMove 调用，后者可能涉及非常复杂的行为以实现该策略。这与希望单独测试一小段代码的单元测试的概念不一致。
- 策略的实现可能涉及随机性。
- 我们怎么知道游戏引擎会使用哪种策略？或许我们需要判断结果的测试预言。
- 这与单独测试策略有什么不同？

　　解决问题的出路是认识 GameModel.tryToAutoPlay(...) 的任务不是计算下一次如何出牌，而是让一个策略来代理完成。因此，为了编写一个单元测试来检测 UUT 是否如预期工作，我们只需要验证它正确地将计算下一次走牌的任务转给了一个策略。这个任务可以用编写一个桩（stub）来完成。

　　桩是一个高度简化版对象，用于模拟 UUT 使用的对象，并足以支持单元测试。桩的使用高度依赖于类型和多态。对于 tryToAutoPlay 的例子，我们只想测试该方法是否调用一个策略方法，因此，在测试方法中定义一个伪策略：

```
public class TestGameModel
{
  static class StubStrategy implements PlayingStrategy
  {
    private boolean aExecuted = false;

    public boolean hasExecuted()
    { return aExecuted; }

    public Move computeNextMove(GameModelView pModelView)
    {
      aExecuted = true;
      return new NullMove();
    }
  }
}
```

这个策略不做别的，只是记住它的 computeNextMove 方法已经被调用，并返回一个称为 NullMove（NULL OBJECT 模式的应用）的伪 Move 对象。在后续的测试中，我们可以使用这个桩的一个实例来代替一个"真正的"策略。为了将桩加入游戏模型，可以依赖元程序设计：

```
@Test
public void testTryToAutoPlay()
{
  Field strategyField =
    GameModel.class.getDeclaredField("aPlayingStrategy");
  strategyField.setAccessible(true);
  StubStrategy strategy = new StubStrategy();
  GameModel model = GameModel.instance();
  strategyField.set(model, strategy);
  ...
}
```

此时，完成测试只需调用 UUT 的 tryToAutoPlay，并验证它确实正确地调用了该策略：

```
@Test
public void testTryToAutoPlay()
{
  ...
  model.tryToAutoPlay();
  assertTrue(strategy.hasExecuted());
}
```

在单元测试中，桩的使用可以变得很复杂，必要时可使用支持这项任务的工具。

5.9   测试覆盖

到目前为止，本章从使用的角度介绍了如何定义和组织单元测试，但是避开了给 UUT 提供什么输入的问题。尽管 5.1 节给出穷举测试的例子，但是，应该清楚地认识到，对于绝大多数的 UUT，彻底穷举输入空间在物理上就是不可能的。如4.2 节所述，一个 Deck 类的实例可以采用的纸牌的不同排列数目是一个天文数字（ 2.2×10^{68} ）。即使用最先进的 CPU，对 Deck 类的任何方法的所有可能输入（即隐含参数的所有可能状态）进行测试所花的时间是宇宙年龄的许多倍。这完全不符合单元测试要求的"高效性"（参见 5.5 节）。

显然，我们需要在所有可能输入中做选择。这就是所谓的测试用例选择（test case selection）问题，这里测试用例可以视为一个 UUT 的输入集。例如，表示一张梅花 A 的 Deck 的实例是方法 Deck.draw() 的一个测试用例。测试用例选择问题的基本挑战在于有效地测试，也就是找出一个最小的测试用例集，同时提供最大化的代码"测试"。不幸的是，虽然最小数目的测试用例含义是明显的，但是"最大化的测试"却没有一个自然甚至公认的定义。不过，在测试用例选择方面存在大量的研究结果和实践经验，这足以写成许多书（参见延伸阅读推荐的资料）。在本节，笔者只是简略地总结这方面的理论原则和实践经验，作为测试用例选择的学习开端。对于测试用例选择问题，存在两种基本途径：

- **功能（或黑盒）测试**设法覆盖 UUT 尽可能多的指定行为，它基于 UUT 应有功能的外部规格说明。对于 Deck.draw() 方法，其规格说明表示该方法将该牌堆的顶部的纸牌移除并返回这张纸牌。黑盒测试有许多优点，包括无须访问 UUT 的代码便可以根据规格说明发现问题，而且还可以发现缺失的功能。
- **结构（或白盒）测试**设法覆盖 UUT 尽可能多的实现行为，它基于对 UUT 源代码的分析。下面将给出一个例子。白盒测试的主要优点是它可以发现在规格说明层不易发现但是由底层实现细节引起的错误。

功能测试技术的覆盖不在本书讨论范围，本节的剩余部分将回顾结构测试的主要概念。再来考虑 FoundationPile 类的 canMoveTo 方法的实现（参见 5.5 节，删除了 **assert** 语句以简化讨论）。

```
boolean canMoveTo(Card pCard)
{
  if( isEmpty() )
  { return pCard.getRank() == Rank.ACE; }
  else
  {
    return pCard.getSuit() == peek().getSuit() &&
    pCard.getRank().ordinal() ==
      peek().getRank().ordinal()+1;
  }
}
```

这段代码的结构直观上可以划分成便于测试的不同"片"。首先，存在牌堆为空的情况（**if** 语句的 **true** 部分）和不空的情况（**else** 块）。但是接下来每个"片"也可以划分为不同的子片，例如，纸牌顺序正确，但是有不同的花色。在一般情况下，如果没有一种系统的方法来理解代码，情况会变得很复杂，而且很容易迷失方向。

确定测试对象的经典方法是基于覆盖的概念。通俗地讲，一个测试覆盖度量（test coverage metric）是一个数值（通常是一个百分比），它表示在运行测试时执行了多少代码。因此，代码覆盖工具可以在运行单元测试时跟踪哪些代码被执行，由此计算出测试覆盖。这听起来简单，但问题在于在测试语境下，"代码"有着不同的定义。每个定义都有"测试了多少代码"的不同计算方法。某些软件开发机构可能有定义完整的测试充分性准则（test adequacy criteria），说明测试套件必须满足一定的覆盖阈值，但是，在许多情况下，覆盖度量更多地用于决定未来测试的重点放在什么地方。下面是三个常见的覆盖度量（存在许多其他的度量，参见延伸阅读）。

5.9.1 语句覆盖

首先考虑最简单的覆盖度量：语句覆盖（statement coverage）。语句覆盖率就是一个测试或者测试套件执行的语句数除以被测代码的语句数。对于下面测试：

```
@Test
public void testCanMoveTo_Empty()
{
  assertTrue(aPile.canMoveTo(ACE_CLUBS));
  assertFalse(aPile.canMoveTo(THREE_CLUBS));
}
```

其语句覆盖率是 2/3=67%，因为代码中执行了条件语句谓词和 **true** 分支的单个语句，而 **false** 分支的单个语句没有执行。语句覆盖背后的逻辑很简单：如果一个有缺陷的语句从来没有被执行，那么测试就不会发现缺陷。尽管这个逻辑看似很有道理，但是，语句覆盖实际上是一个比较差的覆盖度量。首要原因是它过分依赖于代码的详细结构。我们可以如下修改 canMoveTo 方法，并用相同的测试获得 100% 的语句覆盖率。

```
boolean canMoveTo(Card pCard)
{
  boolean result = pCard.getSuit() == peek().getSuit() &&
      pCard.getRank().ordinal() ==
       peek().getRank().ordinal()+1;
  if( isEmpty() )
  { result = pCard.getRank() == Rank.ACE; }
  return result;
}
```

第二个原因是并非所有的语句有相同的分量，而且有的语句可能包含了更多的内容，特别是当这个语句涉及一个复合布尔表达式（如上例中的第一个语句）时。

5.9.2 分支覆盖

分支覆盖率是测试执行的程序分支（判断点）数除以被测代码的总分支数。在这种度量中，一个分支是一个条件的结果。相比语句覆盖，在同样的覆盖率下，分支覆盖会测试更多可能的运行程序。这个意义上，分支覆盖是比语句覆盖更强的度量。不幸的是，由于对术语"分支"的不同解释，文献中对于分支覆盖的概念定义也不一。对于 canMoveTo 的代码，如果只考虑 **if** 语句，则只有两个分支。但是，**true** 和 **false** 的分支语句也是由布尔表达式构成的语句，而布尔表达式本身也是另一种分支。为了与通用的覆盖率分析工具一致，笔者采用的定义将语句中的布尔表达式也算作分支。尽管这个定义使得判断分支变得更复杂，但是它也更有用。按照这个定义，canMoveTo 的原定义代码有八个分支：**if** 分支、第一个 **return** 语句、第二个返回语句中的第一个比较和第二个比较。这些分支中每一个都有一个 **true** 结果和一个 **false** 结果。目前只编写了唯一测试，因此只有 3/8=37.5% 的分支覆盖率。如果将 5.5 节展示的其他测试加入测试套件：

```
@Test
public void testCanMoveTo_NotEmptyAndSameSuit()
{
  aPile.push(ACE_CLUBS);
  assertTrue(aPile.canMoveTo(TWO_CLUBS));
  assertFalse(aPile.canMoveTo(THREE_CLUBS));
}
```

那么覆盖率达到 7/8=87.5%。这是一个很好的结果，但是系统地进行覆盖分析后，发现我们实际上漏掉了一个分支，即对应于牌堆为非空，而且牌堆的顶部纸牌和作为参数传递的纸牌花色不一致的情况。一般来说，分支覆盖是最有用的覆盖标准之一。这种覆盖得到测试工具的良好支持，相对容易解释，而且涵盖了语句覆盖，也就是说，实现完全的分支覆盖也意味着完全的语句覆盖。

5.9.3　路径覆盖

存在比分支覆盖更强的其他覆盖度量。例如，可以在原则上计算一个路径覆盖（path coverage）度量，它是实际执行的路径数除以被测代码的所有可能路径数。路径覆盖涵盖了几乎所有的其他覆盖度量，而且是"可能测试的整体行为"的良好近似。不幸的是，在几乎所有的情况下，一段代码的路径数将是无界的，所以不可能计算出这个度量。因此，路径覆盖被视为一个理论上的度量，它对于测试覆盖的抽象推理有意义，但是没有严格意义上的实用性。有趣的是，canMoveTo 的代码中只有五条路径，这小于分支数！因此可以计算由两个测试构成的测试套件的路径覆盖率为 4/5=80%。因为代码的结果简单，没有循环，因此并不奇怪。但是，一旦代码包含循环，有关路径的推理将变得复杂起来。

小结

本章描述了项目单元测试的组织和实现技术，并指出单元测试可以为产品代码的设计提供有价值的反馈。下列总结假定读者决定采用单元测试并使用一个单元测试框架。

- 每个单元测试包括一个 UUT 的运行、UUT 的一些输入数据、描述 UUT 运行结果应该满足条件的测试预言，以及一个或者多个比较运行结果和测试预言的断言。
- 单元测试应该具有单一性，即单独测试一个小的、定义明确的行为。
- 单元测试应该具有高效性、独立性，并在任何计算环境下可重复。
- 单元测试应该具有可读性：用测试名和局部变量名为测试和预言描述提供更清晰的语义。
- 测试套件的组织要干净利落，测试与其被测试单元代码之间的对应要清晰。
- 元程序设计是编写代码来分析其他代码的强大的语言功能。但是，在产品代码中使用元程序设计要格外小心，否则容易引起运行错误。
- 类型注解可以为某些程序元素提供元数据，这些信息可以被元程序设计读取和利用。
- 用测试夹具清晰地组织测试代码。牢记单元测试使用的数据必须在每次测试前初始化，因为不能确保测试以任何特定次序运行。
- 不要对规格说明中未定义的行为进行测试，尤其不要对不满足方法前提条件的输入数据进行测试。
- 引发的异常往往是方法接口的显式组成部分，在这种情况下，抛出异常也是可以测试的内容。
- 不要为了测试方便而添加额外的状态检测方法，由此削弱类的接口。正确的做法是在测试类中编写辅助方法以获取被测类的信息。在复杂情况下考虑使用元程序设计。
- 将引用许多其他对象的状态对象行为单独分离，考虑使用桩来抽象组件对象。
- 使用测试覆盖度量来推断测试了多少程序行为。相比语句覆盖，优先选择分支覆盖。
- 牢记测试通过并不能保证代码的正确性。

代码探索

一个程序错误实例

5.1 节讨论的程序错误细节参见网站 https://github.com/prmr/JetUML/issues/188。单击链接（如"添加失败的测试"）将显示运行对缺陷代码测试的过程，然后修改错误，再运行通过测试。

单人纸牌游戏中的章节实例

本章许多实例是单人纸牌游戏项目的实际测试代码的简化版。以下是实际版本。

`TestSuit` 类提供了 `Suit.sameColorAs(Suit)` 的完整单元测试。这是一个不含测试夹具的穷举测试，是最简单的单元测试。

在单人纸牌游戏中，没有采用有 4 个实例的 `FoundationPile` 类，而是设计了一个单类 `Foundations`，该类用一个对象存储 4 个纸牌堆，每个堆用枚举类型 `FoundationPile` 进行索引。设计的其余部分与本章实例类似。`TestFoundations` 类包含 `canMoveTo` 的 4 个测试，实现了完全的分支覆盖。

私有方法 `getPreviousCard(Card)` 实际上在 `Tableau` 类中。这个类表示单人纸牌游戏下方的 7 堆纸牌。其余的代码相同。`TestTableau` 类提供了使用元程序设计调用 `getPreviousCard` 的一个可行实现，以及 3 个同样用元程序设计访问私有方法的测试。

JetUML 中的 TestClipboard

在 JetUML 中，`Clipboard` 类支持让应用把某些对象复制到临时存储这种常用功能。其测试类 `TestClipboard` 提供了某些单元测试功能的更实际的实例。

首先，测试类使用元程序设计访问 `Clipboard` 的两个私有域：`aNodes` 和 `aEdges`。访问这些域的代码较本章给出的简单例子更高效，因为在测试类实例中存储了指向 `Field` 类对象的引用，而不是在每次需要这些值时重新存取它们。

第二，测试类使用了一个额外的注解 `@BeforeClass`，它表示该类的任何测试方法被调用前需要执行的代码。在这里，我们需要在运行测试前初始化图形系统。

第三点要注意的是，`TestClipboard` 的设计与单元测试的目标有关系。尽管 JetUML 测试夹具的大多数测试主要测试单个方法，但是，对于 `Clipboard` 这样的测试不是很有用。相反，每个测试关注的是测试该类的实例的一个具体用法。

最后，`Clipboard` 是 SINGLETON 设计模式（见 4.9 节）意义下的一个单例实例。正因为无法创建这种对象的许多"新鲜"实例，因此，测试单例对象具有挑战性。为此，我们需要格外小心确保每次运行测试时，单例对象都有相同的状态。对于 `Clipboard` 类，由于设计的原因，这个任务变得容易，因为每次调用 `Clipboard.copy(...)` 会在复制输入对象前均重置剪贴板为空状态。

延伸阅读

由 Pezzè 和 Young 编著的 *Software Testing and Analysis* [13] 提供了测试的综合知识，包括许多测试覆盖的定义。《Java 教程》[10] 包含很好的注解和反射介绍（元程序设计的 Java 版）。有关使用 JUnit 的文档参见 JUnit 网站。

复　　合

本章包含以下内容。

- **概念与原则**：分治策略、迪米特法则。
- **程序设计机制**：聚合、代理、克隆。
- **设计技巧**：时序图、复合设计模式。
- **模式与反模式**：GOD CLASS†（上帝类）、MESSAGE CHAIN†（过度耦合的消息链）、COMPOSITE（复合）、DECORATOR（装饰器）、PROTOTYPE（原型）、COMMAND（命令）。

大型软件系统由较小的组件组装而成。在面向对象的设计中，各组件主要通过两种机制连接起来：复合与继承。复合指一个对象拥有对另一个对象的引用，并将一些功能代理给它。尽管这听起来很简单，但毫无原则的复合可能会导致像面条一样混乱的代码。在本章中，笔者将快速回顾多态机制，以及怎样通过遵循众所周知的设计模式，优雅地将多态用于复合对象。组装系统的第二种方式是继承，这种方式更加复杂，将在第 7 章介绍。

设计场景

本章的代码实例来自纸牌游戏建模中的各种相关问题。设计问题源自不同抽象层次上的需求，从纸牌源表示的低层结构管理，到代表整个纸牌游戏状态的高层结构管理。为了支持关于多种潜在设计替代方案的讨论，这些实例将不仅限于单人纸牌游戏应用程序的场景，还考虑了其他使用场景。针对单人纸牌游戏应用程序的例子，游戏术语的知识非常有用，具体请参见附录 C 的相关游戏概念和术语的定义，以及游戏过程的概述。

6.1　复合与聚合

管理软件设计中的复杂性的一般策略是，依据较小的抽象来定义较大的抽象。这是通用的"分治法"解决问题策略的应用例子。在软件设计中，如果希望将代码、数据和运行时计算分为不同的组件（类、方法、对象等），然后把它们组织复合起来，则需要一种方法来指定各组件之间如何相互作用，形成能有效运行的软件应用程序。

在实践中组装不同代码段、数据或计算的方法之一是通过对象的复合（composition）。我们说一个对象是由其他对象组成的，意指这个对象存储着对一个或者多个其他对象的引用。复合为两种常见软件设计情况提供了解决方案。

在第一种情况中，一个抽象本质上可以用一组其他抽象集合表示。例如在问题域中，一副牌在概念上是一些纸牌的序列，因此，在某款必须处理一副牌的软件里，可以认为 Deck 的实例由多个 Card 实例组成（详见 2.2 节）。在这种情况下，对象复合恰好对应该问题域中复合的概念——一个对象本质上是由其他对象组成的。字符串（一个 String 实例）作为另一个实例，本质上是字符（**char** 类型的值）的一个集合。一个经常用来指代由其他对象组成的对象的术语是聚合（aggregate），被聚合的对象称为元素。因此在这个实例中，Deck 类是 Card 元素的一个聚合。

复合能起作用的第二种情况是，分解原本太大而复杂的类。在面向对象的开发中，很容易走上阻力最小的道路，并将解决问题所需的更多数据和功能添加到一个单独的类中。称之为阻力最小的道路是因为，当该类的成员共享彼此的私有访问权限时，无须进行任何组织代码的设计工作。但是，这种机会主义的方式通常会产生 GOD CLASS† （上帝类），即无所不能、无所不知的类。上帝类是一个麻烦，因为它违反了优秀设计的所有主要原则。为了避免上帝类以及类似的设计退化，我们可以使用复合来支持一种代理（delegation）机制。代理的思想就是，聚合对象将一些功能代理给其他对象，其他对象承担聚合对象的专用功能。这种宽松的复合形式也称为聚合（aggregation）。

复合的重要性质之一是传递性（transitive）。由其他对象复合而成的对象本身可以是另一个父对象的组件或代理。最终，面向对象程序中的许多结构都是对象图（object graph），它们将更简单的组件和代理对象逐步组织为越来越复杂的聚合。

在设计类时意识到，使用复合的目的是表示或代理，这并不会造成伤害。然而，表示或代理的目的并不是相互排斥的，因此有必要熟悉灰色区域，在这里元素可以被认为是组件（即集合对象的基本组件）或代理（即聚合对象的功能提供者）。

让我们通过研究单人纸牌游戏实例的 GameModel 类，来使整个讨论更加具体。图 6-1 展示了 GameModel 的简化类图。该图显示了如何用一个 Deck、一个 CardStack（丢弃的纸牌堆）、一个 Foundation 和一个 Tableau 组成聚合 GameModel 类。首先需要注意的是，在这个版本的代码中，笔者没有通过标准库类型 List 将 Card 对象聚合为 Deck 类，而是使用复合来定义了更严格的 CardStack 类型，该类型提供了一个狭窄的接口，专门用于处理纸牌栈。如下代码是部分实现：

```java
public class CardStack implements Iterable<Card>
{
  private final List<Card> aCards = new ArrayList<>();

  public void push(Card pCard)
  { assert pCard != null && !aCards.contains(pCard);
    aCards.add(pCard);
  }

  public Card pop()
  { assert !isEmpty();
    return aCards.remove(aCards.size()-1);
  }

  public Card peek()
  { assert !isEmpty();
    return aCards.get(aCards.size()-1);
  }

  public void clear() { aCards.clear(); }
  public boolean isEmpty() { return aCards.size() == 0; }
  public Iterator<Card> iterator() { return aCards.iterator(); }
}
```

从 技 术 上 讲 , 单 人 纸 牌 游 戏 只 有 13 堆 纸 牌。 在 GameModel 中 引 用 13 个 CardStack 实例, 并 在 GameModel 类 中 实 现 所 有 游 戏 算 法, 一 定 可 以 实 现 这 个 游 戏。 但 是, 这 个 类 不 会 显 得 很 漂 亮。 相 反, 设 计 使 用 了 Foundations 类 和 Tableau 类。 如 图 6-1 所 示, 这 两 个 类 只 是 重 新 聚 合 了 CardStack 实例。 遵 循 关 注 点 分 离 的 原 则, 我 们 现 在 可 以 将 大 量 计 算 移 动 至 这 些 类 中, 并 在 必 要 时 代 理 给 它 们。

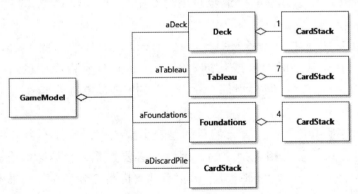

图 6-1　GameModel 的 类 图。 其 中 的 复 合 关 系 用 白 色 菱 形 表 示。 注 意 到 菱 形 位 于 聚 合 的 侧 面。 通 常 在 类 图 中, 表 示 已 知 类 的 模 型 元 素 不 会 重 复。 在 这 个 图 表 中, 为 了 清 晰 起 见, 笔 者 重 复 使 用 了 CardStack。 但 是, 所 有 CardStack 元 素 都 代 表 了 相 同 的 类

例 如, GameModel 类 需 要 isVisibleInTableau(Card) 方 法 来 确 定 7 堆 牌 基 中 的 一 张 牌 正 面 朝 上 还 是 背 面 朝 上。 在 图 6-1 的 设 计 中, 该 请 求 被 代 理 给 Tableau 类:

```
public boolean isVisibleInTableau(Card pCard)
{
    return aTableau.contains(pCard) && aTableau.isVisible(pCard);
}
```

在类图中，对象复合用类一侧带菱形的边表示，该类的实例包含对其他类实例的引用。注意到，UML 记法在技术上可以区分两种类型的复合：聚合（白色菱形）与复合（黑色菱形）。正如上面所讨论的，二者之间的区别可能很模糊，对于如何区分聚合和复合，或仅在 UML 图中使用简单关联，专家们对此意见不一。笔者选择不加区分来绕开这个问题。由于复合通常被理解为更强形式的聚合，所以笔者将白色菱形专门用于所有类型的聚合 / 复合（详见 3.3 节）。

尽管从技术上来说，只要定义了域并传递对象引用，就可以按任何方式复合对象，但是无原则的对象复合很快会退化为过度复杂的代码。本章将借助设计模式来介绍一些有组织使用复合的方法。然而，本章的总体目标是根据明确的设计计划和清晰的内在基本原理，来培养使用复合的一般技能。

6.2 COMPOSITE 设计模式

作为复合的第一个主要应用实例，我们考虑这样的情况：让一组对象的行为类似于单个对象。假设我们正在做一个纸牌游戏，它以纸牌源作为输入。在 3.1 节里，我们展示过如何用接口将纸牌源的行为与使用接口类型的实现分离。为方便起见，下面的代码重复了 CardSource 接口的定义。

```
public interface CardSource
{
    /**
     * Removes a card from the source and returns it.
     *
     * @return The card that was removed from the source.
     * @pre !isEmpty()
     */
    Card draw();

    /**
     * @return True if there is no card in the source.
     */
    boolean isEmpty();
}
```

依靠该接口及其支持的多态，我们可以编写松耦合的代码，这些代码可以从任何源中抽取纸牌。该接口支持的纸牌源类型只会受到我们想象力（和纸牌游戏中的实际使用情况）的限制。例如，它可以是一个由多副牌组成的纸牌源，也可以是一个仅包含四张 A 或仅包含人头牌的纸牌源等，或者还可以是这些方案的任意组合（比如，一副牌再加四张 A）。

为支持这些选项，一个显而易见的方法是为每个选项编写一个类，其中每个类声明都实现 CardSource 接口：

```
public class Deck implements CardSource { ... }
public class MultiDeck implements CardSource { ... }
public class FourAces implements CardSource { ... }
public class FaceCards implements CardSource { ... }
public class DeckAndFourAces implements CardSource { ... }
```

这种设计决策的主要特点是，CardSource 可能的实现方法集合（在源代码中）被指定为静态的，而非（在代码运行时）动态的。该静态结构的三个主要局限是：

- 感兴趣的结构可能很多。正如第五个定义 DeckAndFourAces 所示，支持所有可能的配置会导致类定义的组合爆炸（combinatorial explosion）。
- 即便一个选项很少被使用，该选项也需要一个类定义。这会使代码产生不必要的混乱，因为大多数实现看起来可能会很相似。
- 在运行代码时，很难适应在启动应用程序之前需要预料到所有纸牌源配置的情况。

上述限制很明显是由该设计的静态性质导致的。一种通用的解决方案是，通过对象复合而非类定义来支持无限制的配置。支持这种方法的基本思想是，定义一个能表示多种 CardSource 的类，但其行为看起来仍是单个类。其核心思想就是 COMPOSITE 设计模式。图 6-2 展示了应用于 CardSource 背景下 COMPOSITE 的类图。

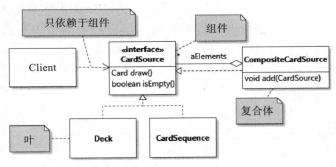

图 6-2　COMPOSITE 对 CardSource 的应用

图 6-2 展示了该模式的应用，其中注释表示解决方案模板中每个元素的角色。在该模式中，三个主要角色是组件（component）、复合体（composite）与叶（leaf）。复合元素有两个重要的特性。

- 它聚合了组件复合类型（本例为 CardSource）的多个不同对象。使用组件复合接口类型非常重要，因为它允许复合体复合任何其他类型的元素，包括其他复合体。在我们的应用程序中，一个 CardSource 复合体可以聚合任何类型的 CardSource，如 Deck 实例、CardSequence 或任何其他实现 CardSource 的实例。
- 它实现了组件接口。因此，其余代码可以按处理叶元素完全相同的方式处理复合对象。

该图还显示了 COMPOSITE 有效性的一个重要见解，即复合客户端代码应主要依赖于组件类型，而非直接操作具体类型。

图 6-3 说明了通过 COMPOSITE 设计创建的对象图实例。

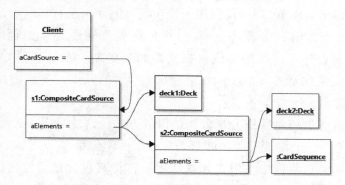

图 6-3 展示了一个 CardSource 复体样例的对象图

将 COMPOSITE 应用于设计的一部分时，组件接口方法的实现通常涉及对所有聚合元素的迭代。例如，在上面的设计中，方法 CompositeCardSource. isEmpty() 的实现如下所示：

```java
public boolean isEmpty()
{
  for( CardSource source : aElements )
  {
    if( !source.isEmpty() )
    { return false; }
  }
  return true;
}
```

对于方法 draw 的情况，其行为有些特殊。无须将该方法调用代理给所有元素，我们只需要进行迭代，直到找到一张可以抽取的纸牌即可。

```java
public Card draw()
{
  assert !isEmpty();
  for( CardSource source : aElements )
  {
    if( !source.isEmpty() )
    {
      return source.draw();
    }
  }
  assert false;
  return null;
}
```

由于 CompositeCardSource.draw() 是接口 CardSource.draw() 的实现，它具有与接口方法相同的先验条件。因此，即使它是复合体，也无须处理从空

的纸牌源抽牌的情况。在该方法的第一行中，我们声明了 !isEmpty()。在这里，
isEmpty() 是对 CompositeCardSource 类中 isEmpty 方法的调用，所以可以
假设下列代码总是能找到抽牌方法⊖。该假设进一步用断言 **assert false**；认定。
接下来的语句 **return null**；仅仅用于让代码可编译，没有其他用途。

应用 Composite 时，需要考虑的一个重要实现问题是，如何将其复合的组
件实例添加到复合体里。换句话说，在我们的案例中，需要一种方法来指定哪些
CardSource 实例构成 CompositeCardSource 的元素。实现方法主要有两种，
二者各有优缺点。

一种方法是将添加元素作为复合体接口的方法。这就是图 6-2 所示的方法。该
策略继而导致了第二个设计问题，即是否应在组件中包括 add 方法。更常见的解决
方案是不将它包含在组件中，但在某些情况下，将其包含在组件接口中更有意义，
以便该组件及其所有子项有相同的接口（详见"延伸阅读"）。

另一种方法是通过构造函数初始化复合对象。例如，我们可以将纸牌源列
表作为输入：

```java
public CompositeCardSource
{
  private final List<CardSource> aElements;

  public CompositeCardSource(List<CardSource> pCardSources)
  {
    aElements = new ArrayList<>(pCardSources);
  }
}
```

在这里我们使用了复制构造函数，以避免泄露指向私有容器结构的引用（详
见 2.5 节）。另一个选择是使用 Java 的可变数目参数机制，单独列出每个纸牌源
（详见"延伸阅读"）：

```java
public CompositeCardSource(CardSource... pCardSources)
```

采用" add 方法"策略的主要原因是，我们可能需要在运行时修改复合体的状
态。但是，这需要付出设计结构与代码易懂性的代价，因为需要处理复合对象更复
杂的生命周期，并且必须处理组件接口（没有 add 方法）与复合体接口（有 add 方
法）之间的区别。如果不需要在运行时对复合体进行修改，那么对复合体进行一次
初始化并保持不变可能是更好的选择。在 CardSource 例子的场景下，它不会导致
不可变复合体（我们仍会抽牌），但在其他场景中，不可变性可能是附加的优点。

使用 Composite 模式相关的一些实际问题不依赖模式本身的结构，它依赖
的因素包括：

- 在客户端代码中创建复合体的位置。
- 维持这种设计的对象图完整性所需要的逻辑。

⊖　这里假设了一个单线程系统。并发程序设计不在本书的范围内。

由于这些关注点取决于场景，因此它们的解决方案将取决于当前具体的设计问题。但重要的是要意识到，仅创建设计良好的复合类并不足以确保 COMPOSITE 的正确应用。例如，使用图 6-2 中的设计，可以编写出导致图 6-4 的代码。但是，此结果很可能不是我们想要的，因为 source1 和 source2 之间的共享纸牌实例以及 source2 中的自引用会导致无法控制的行为。

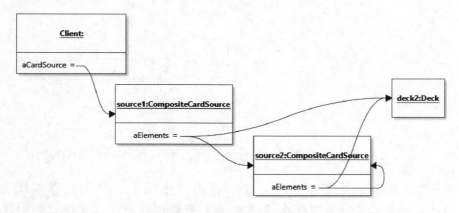

图 6-4　一个滥用 CardSource 复合体设计的对象图

6.3　时序图

在软件设计中使用复合意味着设计决策取决于对象之间如何协作。这意味着与复合相关的设计决策反映在对象最终如何调用彼此[⊖]。我们可以将其与更多的静态设计决策进行对比，后者与类之间如何相互依赖有关。例如，对 CardSource 来说，使用 COMPOSITE 模式的一个重要后果是，要确定 CompositeCardSource 是否为空，我们需要在某些元素甚至所有元素上调用 isEmpty()。

通常，对于和对象调用序列有关的某些设计决策进行建模可能会有所帮助。在 UML 图中，这是通过时序图（sequence diagram）完成的。就好比对象图与状态图，时序图对软件系统的动态视图进行建模。就像对象图之于状态图，时序图表示代码的特定执行。例如，它是在代码执行单步调试时，我们所能看到的最接近的表示。

为了引入时序图，并弄清 COMPOSITE 模式的确是一种组织对象如何交互的方式，图 6-5 展示了在 CompositeCardSource 的一个实例上调用 isEmpty() 模型的时序图。

⊖　称对象"彼此互相调用"只是一种简称。更精准但也更复杂的用语应是"一个给定隐式参数的方法的代码，调用以其他对象为隐式参数的方法"。

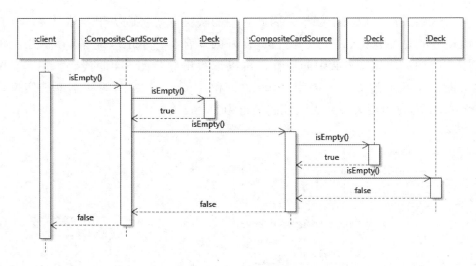

图 6-5   在 CompositeCardSource 实例上调用 isEmpty() 的时序图

时序图顶部的每个矩形表示一个对象。时序图中的对象也称为隐式参数（implicit parameter），因为方法在这些对象上被调用。与代表系统运行时的其他 UML 图一样，对象名称加了下划线，并遵循约定的 name:type（名称：类型）。笔者在这里并没有为客户端代码指明类型，也没有为其中任何对象指定名称，因为这都不重要。

在该图中，我们立即看到了递归通过 CompositeCardSource 实例的嵌套调用。该信息不能在类图中体现，因为即使在抽象级别中，这种记法也不支持对不同方法的行为描述。该图显示了类图上不可见的设计动态特点，可以作为图 6-2 中类图的补充。

从对象发出的垂直虚线表示该对象的生命期（life line）。生命期表示对象存在的时间（从上到下运行），即从对象创建到回收之间的时间。对象放在图顶部，并假定在被描述的情形开始时对象已经存在。因此，时序图展示了客户端对象与 CompositeCardSource 实例及其所有对象组件之间的交互，所有这些对象都是在建模交互开始之前创建的。至于这些对象是如何创建的，则是一个特定图表没有指定的细节。

在时序图中表示对象的类型时，在对象层次结构中选择哪种类型有一定的灵活性。我们可以使用对象的具体类型，或其父类型之一。与往常一样，在建模时，我们使用最有用的信息。在这里，CompositeCardSource 和 Deck 对象由它们的具体类型表示，因为唯一的其他选择是 CardSource，后者不如前者更自明。

对象之间的消息通常对应于方法调用。消息由从调用对象指向被调用对象的有向箭头表示。"被调用对象"是指"作为方法调用的隐式参数的对象"。消息通常用被调用的方法做标记，如果有用的话，可以选择用一些表示参数的标签做标记。当创建表示 Java 代码执行的时序图时，如果传入对象的消息不对应于对象接口的一个方法，则很可能是建模错误。构造函数调用被建模为带有标签 <<create>> 的特殊消息。

　　对象之间的消息会引发一个活动框，即覆盖在生命期上的较粗白色框。活动框表示相应对象的方法在运行栈上（但不一定在运行栈的顶部）的时间。

　　也可以对从方法返回到调用者的控制进行建模。这个信息由虚线有向箭头表示。返回边是可选的。笔者个人仅仅用它们来帮助理解复杂的消息序列，或是为返回值命名，使得图的其余部分更容易理解。例如，在这里，笔者添加了返回边来阐述序列中的后续调用（说明 isEmpty() 一旦返回 **false**，执行就会终止）。

　　为了探索时序图的一些其他建模功能及其潜力，我们来对 ITERATOR 模式中迭代器的使用进行建模（详见 3.6 节）。我们用时序图对迭代器模式的应用建模，首先，图 6-6 展示了它的类图。

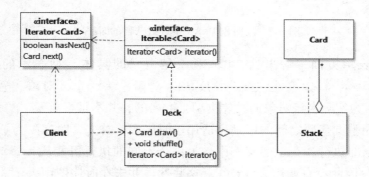

图 6-6　可迭代的 Deck 类图

　　该图展示了 Deck 类的一个版本，它用容器类型 Stack 来储存纸牌。Deck 和 Stack 都是可迭代的。表示为 Client 类的客户端代码既可以使用 Deck 类的实例，也可以使用它们返回的迭代器。

　　让我们来看看客户端代码调用 Deck.iterator() 时会发生什么。图 6-7 的时序图对客户端代码内部 Deck.iterator() 的具体执行进行了建模。图中注释表示模型元素的名称。

　　传递给一个 Deck 实例的 iterator() 消息将导致调用被代理给 Stack 对象。Stack 对象负责创建迭代器。也可以将实例放在图中较低的位置来表示实例的创建，例如此处的 Iterator 对象。两个 iterator() 调用的返回边上都使用了"iterator"来（间接）表明传播回客户端的是同一个对象。在图 6-7 中，笔者还包含了 next() 方法的返回边，并将其标记为"nextCard"，以表明返回的对象是被提供给后续自调用的对象（一个从已经用该对象作为隐式参数执行的方法中调用该对象的方法）。

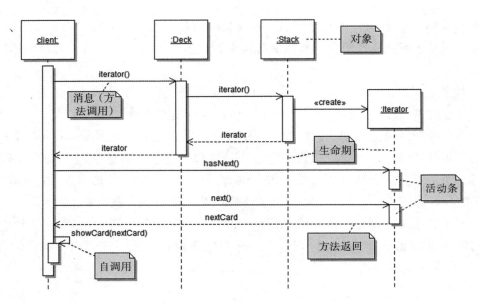

图 6-7　在对象 Deck 中进行迭代的时序图

在类型表示方面，这里的 Deck 对象是由它的具体类型表示的，但是标签 deck:Iterable<Card> 也是有效的选项。对于 Iterator 对象，笔者使用了接口超类型，因为实际上该对象的具体类型是匿名的，并不是很重要。

模型与完整源代码之间的区别也适用于时序图。首先，时序图为一个特定执行建模，而非全部执行。在上述实例中，另一个不同的执行可能从 hasNext() 接收到了 **false**，因此没有调用 next()。这些选项并未在时序图中表示，因为它们是不同的运行情况。其次，时序图自然会省略代码执行的一些细节。我们使用时序图来表示对象如何交互以传达特定信息。尽管 UML 图支持方法内部的循环和条件语句的规格说明，但这些通常不包括在 UML 草图中，因此笔者在本书中没有使用该标记。本书也没有涉及异步调用（由半箭头表示）。时序图草图通常会忽略无关紧要的调用（例如，对库方法的调用）。

6.4　DECORATOR 设计模式

在某些情况下，我们希望某个给定类型的对象表现出特殊行为，或具有某些额外功能。在 CardSource 的实例中，可以想象在某些情况下，我们也许希望在控制台或文件中输出抽取的每张纸牌的描述（该过程称为日志（logging））。再举一个例子，我们也许想保留从特定来源抽取的每张纸牌的引用（即记忆（memorizing）所抽取的纸牌）。满足该需求的策略之一是增强设计的静态结构来适应新功能。换句话说，可以通过编写更多具有该功能的类提供附加功能。让我们来考虑两种可能的设计解决方案。

　　第一个解决方案是为需求的每种功能设计一个类，称为专用类（specialized class）解决方案。例如，为了有一个能记录所抽取纸牌的 CardSource，我们可以定义自己的 Deck 特殊版本：

```
public class LoggingDeck implements CardSource
{
  private final CardStack aCards = ...

  public Card draw()
  {
    Card card = aCards.pop();
    System.out.println(card);
    return card;
  }

  public boolean isEmpty() { return aCards.isEmpty(); }
}
```

　　类似地，为了拥有一个能记忆已经抽取纸牌的 Deck 版本，我们可以创建一个新的 MemorizingDeck 类，用一个单独的结构存储对所抽取的每张纸牌的引用。尽管在简单情况下静态结构的策略也可以工作，但它仍有一些缺点。

　　专用类的主要缺点在于，运行时，它在打开和关闭功能的切换方面没有灵活性。也就是说，在执行代码时，很难将一副普通的纸牌变为一副"记忆"纸牌，或在任意时刻开始记录抽取的纸牌。在 Java 中，不可能在运行时更改对象的类型，因此唯一的选择是初始化一个新的对象，并将原对象的状态复制到所需功能的新对象中。这样的方案并不是很优雅。但是，如果用户界面允许玩家在游戏过程中打开或关闭这些功能，则很有必要这样做。

　　我们可以考虑第二种解决方案，它可以适应对运行时对象功能的调整。笔者将这种方案称为多模式类（multi-mode class）解决方案。按照这个解决方案，我们在类的内部提供所有可能的功能，并包含了一个标志值来表示该类对象所处的"模式"。代码如下所示：

```
public class MultiModeDeck implements CardSource
{
  enum Mode { SIMPLE, LOGGING, MEMORIZING, LOGGING_MEMORIZING }
  private Mode aMode = Mode.SIMPLE;

  public void setMode(Mode pMode) { ... }

  public Card draw()
  {
    if( aMode == Mode.SIMPLE ) { ... }
    else if( aMode == Mode.LOGGING ) { ... }
    ...
  }
}
```

　　尽管多模式类解决方案确实允许人们在运行时打开和关闭功能，但它为对象引入了复杂的状态空间,而这些空间本来应该很简单,因此违反了第 4 章提到的重要原则。此外,将不同功能的行为置于一个类,甚至放在单个方法中,这也违背了关注点分离的原则。在极端情况下,它可以将意图表示简单概念的类转变为一个 GOD CLASS†。因此,这说明可工作的方案不一定是我们想要的。由于其复杂性,多模式类解决方案还缺乏可扩展性。为了增加新的功能,我们需要添加更多代码和分支行为来实现新模式。假如有 10 个功能,容易想象到,代码将成为分支语句的噩梦,而且是一个 SWITCH STATEMENT†(分情况语句)的例子。通常,存在潜在复合爆炸的情况下,关键在于从依赖定义新类的解决方案过渡到依赖复合对象的解决方案。

DECORATOR(装饰器,或称修饰器)设计模式恰好提供了这个解决方案。使用该模式的设计场景是这样一个设计问题:我们希望用一些附加功能"装饰"某些对象,同时能够像对待未加装饰类型的对象一样对待被装饰对象。图 6-8 展示了 DECORATOR 模板解在 CardSource 情况的应用。该图用注释说明了不同元素所扮演的角色。

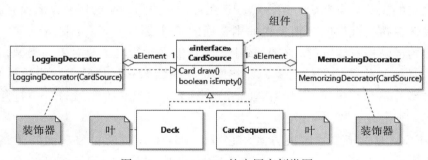

图 6-8　DECORATOR 的应用实例类图

从模板解来看,DECORATOR 看起来非常像 COMPOSITE,但不同之处在于,我们用装饰器类代替了复合类。实际上,装饰器类的设计约束与复合类的设计约束类似:

- 装饰器聚合组件接口类型的一个对象(在本例中为 CardSource)。使用组件接口类型很重要,因为它允许装饰器"装饰"任何其他种类的组件,包括其他装饰器(和复合)。
- 它实现了组件接口。这也是其余代码能够与对待叶元素完全相同的方式来对待装饰器对象的根本原因。

应用 DECORATOR 时,需要解决的主要问题是装饰器类的方法应该做什么。在 DECORATOR 的经典用例中,装饰的接口方法的实现包含两个步骤,如下面代码所示:

```java
public class MemorizingDecorator implements CardSource
{
  private final CardSource aElement;
  private final List<Card> aDrawnCards = new ArrayList<>();

  public MemorizingDecorator(CardSource pCardSource)
  { aElement = pCardSource; }

  public boolean isEmpty()
  { return aElement.isEmpty(); }

  public Card draw()
  {
    // 1. Delegate the original request to the decorated object
    Card card = aElement.draw();
    // 2. Implement the decoration
    aDrawnCards.add(card);
    return card;
  }
}
```

步骤之一是将原始行为的执行代理给要装饰的元素。在我们的例子中,我们在"原始"(被装饰的)纸牌源上调用 draw()。另一步骤是实现"装饰",在我们的例子中,也就是将纸牌添加到某些内部结构里。这两个步骤的先后顺序没有规定,尽管在某些情况下问题域可能会强加某种次序。在我们的例子中,显然必须先抽取一张纸牌,然后才能将其添加到内部存储器中。最后,尽管只有一些方法可能涉及行为装饰,但有必要重新设计声明在组件接口中的方法,来遵循子类型约定。在我们的例子中,这意味着我们必须实现一个 isEmpty() 方法,该方法仅返回装饰元素是否为空。

利用 DECORATOR,我们可以轻松地复合装饰。由于装饰器聚合了一个组件,因此复合其他功能变得与装饰对象一样简单。图 6-9 的时序图说明了使用 DECORATOR 时的代理顺序,其中我们用 MemorizingDecorator 来装饰 Deck,然后再使用 LoggingDecorator 装饰,这样一来 draw() 的最终行为就是记忆、记录并返回纸牌源中的下一张纸牌。

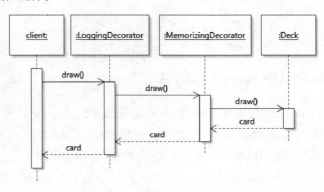

图 6-9　描述在被装饰 Deck 上调用 draw 的时序图

使用 DECORATOR 时的一个重要限制是，为了使设计正常工作，装饰必须是独立的，且必须是严格添加的。DECORATOR 的主要优点是可以灵活地支持附加功能，有时是非预期的配置。因此，该模式的使用不应该要求客户端代码遵循复杂的复合规则。至于添加的含义，它表示 DECORATOR 模式不应该用来移除对象本身的功能。规定该限制的主要原因是，它会违反第 7 章介绍的面向对象设计的基本原理。

用 Java 实现 DECORATOR 设计模式时，最好将存储对被装饰对象的引用域指定为 **final**，并在构造函数中对其进行初始化。使用 DECORATOR 时的一个普遍期望是，装饰器对象会在整个生命周期中装饰同一个对象。

最后，使用装饰器来装饰对象的一个重要后果就是，被装饰对象会失去其身份。换句话说，由于装饰器本身就是包装另一个对象的对象，所以被装饰对象与未装饰对象不同。图 6-10 说明了一个简单 CardSource 装饰的身份丢失。在该图中，我们看到客户端代码在变量 source1 中拥有对 Deck 实例 deck 的引用，并在 source2 中拥有对 deck 的装饰版本的引用。尽管 source1 和 source2 从概念上来讲指同一个纸牌源，但被装饰版本与未装饰版本的身份不同。也就是说，source1!=source2。身份丢失可能是代码库中的问题，例如，比较对象依靠身份而非相等性。在这种情况下，引入 DECORATOR 模式很可能会破坏设计。请参阅4.7 节来回顾对象身份的含义。

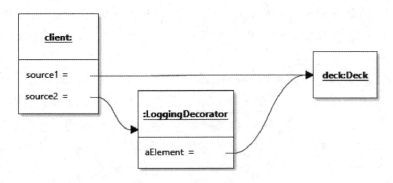

图 6-10　一个装饰 Deck 的对象图

6.5　COMPOSITE 与 DECORATOR 的结合

尽管 DECORATOR 模式与 COMPOSITE 模式是截然不同的，并且通常分开呈现，但装饰器类与复合类可以轻松地共存于类型层次结构中。如果它们实现同一个组件接口，那么它们基本上可以共同为设计问题提供基于复合的解决方案。图 6-11 中的类图展示了一个类型层次结构，其中包含一个叶、一个复合体和两个装饰器。

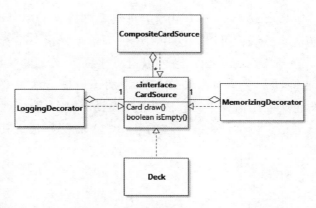

图 6-11　在同一个类层次结构中结合 COMPOSITE 与 DECORATOR

图 6-12 的对象图展示了可以由这种类型层次结构导出的对象图实例。请注意该图例既包含一个装饰的复合体，也包含一个装饰对象的复合体。

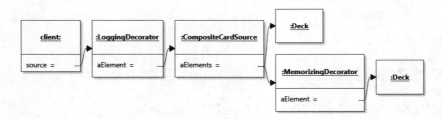

图 6-12　表示复合体与装饰器对象结合的对象图

在本章，尽管我们讲解了一个纸牌游戏的各种设计选择，但应该了解 COMPOSITE 模式与 DECORATOR 模式的经典应用。最适合这些模式的设计场景是，某些绘图功能的开发（例如，绘图工具或幻灯片演示应用）。在这种应用中，组件类型是具有 draw() 方法或类似方法的 Figure(图形)。叶类是具体的形状，例如矩形、椭圆形、文本框等。图 6-13 展示了具有这些域元素以及相应设计结构的类图。

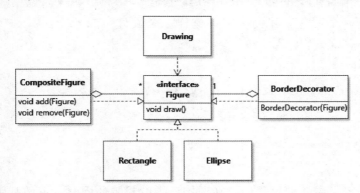

图 6-13　应用于绘画编辑器设计场景的 COMPOSITE 模式与 DECORATOR 模式类图

在这种设计中，CompositeFigure 很自然地支持终端用户将一些图"复合"为一个聚合图的功能。然后，可以将这些图组视为单个元素，接着可以将其与其他图和图组等复合。至于 DECORATOR，它可以进行字面意义上的装饰。图 6-13 提供的实例就是一个装饰器，它为所有装饰的图添加了边框。这个 COMPOSITE 模式与 DECORATOR 模式的经典应用值得学习，因为它们还从概念上清晰地展现了必须通过组件接口实现的行为。具体来说，复合体的 draw() 方法只是对其包含的所有图的 draw() 方法的调用：

```
public void draw()
{
   for( Figure figure : aFigures ) { figure.draw(); }
}
```

对于 DECORATOR 模式来说，draw 方法的实现将是一个代理紧随着一个装饰的干净序列。

```
public void draw()
{
   aFigure.draw();
   // Additional code to draw the border
}
```

6.6   多态对象复制

我们现在开始处理涉及对象复合以及更精细的对象图复合的设计。这种动态结构的使用对设计的其他方面具有多种影响。一种影响是对象身份（详见 6.4 节）。另一种影响是依赖对象复制的设计。

在 2.7 节中，我们讨论了需要复制某些对象的情形，并介绍了复制构造函数的思想，它允许客户端代码对传递的实参对象进行复制：

```
Deck deckCopy = new Deck(pDeck);
```

复制构造函数在许多情况下都可以正常工作，但它们的主要局限是调用构造函数需要一个特定类的静态引用（在这里是 Deck 类）。在大量使用多态的设计中，这可能是一个问题。我们来考虑这样一个设计：CardSourceManager 包含 CardSource 对象集。

```
public class CardSourceManager
{
   private final List<CardSource> aSources;

   public List<CardSource> getSources()
   {
      // return a copy of aSources;
   }
}
```

在该类的定义中，如果我们要在保护该类的封装的同时，返回纸牌源列表的副本，则必须在 aSources 中复制每个纸牌源。但是，由于 CardSource 是一个接口类型，而且必须被子类型化，我们不知道 aSources 列表中对象的具体类型，因此很难确定要调用什么构造函数。一种笨拙的解决方案是使用如下的分支语句：

```
if( source.getClass() == Deck.class )
{ return new Deck((Deck) source); }
else if( source.getClass() == CardSequence.class )
{ return new CardSequence((CardSequence) source); })
else if( source.getClass() == CompositeCardSource.class )
{ return new CompositeCardSource((CompositeCardSource) source); }
...
```

这种性质的解决方案并不推荐，因为它们本质上会使多态的优点失效，也即是说，无论 CardSource 实例的具体类型是什么，多态都可以应对这些实例。此外，该代码还是 SWITCH STATEMENT† 的例子，它完全破坏了设计的可扩展性，因为一旦在设计中引入一个新的 CardSource 子类型，代码就会失效。最后，由于某些 CardSource 类只是其他纸牌源的包装类，因此实现起来将会一团糟。具体来说，由于 CompositeCardSource 可以聚合任何种类的纸牌源，因此这个类的复制构造函数也需要类似上述的分情况语句。简而言之，存在多态的情况下，使用复制构造函数基本上行不通。

相反，我们需要的是一种多态对象复制的机制。具体来说，我们希望在不知道具体类型的情况下能够复制对象。在 Java 中，该功能由一种称为克隆（cloning）的机制支持。一般来讲，多态对象复制是一个复杂的概念，其中涉及许多潜在问题。Java 对于多态对象复制的特定实现（即克隆），使用起来也不太简单。"延伸阅读"部分给出有关克隆的附加资料。在这里，我们仅讨论实现克隆的主要方法，并将对该机制的其他讨论推迟到第 7 章，因为解释起来需要有关继承的知识。

将对象变为可克隆的诀窍包含四个必需步骤，以及可选的第五步：

1）声明实现 Cloneable 接口。

2）重写 Object.clone() 方法。

3）在 clone() 方法中调用 **super**.clone()。

4）在 clone() 方法中捕获 CloneNotSupportedException。

5）在可克隆层次结构的根超类型中声明 clone() 方法（可选步骤）。

6.6.1　声明实现 Cloneable 接口

为了使一个类得以克隆，第一步是用 Cloneable 标签接口⊖将该类标识为可克隆的：

```
public class Deck implements Cloneable ...
```

这使得其他对象可以检查某个对象是否可以被克隆，例如：

```
if( o instanceof Cloneable ) { clone = o.clone(); }
```

⊖　标签接口是没有方法声明的接口，仅用于标记具有特定属性的对象。

6.6.2 重写 Object.clone() 方法

第二步是重写 clone() 方法。第7章将详细介绍重写。就目前来说,只需要知道根超类 Object 定义了一个方法 clone(),该方法必须使用 **public** 访问修饰符⊖进行覆盖,其原因会在稍后介绍清楚。

```
public Deck clone() ...
```

重写 clone 时,建议将其返回类型从 Object 改为包含新 clone 方法的类的类型⊜。

6.6.3 调用 super.clone()

重写的克隆方法需要创建一个新的同类对象。尽管创建对象的常规方法是使用构造函数,但克隆对象不应该通过构造函数来创建。创建克隆对象的正确方法是通过调用 **super**.clone() 来调用在 Object 类中定义的 clone() 方法。超类调用的工作原理将在 7.4 节详细说明。目前需要了解的重点是,获取调用 clone() 方法的隐式参数的克隆的正确方法如下所示:

```
public Deck clone()
{
  // NOT Deck clone = new Deck();
  Deck clone = (Deck) super.clone();
  ...
}
```

super.clone() 语句调用超类中的 clone() 方法(在此处指 Object.clone() 方法)。这个方法很特殊。它使用元程序设计功能(详见 5.4 节)来返回调用该方法的类的对象。称其特殊是因为尽管该方法是在库类 Object 中实现的,但它仍返回新的 Deck 类实例⊜。

Object.clone() 方法也很特殊,它不会在内部调用默认构造函数(有时甚至没有默认构造函数)来创建该类的新实例。相反,它通过制作所有实例域的浅复制来反射性地创建该类的新实例。如果浅复制不足,重写的克隆方法就必须执行其他步骤来对这些域进行更深的复制。

例如,Deck 类 clone() 方法的一个合理实现可能如下所示:

⊖ Object.clone() 方法被声明为 **protected**。

⊜ 该功能从 Java5 开始被称为协变量返回类型。此功能允许重写方法的返回类型比其覆盖的方法的返回类型更具体。

⊜ 为了理解为什么使用构造函数是危险的,我们需要考虑 clone() 方法会被继承的可能性,这会在第7章说明。如果 clone() 的继承实现使用构造函数来创建克隆的对象,那么若在子类型的实例上调用,该方法将返回错误类型的调用。例如,如果我们有一个名为 SpecialDeck 的 Deck 子类,并在 SpecialDeck 实例上调用 clone,那么返回的对象将是 Deck 类,而非 SpecialDeck 类。使用 **super**.clone(),即使 clone() 方法是从 Deck 继承而来的,克隆的对象也将是 SpecialDeck 实例。

```
public Deck clone()
{
  Deck clone = (Deck) super.clone();
  clone.aCards = new CardStack(aCards);
  return clone;
}
```

在这段代码中，clone() 方法通过 **super**.clone() 获得 Deck 的新实例。但是，这会导致对域 aCards 的值进行共享（浅复制）引用，如图 6-14 所示。由于该结果将破坏封装，而且很可能是错误的，因此 clone 方法将创建新的 CardStack 副本，这一次使用复制构造函数，因为对于 CardStack 无须使用多态复制。

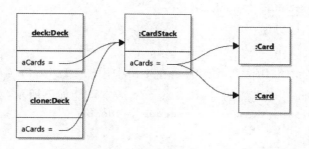

图 6-14　Deck 克隆实例的对象图

6.6.4　捕获 CloneNotSupportedException

不幸的是，上一个代码段无法编译，因为 **super**.clone() 声明抛出 CloneNotSupportedException 类型的受检异常。如果一个类未声明（直接或间接）实现 Cloneable，则在该类中调用 **super**.clone 时会引发这种异常。如果我们正确地将 Deck 类声明为 Cloneable，就可以确保永远不会引发此异常，并且可以通过捕获它且不执行任何操作来安全地去除它。

```
public Deck clone()
{
  try
  {
    Deck clone = (Deck) super.clone();
    clone.aCards = new CardStack(clone.aCards);
    return clone;
  }
  catch( CloneNotSupportedException e )
  {
    assert false;
    return null;
  }
}
```

造成这种尴尬的异常处理请求的原因是，Object.clone（浅复制）实现的默认克隆行为可能不适用于某个类（例如 Deck），因此程序员应该不能够"意外地"调用 clone。必须捕获异常应该迫使程序员记住这一点，但是尚不清楚该机制何种程度上是成功的。

6.6.5　把 clone() 加入接口

使用克隆的最后一个可选步骤是将 clone 方法添加到要克隆其对象的类的层次结构的超类型中。不幸的是，Cloneable 接口不包含 clone() 方法，因此 clone() 方法不会自动对 Cloneable 类型的客户端可见。换句话说，这意味着如果我们将 CardSource 声明为可克隆的：

```
CardSource extends Cloneable ...
```

这并不意味着我们可以做：

```
CardSource clone = cardSource.clone();
```

为了支持这个习惯用法，我们需要在接口中添加 clone()（并在所有具体的子类型中实现）。因此，可克隆的 CardSource 版本可能如下所示：

```
public interface CardSource extends Cloneable
{
  Card draw();
  boolean isEmpty();
  CardSource clone();
}
```

作为一个回顾实例，接下来展示如何让 CompositeCardSource 可克隆，假设 CardSource 有上述的定义：

```
public class CompositeCardSource implements CardSource
{
  private final List<CardSource> aSources;

  ...

  public CardSource clone()
  {
    try
    {
      CompositeCardSource clone =
        (CompositeCardSource) super.clone();
      clone.aSources = new ArrayList<>();
      for( CardSource source : aSources )
      {
        clone.aSources.add(source.clone());
      }
      return clone;
    }
    catch(CloneNotSupportedException e ) { return null; }
  }
}
```

有了这个定义，并假设 CardSource 的所有子类型都正确实现了 clone()，

CompositeCardSource 中的 clone() 方法将递归地对复合对象中所有的纸牌源作深复制。

6.7　PROTOTYPE 设计模式

如 6.6 节所述，多态复制对象是一个强大的功能，可以在基于复合的设计中用于多种目的。多态复制的一种特殊用途是支持多态实例化（polymorphic instantiation）。让我们继续 6.6 节中介绍的 CardSourceManager 类的设计场景。现在，我们希望向该类中添加其他功能———一种返回默认纸牌源的方法。

```
public class CardSourceManager
{
  public CardSource createCardSource() { ... }
}
```

如果我们用硬编码返回特定类型的源（例如，**return new** Deck();），那么 createCardSource() 的实现会很简单，但是，如果我们想配置 CardSourceManager 以便获取任意类型的 CardSource，并在运行时更改默认纸牌源该怎么办？在这种情况下，这里的问题与 6.6 节讨论的问题非常相似（即 SWITCH STATEMENT†的使用销毁了多态的优点，等等）。

要创建默认纸牌源，比 SWITCH STATEMENT†更好的选择是使用元程序设计（详见 5.4 节），例如，给 createCardSource() 添加一个 Class<T> 类型的参数，指定添加的纸牌源类型。尽管可行，但这样的解决方案往往是脆弱的，并且需要大量的错误情况处理。

另一个选择是依赖多态复制机制，并通过复制原型对象（prototype object）来创建目标对象的新实例。这个想法称为 PROTOTYPE（原型）。使用 PROTOTYPE 的场景是需要创建在编译时可能类型未知的对象。该解决方案模板包括存储对原型对象的引用，并在需要新实例时对该对象进行多态复制。

对于 CardSource 的情况，原型模式的应用如下所示：

```
public class CardSourceManager
{
  private CardSource aPrototype = new Deck(); // Default

  public void setPrototype( CardSource pPrototype )
  { aPrototype = pPrototype; }

  public CardSource createCardSource()
  { return aPrototype.clone(); }
}
```

图 6-15 展示了一个类图，概述了解决方案模板的关键部分，并指出了各元素在该模式的应用中所扮演的角色。客户端是一个通用名称，代表需要进行实例化的任意代码。原型是抽象元素（通常是一个接口），其具体原型可以在运行时切换。*产品*

（product）是可以通过复制原型创建的对象。

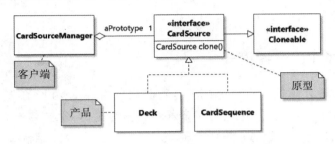

图 6-15　PROTOTYPE 的应用实例，标注了各角色的名称

PROTOTYPE 模式在概念上的一个优点是，创建不同类型对象的选择通常不会增加客户端类中的控制流（分支语句）数量。在传统的"基于模式"设计中，`createCardSource()` 方法必须用控制语句（例如 **if** 语句）检查创建什么样的对象，比如，是 Deck 纸牌源，还是其他纸牌源。使用 PROTOTYPE 时，这些分支通过多态实现。正如 `createCardSource()` 方法的代码所示，不存在这样的控制语句：该方法只是对当前任何原型对象进行了复制。"代码探索"部分提供了在实践中使用原型的更多指导。

6.8　COMMAND 设计模式

从概念上讲，一个命令（command）是完成某些功能的一段代码，如保存文件、从一副纸牌中抽取一张牌等。直观地来说，用代码表示时，命令自然对应于函数或方法的概念，因为它们是一段将要执行的代码的抽象。例如，我们可以考虑 Deck 类的两个主要的状态改变功能，抽取纸牌和在一副牌中随机洗牌。要执行这些功能，只需要调用如下方法：

```
deck.shuffle();
Card card = deck.draw();
```

但是，既然我们正在研究原则上使用对象的设计，让我们来考虑一种表示命令的替代方法，即用对象作为可管理的功能单元。在复杂的应用程序中，我们可能想要在许多不同的场景中执行某种功能，比如从一副牌中抽取纸牌。例如，我们可能想要存储已完成命令的历史记录，以便稍后撤销或重复它们。或者，我们可能希望累积命令然后一次性批量执行所有命令。再或者，我们也许想要把其他对象作为命令的参数，比如图形化的用户界面菜单。诸如此类的需求表明，还需要有原则地管理功能。COMMAND（命令）设计模式提供了一种管理代表命令的抽象的易识别方式。

图 6-16 的类图展示了该模式的应用实例。Command 接口定义了 execute 方法和一些其他方法，用于指定客户端使用命令所需的功能。在该实例中，这包括一个附加

的 undo() 方法，但其他设计可能会将其忽略，或者拥有一些其他必需的功能（例如 getDescription()，它用于获取命令的描述）。

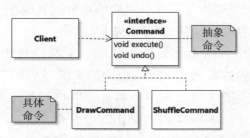

图 6-16　Command 设计模式的应用，图中注释表示元素的角色名称

Command 有一个简单的解决方案模板。该模板将命令定义为对象，并为命令提供一个含有执行命令方法的接口。该解决方案模板的另一个重要部分是客户端通过接口来引用命令。尽管这个解决方案模板很简单，但命令模式应用起来不一定容易，因为该模式的很多重要设计选择都依赖于实现。让我们在该场景下来看一些例子。

- **访问命令目标**：命令执行通常会修改一个或多个对象的状态，例如，从一副牌中抽取纸牌。设计必须指定该命令如何访问其操作的对象。通常，这是通过在命令对象中存储对目标的引用来完成的，但也可以用其他替代方案，包括将参数传递给 execute 方法或使用闭包（详见下文）。

- **数据流**：在命令模式的经典解决方案模板中，接口方法的返回类型为 **void**。因此，该设计必须包括用于返回产生输出的命令结果的规定，比如从一副牌中抽取纸牌。

- **命令执行正确性**：负责执行命令的代码必须确保执行顺序是正确的。例如，设计需要指明命令是否可以执行多次。契约设计的使用也产生了有趣的结果。如果命令有指定的先验条件，那么遵循先验条件的责任就转移到了执行指令的代码上。在我们的实例中，先验条件是不在空牌堆中调用 draw()。确保该先验条件成立的责任通常在于调用 Deck.draw() 的客户端代码上。在命令模式中，我们必须确保调用 Command.execute() 的代码可以保证在命令恰好是用于抽取纸牌时，能够遵守先验条件。

- **目标对象的封装**：在某些情况下，命令对象需要的操作可能在目标对象的公共界面中不可用。例如，为了撤销调用 Deck.draw() 带来的影响，必须将纸牌放回发牌堆。在我们的实例中，Deck 类没有提供 push（放回发牌堆）方法。设计必须包含该问题的解决方案。一种可能的方案是在命令操作对象的类中添加一个命令工厂方法。在我们的例子中，这意味着在 Deck 类中添加一个 createDrawCommand() 方法（详见下文）。

- **存储数据**：命令支持的某些操作需要存储一些数据，这些数据也需要被设计为该模式应用的一部分。例如，在需要撤销命令的设计场景中，执行一个命令带来的影响可能必须被缓存，以便撤销它。在我们的情况中，为了撤销纸牌抽取，必须记住抽取了哪张牌。该信息可以直接存储在命令对象中，也可以存储在命令对象可访问的外部结构中。

为了在设计空间中说明上述各个关注点，下面的代码展示了一个如何支持命令从牌堆中抽取纸牌的实例。该模式应用的关键思想在于使用工厂方法来创建命令，这些命令是一个匿名类的实例，而且可以访问其外部实例的域（详见 4.10 节）。在这个设计中，在 Deck 实例上操作的命令是直接从目标 Deck 实例上获取的。为了让实例简单，笔者对 Command 接口稍做修改，以便 execute() 返回 Optional<Card>，这让某些命令得以返回 Card 实例（如果需要的话）。该代码还假定命令仅执行一次，并按与执行顺序相反的顺序撤销。

```java
public class Deck
{
  private CardStack aCards = new CardStack();

  public createDrawCommand()
  {
    return new Command()
    {
      Card aDrawn = null;
      public Optional<Card> execute()
      {
        aDrawn = draw();
        return Optional.of(aDrawn);
      }

      public void undo()
      {
        aCards.push(aDrawn);
        aDrawn = null;
      }
    }
  }
}
```

有了这段代码，就可以如下创建一个新的"抽取"命令，执行命令，然后撤销：

```java
Deck deck = new Deck();
Command command = deck.createDrawCommand();
Card card = command.execute().get();
command.undo();
```

执行 command.execute() 时，匿名类中的代码将在存储在变量 deck 中的 Deck 实例上调用 draw()，因为匿名类保留了对其外部实例的引用。抽取的纸牌接着被储存在匿名类的成员变量中，之后 undo() 方法可以使用该域。undo 方法还通过外部实例的隐式引用来访问该 Deck 实例。由于该代码是在 Deck 类中定义的，因此可以引用私有成员 aCards。"代码探索"部分讨论了命令模式的另一个类似的应用实例。

拥有命令对象使我们在管理如何及何时在 Deck 实例上执行命令方面获得了更大的灵活性，而与 COMMAND 模式的特定应用方式无关。

6.9 迪米特法则

使用聚合机制设计软件时，通常会导致对象之间较长的代理链。例如，图 6-17 描述了单人纸牌游戏应用例子的纸牌堆的聚合。

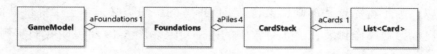

图 6-17　单人纸牌游戏中牌基的聚合结构

在该设计中，GameModel 对象拥有对 Foundations 实例的引用，以便管理 4 个同花色的纸牌堆。接下来，Foundations 的一个实例保存了对 4 个 CardStack 实例的引用，这些实例是专用包装的 List 对象，等等。

像这样的代理链的使用方式有多种。图 6-18 说明了这种聚合结构的一种假设使用方法——在一个纸牌堆中添加一张牌。

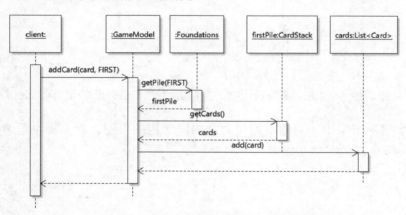

图 6-18　单人纸牌游戏设计的数据结构访问情况实例

在该设计中，GameModel 负责将一张纸牌加入纸牌堆中的所有细节，并且必须处理代理链中的每一个中间对象。例如，在这个设计中，GameModel 中 addCard 的实现将会如下所示。

```
aFoundations.getPile(FIRST).getCards().add(pCard);
```

这个设计违反了信息隐藏的原则，因为它要求 GameModel 类的代码掌握给系统添加纸牌所需的精确导航结构。尽管对于 CardStack 来说，返回其 List<Card> 是显而易见的，但完全相同的理由适用于 Foundations 返回其 CardStack 之一。然而，聚合链中的中间类的封装质量更容易被忽视。类似这样的设计往往不是最优的直觉被称为 MESSAGE CHAIN†（消息链）反模式。迪米特法则（Law of Demeter）是一种旨在帮助避免 MESSAGE CHAIN†后果的设计准则。该"法则"实际上指出了一种方法的代码只能访问：

- 其隐式参数的实例变量。
- 传递给该方法的参数。
- 在该方法内创建的任何新的对象。
- 全局可用的对象（如果需要）。

所以，为了遵循这条准则，聚合链/代理链的中间类必须在类中提供其他功能，以便客户端无须操作封装在这些对象中的内部对象。图 6-19 将说明我们实例中的解决方案。

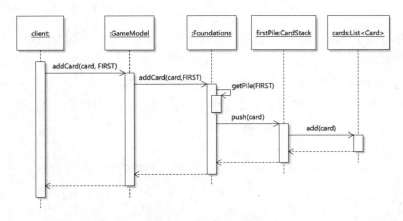

图 6-19　单人纸牌游戏设计中，遵循迪米特法则的数据结构访问实例

在这个解决方案中，对象不返回对其内部结构的引用，而是提供了客户端在代理链的每一步所需的完整功能。

小结

本章呈现了根据特定模式使用复合对象来解决设计问题的不同技巧。

- 通过引入其对象向初始类提供功能的类，来简化大型的类。
- 如果一个设计问题需要可以在运行时改变或复合的结构，请考虑通过复合对象来构建结构，而不是为每个可能的结构定义新的类。
- 当你需要把对象集当作单个（"叶"）对象来操作时，请使用 COMPOSITE。
- 当你需要给某些对象添加功能，而且可以像"常规"对象那样使用它们时，请使用 DECORATOR。
- COMPOSITE 与 DECORATOR 可以轻易地结合起来，尤其当它们共享同一个组件类型时。

- 运用熟悉的对象复合模式并不足以确保代码是正确的，通常来说，客户端代码仍负责确保模式的使用不会导致有缺陷的对象图。
- 在设计中，时序图可以帮助表达对象之间方法调用的重要安排。
- 运用多态复制（克隆）来对编译时具体类型未知的对象进行复制。如果编译时类型已知，最好用更简单的复制构造函数的方法。
- 使用 Java 的克隆机制时要小心，因为它包含了很多容易出错的步骤。
- 当对象实例的类型在编译时未知时，多态复制也可以用于创建这样的新实例，这种技术称为 PROTOTYPE 模式。
- 对于需要客户端代码显式管理函数对象的设计，例如在代码之间存储或共享它们，COMMAND 设计模式提供了一个易识别的解决方案模板。
- 应用 COMMAND 模式时，小心不要简单地允许命令对象对目标对象进行操作，从而破坏类的封装。
- 除非有明确的理由不这样做，否则请遵循迪米特法则。

代码探索

单人纸牌游戏中的命令

单人纸牌游戏应用实例依赖于 COMMAND 模式。Move 接口担任命令的角色。Move 的多个实现显示了各种命令的实现。CardMove 和 RevealTopMove 类是 GameModel 的私有内部类，因此，如 4.10 节所述，它们可以引用其外部实例的私有域和方法。表示从发牌堆中放弃一张牌的命令非常简单，因此该命令用一个匿名类初始化为域 aDiscardMove。另一种选择是用工厂方法创建弃牌动作的新实例。对笔者而言，两种选择在设计质量上几乎相同。由于成员变量 NULL_MOVE 不引用 GameModel 的状态，因此它被声明为静态的常量。空动作表示无法在游戏中进行某个动作的情况。这是 NULL OBJECT 的一种应用（详见 4.5 节）。CompositeMove 类实现了复合体在 COMPOSITE 模式中的作用。在这个游戏中，它被用于复合基本动作，例如从玩牌区—副牌列（即牌基）中取出一张纸牌并将其下方的纸牌翻转显示。最后，Move 的一种实现是用于测试的桩代码（详见 5.8 节）。

GameModel 中的代理

单人纸牌游戏项目的设计与图 6-1 中的图表一致。请注意 GameModel 类的有些方法是如何只将调用代理给它们的聚合对象。这些例子包含 getScore()、getSubStack(…)，getTableauPile 和 isVisibleInTableau(…)。

JetUML 中的克隆

在 JetUML 中，Line 类与 Point 类展示了简单的克隆实例。这个应用程序也对 Edge 类与 Node 类层次结构运用了克隆。但是，理解这些更复杂的克隆例子需要很好的掌握第 7 章的继承。

JetUML 中的命令

JetUML 提供了应用 COMMAND 模式的另一个实例。在 JetUML 中，Diagram-Operation 充当了命令的角色。但是，在该设计中，只有两种具体的命令模式：SimpleOperation 和 CompoundOperation。SimpleOperation 用于函数对象的包装，可以打包任何函数式程序设计的非复合命令。笔者将在第 9 章再次讨论这种设计风格。与此相对的是，CompoundOperation 是 COMPOSITE 模式中复合体的一种典型实现。

JetUML 中的原型对象

JetUML 工具栏的设计依赖于 PROTOTYPE 模式在图表中创建新的节点。DiagramTabToolBar 类聚合了许多 SelectableToolButton，它们又依次聚合了单击按钮时创建的 Node 实例。当用户在画布上按下鼠标按钮时，代码要求工具栏返回与该按钮关联的原型，并通过克隆它来创建新的节点。图 6-20 展示了这种互动的主要参与者。

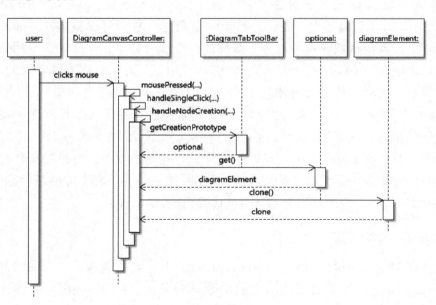

图 6-20　JetUML 中 PROTOTYPE 模式的应用

延伸阅读

"四人组"之书[6]有关于 COMPOSITE 模式、DECORATOR 模式、PROTOTYPE 模式与 COMMAND 模式的原始详细的论述。书中关于模式的描述包括使用模式的意义的补充讨论。例如，关于 COMPOSITE 模式的论述包括透明性（transparency）与安全性（safety）（在类型检测意义上）之间的权衡的扩展讨论，二者涉及是否在组件接口中声明子管理操作的决策。

在 Java 语言的机制方面，Object.clone() 的 API 文档提供了 Java 中克隆协议的附加细节。*Effective Java* [1] 一书中的第 13 项，名为"审慎地重写 clone"，提供了 8 页关于使用该机制的建议。可变数目参数（"varargs"）的信息可以在 Oracle 网站上关于 Java SE 5.0 增强版的列表上找到。

迪米特法则相关信息的"主页"可以在 http://www.ccs.neu.edu/home/lieber/LoD.html 上找到。

继　　承

本章包含以下内容。
- **概念与原则**：代码重用、可扩展性、里氏替换原则。
- **程序设计机制**：继承、子类型、向下类型转换、对象初始化、超级调用、重写、重载、抽象类、抽象方法、终极类、终极方法。
- **设计技巧**：基于继承的重用、类层次设计。
- **模式与反模式**：TEMPLATE METHOD（模板方法）。

继承是一种程序设计语言机制，允许依据多个相互关联的类中提供的定义来创建对象。这种强大的功能为许多有关代码重用和可扩展性的设计问题提供了自然的解决方案。同时，继承也是一种易被误用的复杂机制。本章对继承进行了回顾，并介绍与之相关的主要设计规则和设计模式。

设计场景

本章的实例讨论了两种层次设计：纸牌源和操作。纸牌源的层次结构遵循前面第6 章的实例，CardSource 接口的子类对象实例提供纸牌游戏中需要的纸牌实例。第二种设计场景是 Move 接口子类的层次设计，一同实现了在 6.8 节中一个 COMMAND（命令）设计模式的应用。

7.1　继承的实例

迄今为止，我们看到了许多可以利用多态来实现各种设计功能的情况。将客户端代码与所需功能的具体实现解耦合，多态有助于设计的扩展。图 7-1 的类图举例说明了这种优点，其中 GameModel 仅依赖于一个通用的 CardSource 功能，而 CardSource 的具体实现可以是至少以下三种选择之一：典型的 Deck 类型纸牌、记录每张已抽取纸牌的 MemorizingDeck、将已抽取的纸牌放到牌组底部的 CircularDeck。

由于原则上 GameModel 对任何纸牌源都有效，因此这种设计是可扩展的。如第3 章所述，Java 的多态本质上依赖于语言的子类机制。CardSource 能够支持不同实现的关键在于，该功能不同的具体实现实际都是 CardSource 接口类型的子类。

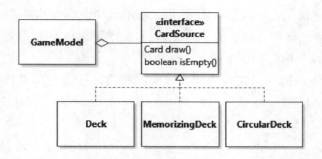

图 7-1　CardSource 功能的多态引用

尽管从多态的角度看，所阐明的设计清晰简洁，但从不同纸牌源的实现角度看，该设计有一个主要缺点。一旦开始实现图 7-1 中的类层次结构，这种缺点就会显而易见。问题是，CardSource 接口定义的功能是相似的，并可能以相似的方式实现⊖。图 7-2 是一个略有不同的类图变体，强调具体的 CardSource 实现而非多态。从图中可以更明显地看出，三种 CardSource 的实现都有一个对 CardStack 代理的引用。此外：

- 在所有情况下，isEmpty() 方法的实现仅是 aCards.isEmpty() 的代理。
- 在所有情况下，draw() 方法的实现都从 aCards 中弹出一张纸牌，三种实现的唯一区别在于 draw 的剩余实现部分的细微差异（如将抽出的纸牌重新插入 CircularDeck 的 CardStack 中）。

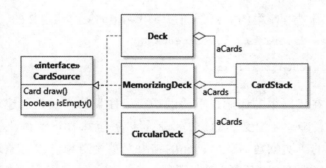

图 7-2　CardSource 功能的实现

因此，可以认为该设计包含 DUPLICATED CODE†（重复代码），也称为代码克隆（code clone）。关于重复代码有很多文献，但基本论点是最好避免这种现象。

诸如此处所示的冗余问题可以通过重组设计改善。继承（inheritance）是面向对象程序设计语言支持代码重用（从而避免 DUPLICATED CODE†）的一种非常有效的机制。由于继承允许使用其他类来定义某些类，因此可以直接支持代码重用与可扩展

⊖　假定这是标准的实现，而不是 DECORATOR 的一个应用。在 CircularDeck 的情况下使用 DECORATOR 是一种挑战，因为需要调用组件接口上未定义的功能（向纸牌源添加纸牌）。

性。继承的关键思想是在一个已有基类（base class）（也称为超类（superclass））上添加（或扩展）来定义新类（即子类（subclass））。继承可以避免重复声明类成员，因为创建子类实例时，基类会自动包含这些声明。

在类图中，继承由一条实线表示，该实线带有从子类指向基类的白色三角。图 7-3 说明了我们设计的一种变体，将 MemorizingDeck 和 CircularDeck 定义成 Deck 基类的子类。

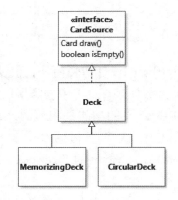

图 7-3   基于继承的 CardSource 设计

7.2   继承和子类

在 Java 中，子类 - 超类的关系是通过 **extends** 关键字定义的：

```java
public class MemorizingDeck extends Deck
{
    private CardStack aDrawnCards;
}
```

要了解继承在代码中的作用，重要的是要记住类的本质是创建对象的模板。将子类 MemorizingDeck 定义为超类 Deck 的扩展意味着当实例化子类对象时，将使用子类和超类的声明创建对象。创建的结果是单个对象。该对象运行时类型是在 **new** 语句中声明的类型。但正如接口实现一样，继承引入了子类型的关系。因此，一个对象总可以赋值给一个其超类（以及该超类实现的接口）的变量。

```java
Deck deck = new MemorizingDeck();
CardSource source = deck;
```

在上述代码中，一个运行时类型为 MemorizingDeck 的新对象被创建，并赋值给一个编译时类型为 Deck 的变量 deck。由于 MemorizingDeck 是 Deck 的子类，所以赋值是合法的。实例代码的第二行显示了不同但类型相关的变量和值之间的另一种关系。代码声明了一个 CardSource 类型的变量，并将 deck 值赋值给该变量。deck 的编译时类型为 Deck，该类型是 CardSource 的子类。因此，编译

器允许赋值。在运行时，deck 的具体类型实际上是 MemorizingDeck。然而由于
MemorizingDeck 同时是 Deck 和 CardSource 的子类型，因此也不会出现问题。

在本章中，编译时类型与运行时类型的差异尤为重要。在我们的例子中，当一
个 MemorizingDeck 实例赋值给 Deck 类型变量时，该实例并不会"变成"一个
简单的 Deck 或"丢失"任何子类声明的域。在 Java 中，一旦对象被创建，其运行
时类型将保持不变。以上代码实现的变量赋值都是为了改变持有该对象引用的变量
类型。一个对象的运行时类型是其实例化时最具体的类型。运行时类型在 **new** 语
句中进行声明，并由 getClass() 方法（参见 5.4 节）返回的对象表示。对象的运
行时类型在其生命周期内不会改变。相反，一个对象的编译时（或静态）类型是在
代码特定位置储存该对象引用的变量（variable）类型。在正确的程序中，对象的静
态类型可以与运行时类型相同，或者是运行时类型的任何超类类型。根据存储对象
的变量类型，对象的静态类型在代码的不同位置可能不同。考虑以下示例：

```
public static boolean isMemorizing(Deck pDeck)
{ return pDeck instanceof MemorizingDeck; }

public static void main(String[] args)
{
  Deck deck = new MemorizingDeck();
  MemorizingDeck memorizingDeck = (MemorizingDeck) deck;
  boolean isMemorizing1 = isMemorizing(deck); // true
  boolean isMemorizing2 = isMemorizing(memorizingDeck); // true
}
```

在 main 方法的第一行，创建了一个运行时类型为 MemorizingDeck 的对象，
并赋值给一个 Deck 类型的变量。如上所述，在代码执行期间，该对象的运行时类型
始终为 MemorizingDeck。但在第二行代码中，存储原始对象的变量的静态类型为
MemorizingDeck，且在 isMemorizingDeck 方法中，其静态类型为 Deck（形
参是一种变量，因此参数类型的作用类似于变量的类型）。由于对象的运行时类型不
会改变，因此 isMemorizing1 和 isMemorizing2 储存的值都是 **true**。

7.2.1 向下类型转换

为了使以上代码能够通过编译，有必要使用强制转换（cast）符（Memorizing-
Deck）。简而言之，必须使用强制转换符才能进行不安全的类型转换操作。基本类型之
间一个不安全转换的例子是将 **long** 值转为 **int** 值（可能会造成溢出）。类似地，由
于不能保证 Deck 在运行时一定引用 MemorizingDeck 的实例，因此有必要通过强
制转换符来标记这种不安全的转换，该过程称为向下类型转换（downcasting，或简
称向下转型）⊖。当使用继承时，子类通常会提供除基类功能外的其他功能。例如，
MemorizingDeck 类可能会包含获取抽取纸牌的列表这一功能的定义：

⊖ 该术语中隐含的方向是以下约定的结果，在类型层次结构中，层次结构的"顶部"通常认为是层次结构
的根。

```
public class MemorizingDeck extends Deck
{
  public Iterator<Card> getDrawnCards() { ... }
}
```

由于第 3 章中讨论的类型规则，因此只能调用适用于给定静态类型的方法。所以，如果将一个运行时类型为 MemorizingDeck 的对象引用赋值给 Deck 类型的变量，那么在试图访问子类的方法时将遇到编译错误：

```
Deck deck = new MemorizingDeck();
deck.getDrawnCards();
```

这样的处理很有道理。以上的代码是类型不安全的。由于 Deck 的任何子类实例的引用都可以存储在 Deck 类型的变量中，所以并不能保证在运行时，该变量的对象实际定义了 getDrawnCards() 方法。如果基于对代码的了解，"确定"对象永远是 MemorizingDeck 类型，则可将变量从超类型向下转型为子类型：

```
MemorizingDeck memorizingDeck = (MemorizingDeck) deck;
Iterator<Card> drawnCards = memorizingDeck.getDrawnCards();
```

向下转型也会带来一些风险，因为向下转型会假设变量引用对象的运行时类型与变量的类型相同（或者是变量的子类型）。某种程度上，以上代码有点类似于：

```
assert deck instanceof MemorizingDeck;
```

如果该假设是错误的，很有可能是由于程序员的失误，那么代码将无法执行，向下转型将会抛出 ClassCastException。因此，向下转型的代码通常会受到控制结构的保护，以确定对象的运行时类型，如：

```
if( deck instanceof MemorizingDeck )
{
  return ((MemorizingDeck)deck).getDrawnCards();
}
```

7.2.2 单根的类层次结构

Java 支持单继承（single inheritance），这意味着一个给定类只能声明继承（即扩展）单个类。这与如 C++ 等支持多继承（multiple inheritance）的语言不同。然而，由于一个类的超类也可以定义为继承另一个超类，因此一个类实际上可以有多个超类。事实上，Java 中的类可以组织成一个单根的类层次结构（single-rooted class hierarchy）。如果一个类未声明继承任何类，那么默认其扩展库 Object 类。因此，Object 类构成了 Java 代码中任意类层次的根。如图 7-4 所示，Deck 变体的完整类层次包含 Object。由于子类型的关系具有传递性⊖，因此 MemorizingDeck 类对象

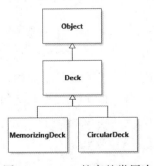

图 7-4　Deck 的完整类层次

⊖　在传递关系中，若 A 与 B 有关系且 B 与 C 有关系，则在同一关系中 A 与 C 有关系。

可以存储在 Object 等类型变量中。

7.3　继承域

通过继承，子类继承了超类的所有声明。继承域声明的结果与方法声明的结果不太相同，因此笔者分别进行讨论。

域声明定义了实例化对象存储的信息结构。当创建一个新对象时，该对象的域会包含 **new** 语句中命名的类中所有的域声明，以及超类中的域，包括传递性带来的域。给定以下的类层次：

```java
public class Deck implements CardSource
{
  private final CardStack aCards = new CardStack();
  ...
}

public class MemorizingDeck extends Deck
{
  private final CardStack aDrawnCards = new CardStack();
  ...
}
```

通过 **new** MemorizingDeck(); 语句创建的对象将包含两个域：aCards 以及 aDrawnCards。私有的域也一样被包含。可访问性是一个静态概念，意味着其仅与源代码相关。事实上，尽管 MemorizingDeck 类中的代码并不能访问（或者可见）其超类中定义的域，但这并不影响超类中的域仍被子类继承。为了使超类的域能够被子类访问，需要将访问修饰符由 **private** 修改为 **protected**，或者通过访问器获取域的值。声明为 **protected** 的类型成员只能在该类、相同包中的类、任何包中的子类的方法内访问。

域的继承产生了一个有趣的数据初始化问题。当对象可以通过默认值进行初始化时，这个过程非常简单。在我们的例子中，如果像上述语句一样，通过域初始化语句来以默认值赋值（即 = **new** CardStack();），并依赖于默认（即无参数）构造函数⊖，那么可以预料创建的一个 MemorizingDeck 类实例会包含两个 CardStack 类型的域，每个域都引用一个 CardStack 的空实例。

但是，对象的初始化通常也需要输入数据。举例来说，如果想通过客户端代码提供的一组纸牌来初始化一副纸牌，应该怎么做呢？例如：

```java
Card[] cards = {Cards.get(Rank.ACE, Suit.CLUBS),
                Card.get(Rank.ACE, Suit.SPACES)};
MemorizingDeck deck = new MemorizingDeck(cards);
```

⊖　在 Java 中，如果没有为类定义一个构造函数，那么系统会隐式地给客户端代码提供一个没有参数的默认构造函数。在类中声明任何非默认的构造函数后，系统便不再自动生成默认构造函数。

在这种情况下，重要的是要注意到对象中域初始化的顺序。Java 中的一般原则是，对象的域是"自上而下"初始化的，从最通用的超类中的域声明向下到最具体的类中的域声明（在 **new** 语句中命名的域）。在我们的例子中，先初始化 aCards，然后再初始化 aDrawnCards。由于任何构造函数的第一条指令都是依次调用其超类，因此很容易就能实现这个顺序⊖。因此，构造函数调用的顺序是"自下而上"。见图 7-5。

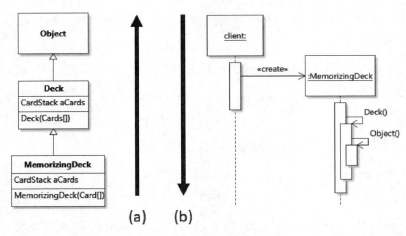

图 7-5　构造函数调用顺序 (a) 及对象创建顺序 (b)。对超类构造函数的调用是调用自身

在我们运行的实例中，声明：

```
public class MemorizingDeck extends Deck
{
  private final CardStack aDrawnCards = new CardStack();

  public MemorizingDeck(Card[] pCards)
  {
    /* Automatically calls super() */
    ...
  }
}
```

意味着在 MemorizingDeck 的构造函数代码运行之前，Deck 的默认构造函数已经被调用并且运行终止。也可以通过 **super**(...) 来显式调用超类的构造函数。但如果采取显式调用，则该调用必须为构造函数的第一条语句。尽管以上的例子说明了构造函数的调用链是如何形成的，但由于没有考虑输入纸牌，因此并没有完全实现我们的需求。然而，根据我们目前看到的初始化机制，将输入值"向上"传递以初始化超类中定义的域变得相对容易。在例子中，我们想要将输入的纸牌存储到超类 Deck 中定义的 aCards 域。可以按照如下的方式实现：

⊖　如果超类声明的构造函数不含参数，则此调用不需要为显式的。

```
public class Deck
{
  private final CardStack aCards = new CardStack();

  public Deck(){} // Relies on the field initialization

  public Deck(Card[] pCards)
  {
    for( Card card : pCards)
    { aCards.push(card); }
  }
}

public class MemorizingDeck extends Deck
{
  private final CardStack aDrawnCards = new CardStack();

  public MemorizingDeck(Card[] pCards)
  { super(pCards); }
}
```

在这里，MemorizingDeck 构造函数的唯一语句是对超类构造函数的显式（explicit）调用，将初始化的数据传入超类中。一旦 **super** 调用结束，该类的构造函数将继续执行，将 aDrawnCards 域初始化。

通过 **super(...)** 调用超类的构造函数与通过 **new** 语句调用的差别很大。在后一种情况下，会创建两个不同的对象。代码：

```
public MemorizingDeck(Card[] pCards)
{
  new Deck(pCards);
}
```

调用了 Deck 的默认构造函数，然后也创建了一个新的 Deck 实例，该实例与正在创建的实例不同，且会立即丢弃对该实例的引用，最终完成对象的初始化。这段代码并没有多少用途。

7.4　继承方法

继承方法与继承域不同，因为方法的声明并不存储表示对象状态的信息，因此也就不需要进行任何初始化。相反，方法继承的含义是围绕可应用性（applicability）的问题。默认情况下，超类的方法都适用于子类的实例。例如，如果在 Deck 类中定义一个 shuffle() 方法，那么可以在其子类 MemorizingDeck 的实例上调用此方法：

```
MemorizingDeck memorizingDeck = new MemorizingDeck();
memorizingDeck.shuffle();
```

这个"功能"并不特别，实际上仅是方法表示的内容以及类型系统规则的结果。

值得记住的一点是，一个实例（即非静态）方法只是一个函数的另一种表达方式，而函数的第一个参数就是该方法声明所在类的对象。例如，Deck 中的 shuffle() 方法：

```
public class Deck implements CardSource
{
  private CardStack aCards = new CardStack();

  public void shuffle()
  {
    // The 'this' keyword is optional in this case. It is used
    // here to contrast with the alternative below.
    this.aCards.clear();
    this.initialize();
  }

  private void initialize()
  { /* Adds all 52 cards to aCard in random order */ }
}
```

与以下静态方法大致相同：

```
public class Deck implements CardSource
{
  private CardStack aCards = new CardStack();

  public static void shuffle(Deck pThis)
  {
    pThis.aCards.clear();
    pThis.initialize();
  }

  private void initialize()
  { /* Adds all 52 cards to aCard in random order */ }
}
```

在第一种情况下，在调用前指定目标对象来调用函数 memorizingDeck.shuffle()。在这种情况下，我们将 memorizingDeck 参数称为隐式参数（implicit parameter）。在方法中可以通过关键字 **this** 访问该参数的引用[⊖]。在第二种情况下，将目标对象声明为显式参数来调用函数，因此参数放在调用之后：shuffle(memorizingDeck)。在这种情况下，为了消除歧义，通常有必要声明定义该方法的类的类型，即 Deck.shuffle(memorizingDeck)。该实例说明的是，由于子类的实例可以赋值给任何超类类型的变量，因此超类的方法自动适用于子类的实例。在我们的实例中，由于将 MemorizingDeck 的引用赋值给 Deck 类型的参数是合法的，因此 shuffle() 方法可应用于 Deck 任意子类的实例。

在某些情况下，从超类继承的方法并不能完全满足我们的要求。在我们的实例中，draw() 方法就是一个例子，它在 Deck 基类中从纸牌中抽取一张牌：

⊖　在类定义中，引用该类成员时关键字 **this** 是可选的，因为编译器可以推断出来。

```
public class Deck implements CardSource
{
  private CardStack aCards = new CardStack();

  public Card draw()
  { return aCards.pop(); }
}
```

在 MemorizingDeck 实例上调用继承得到的 Deck 类的 draw() 方法并不能满足我们的需求，因为该方法不会记住任何内容。在这种情况下，需要重定义（redefine），或者重写（override）继承的方法行为，即在子类中提供仅适用于子类实例的实现。对 draw() 方法，我们需要：

```
public class MemorizingDeck extends Deck
{
  private CardStack aDrawnCards = new CardStack();

  public Card draw()
  {
    Card card = aCards.pop();
    aDrawCards.push(card);
    return card;
  }
}
```

遗憾的是，该代码不能通过编译，因为 MemorizingDeck 中 draw() 方法的代码引用了 Deck 类的私有域 aCards。由于私有域只能在声明该域的类中访问，而对包括子类在内的其他类都不可见。一种可能的解决方法是将 Deck.aCards 定义为 **protected**。这是 **protected** 域的典型用法：在重写方法时，允许子类操作超类的某些结构。遗憾的是，将 aCards 从 **private** 修改为 **protected** 以增加可见性会对封装产生相应的负面影响，因为现在可以从多个不同的类而不是一个类中引用该域，从而使引用的对象发生改变。为了规避这种问题，可以采取其他替代方法，包括超级调用（super call）的使用，在下文稍做介绍。

重写继承的方法对面向对象的应用程序设计具有重要的影响，因为目标对象的方法调用有多个适用的方法实现。例如，在下面的代码中：

```
Card card = new MemorizingDeck().draw();
```

Deck.draw() 与 MemorizingDeck.draw() 均可适用，因此也都是合法的使用。应该使用哪一种方法？为了使程序正常运行，程序设计环境（Java 虚拟机）必须遵循一致的方法选择算法（method selection algorithm）。

对于重写的方法，该选择算法相对直观：当有多种可适用的实现时，运行时环境会根据隐式参数的运行时类型（run-time type of the implicit parameter）选择最具体的方法（most specific one）。此外，对象的运行时类型是实例化时的"实际"类，即关键字 **new** 之后紧跟的类名，或者调用 Object.getClass() 时返回对象表示的类的类型。由于重写方法的选择依赖于运行时信息，所以选择过程也通常称为动态调度（dynamic dispatch）或动态绑定（dynamic binding）。重要的是要记住，动态调度将忽视变量的类型信息。因此，在下例中：

```
Deck deck = new MemorizingDeck();
Card card = deck.draw();
```

即使目标对象的静态（编译时）类型是 Deck，也将选择 MemorizingDeck.draw() 方法。

在某些情况下，有必要避开动态绑定机制并链接到一个具体且静态可预测的方法实现上。但在 Java 中，实例方法只能通过引用直接被重写的方法实现来达到该目的。通常动态绑定的这种例外是为了支持一种常见的情况，即重写的方法是为了提供除了继承方法之外的行为。为了说明这种情况，让我们回到重写 MemorizingDeck 类中 draw() 方法的问题。这一次，不需要将 Deck.aCards 声明为 **protected** 类型。

实现此目的的关键是，为了实现从 aCards 中抽取一张纸牌，我们也可以调用 Deck 自身的 draw() 方法。因此所需代码与如下所示类似：

```
public class MemorizingDeck extends Deck
{
  private CardStack aDrawnCards = new CardStack();

  public Card draw()
  {
    Card card = draw(); // Problematic
    aDrawCards.push(card);
    return card;
  }
}
```

在此，基本的目的是，通过在 MemorizingDeck.draw() 中调用 draw() 方法，我们可以执行 Deck 中的 draw() 的代码，从而实现从 aCards 中抽取一张纸牌。不幸的是，由于上面所述的动态绑定机制，以上代码并不能这样工作。由于 MemorizingDeck.draw() 中调用的 draw() 方法会分派到同一个对象，所以将无穷尽地选择同一种方法实现。结果会导致栈溢出（stack overflow）错误，因为该方法在没有终止条件的情况下递归调用自身。

在此，我们真正想要实现的是在 MemorizingDeck.draw() 内专门调用 Deck.draw()。换句话说，我们想将 draw() 方法调用静态绑定到 Deck.draw() 中的实现。在 Java 中，为了从子类中引用超类中方法的具体实现，需要使用关键字 **super**，其后跟方法调用。

```
public class MemorizingDeck extends Deck
{
  public Card draw()
  {
    Card card = super.draw();
    aDrawCards.push(card);
```

```
        return card;
    }
}
```

该机制在非正式的情况下称为超级调用。其作用是将方法调用与自下而上查找类层次结构找到的第一个方法实现进行静态绑定。实现并不需要位于直接超类中，但必须通过这种绑定方式至少能够选择一个继承方法。

注解重写方法

为了使一种方法能够有效重写另一种方法，它必须具有与重写方法相同的函数签名⊖。对方法签名进行匹配的要求会导致具有某种神秘的错误。

例如，假设想要重写 Deck 中的 equals 和 hashCode 方法，如 4.7 节所述，我们进行如下操作：

```
public class Deck implements CardSource
{
    public boolean equals(Object) { ... }
    public int hashcode() { ... }
}
```

有了这些定义，假如我们正确重写 hashCode() 以确保相等的 Deck 实例具有相同的散列码，那么我们可以期望 Deck 实例可以毫无问题地存储在诸如 HashSet 的集合中。事实并非如此！实际上，在 Deck 中定义的方法名称是 hashcode() 而非 hashCode()。尽管我们期望重写的是 Object.hashCode() 方法，但这个难以观察到的一个字母的差异意味着该方法实际上并没有被重写。除非我们注意到了名称的差别，否则可能难以解释导致该问题的错误。

为了避免这样的情况（即期望重写某种方法但实际并没有实现时），可以使用 Java 的 @Override 注解（有关注解类型的说明，参见 5.4 节）。此注解的目的是允许程序员正式声明其重写方法的意图。编译器可以按照实际情况检查此意图，且当不匹配时进行警告。事实上，这意味着如果一个使用 @Override 注解的方法实际并未重写任何内容，将会引发编译错误。使用 @Override 的情况非常有说服力，笔者系统地使用这些注解⊖。

7.5　重载方法

正如上文所见，重写方法允许程序员定义同种方法的不同版本，以便根据隐式参数的运行类型选择最合适的方法。Java 与其他程序设计语言都支持为"同一

⊖　从技术上讲，正如"Java Language Specification"8.4.2 节中定义的一样，它也可以具有子签名（subsignature）。然而这种微妙之处并不在本书的范围内。因此，为简单起见，我们可以认为在方法名、参数类型，以及声明的异常方面必须精确匹配。

⊖　但为了简洁起见，章节中的代码实例并没有包含重写的注解。

种"方法声明不同实现的另一种机制，基于显式参数的类型选择方法。该机制称为重载（overloading）。可以在诸如 java.lang.Math 的数学库中找到重载的经典实例，数学库会为诸如 **int** 和 **double** 的不同原始类型的参数提供基本函数，如 abs（绝对值）等。重载的另一个典型应用是构造函数。例如，7.3 节讨论了 MemorizingDeck 提供两个构造函数的情况，一个不接收参数，一个以 Card 实例的数组为参数。

关于重载主要的是要记住，一个具体的重载方法或构造函数的选择是基于显式参数的个数以及静态类型的。选择的过程是找到所有适用的方法并选择最具体的方法。考虑以下版本的 MemorizingDeck，重载了三个版本的构造函数：

```java
public class MemorizingDeck extends Deck
{
  private CardStack aDrawnCards = new CardStack();

  public MemorizingDeck()
  { /* Version 1: Does nothing besides the initialization */ }

  public MemorizingDeck(CardSource pSource)
  { /* Version 2: Copies all cards of pSource into
     * this object */ }

  public MemorizingDeck(MemorizingDeck pSource)
  { /* Version 3: Copies all cards and drawn cards of pSource
     * into this object */ }
}
```

如果调用 MemorizingDeck 的一个构造函数，那么这三个版本的构造函数都能够完成任务。在某些情况下，可以轻松地推断出选择哪一个版本。例如，如果调用构造函数且不提供参数，显然选择第一个版本。但如果重载版本中的参数类型在一个类层次结构中彼此相关，事情可能会变得很棘手。以下代码说明了这种情况：

```java
MemorizingDeck memorizingDeck = new MemorizingDeck();
Deck deck = memorizingDeck;

Deck newDeck1 = new MemorizingDeck(memorizingDeck);
Deck newDeck2 = new MemorizingDeck(deck);
```

在这里，MemorizingDeck 的构造函数调用了三次。在第一次调用时，显然选择的是默认构造函数（不含参数）。在第二次调用时，使用的构造函数是第三个版本。在此实例中可能很直观，因为 MemorizingDeck 既是参数对象的运行时类型，也是持有对其引用的变量的静态类型。然而，对 newDeck2 而言，使用的是构造函数的第二个版本，这看上去令人惊讶。因为在这种情况下，传递给构造函数的参数的静态类型是 Deck。由于 Deck 是 CardSource 的子类型但不是 MemorizingDeck 的子类型，所以唯一适用的重载是第二个版本。如果将 deck 的类型从 Deck 改为 MemorizingDeck，将会选择第三个版本。注意，变量 newDeck1 和 newDeck2 的类型在重载方法和构造函数的选择算法中不起任何作用。

尽管重载提供了组织变化不大的通用计算的一种简便方法，但使用该机制时容易造成代码难以理解。如上所述，当重载方法和构造函数的参数类型在类层次结构中彼此相关时，尤其如此。因此，除非是广泛使用的习惯用法（如构造函数重载或支持不同原始类型的库方法），笔者建议避免使用重载。在许多设计中，可以在不使用重载的前提下实现相同的设计属性（即使用不同的名称命名不同参数类型的方法）。

7.6　继承与复合

对于某些对象是另一些对象的扩展"版本"的情况，继承提供了一种替代复合的设计方法。为了探究这两者之间的差异，让我们考虑分别采用复合与替代的继承来实现 MemorizingDeck 的需求。

通过复合，可以定义一个实现了 CardSource 的 MemorizingDeck 类，但聚合（aggregate）了一个简单的纸牌组。MemorizingDeck 的方法调用会将其调用代理（delegate）给 Deck 对象上的方法。

```java
public class MemorizingDeck implements CardSource
{
  private final CardStack aDrawCards = new CardStack();
  private final Deck aDeck = new Deck();

  public boolean isEmpty()
  { return aDeck.isEmpty(); }

  public void shuffle()
  {
    aDeck.shuffle();
    aDrawnCards.clear();
  }

  public Card draw()
  {
    Card card = aDeck.draw();
    aDrawnCard.push(card);
    return card;
  }
}
```

相比之下，使用继承时，纸牌组中的纸牌并不是存储在一个单独的牌组中，而是通过超类继承（inherit）的域进行引用。就方法而言，shuffle()、isEmpty()以及 draw()方法也都是通过超类继承得到，因此不需要像复合那样重新定义这些方法以实现调用的代理。在我们的例子中，只需要重写 shuffle()以及 draw()方法就能实现记忆的功能。isEmpty()方法可以直接继承，并且能执行我们想要的操作。在重写方法的代码中，对另一个对象的代理替换为在相同对象上执行的超级调用。

```
public class MemorizingDeck extends Deck
{
  private final CardStack aDrawCards = new CardStack();

  public void shuffle()
  {
    super.shuffle();
    aDrawnCards.clear();
  }

  public Card draw()
  {
    Card card = super.draw();
    aDrawnCard.push(card);
    return card;
  }
}
```

两种方法的主要区别在于涉及的 Deck 对象的数目（见图 7-6）。基于复合的解决方案需要将两个对象的工作进行结合：一个基本的 Deck 对象以及一个"包装"（或"装饰"）对象 MemorizingDeck。因此，正如 6.4 节所述，提供完整 Memorizing 功能集的对象身份与提供牌组中基本的纸牌处理功能的对象身份不同。相反，使用 MemorizingDeck 子类创建了一个包含所有所需域的单个对象。

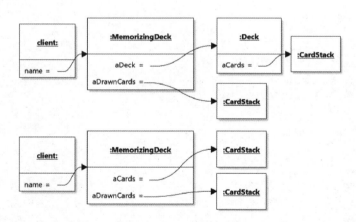

图 7-6 MemorizingDeck 的两种实现：基于复合（上图）以及基于继承（下图）

在大多数情况下，可以使用继承或复合来实现一个设计方案。选择哪一种方法最终取决于设计场景。基于复合的重用通常会提高运行时灵活性。因此在需要许多可能配置或运行时可能修改配置的设计场景中应该首选这种方法。同时，对于一个封装良好的对象的内部状态的细节访问，基于复合的方案提供的选项更少。相反，基于继承的重用方案在需要大量编译时配置的设计场景中往往更占优势，因为可以很容易设计类层次结构以便对子类提供类内部结构的特权访问（相比聚合和其他客户类而言）。

7.7　抽象类

在许多情况下，将公共的类成员放到一个单独的超类中会导致类声明难以实例化。作为本节和后续章节的运行实例，我们继续深化 6.8 节中引入的命令对象的概念。假设我们决定在纸牌游戏的应用中采用 COMMAND 模式，并且使用以下的命令接口定义：

```
public interface Move
{
  void perform();
  void undo();
}
```

该接口的解释是自明的。一个"操作"表示游戏中一个可能的行为。在 Move 的任何子类上调用 perform() 函数执行该操作，且调用 undo() 撤销该操作。图 7-7 中的类图展示了 COMMAND 模式的一个假设应用。遵循传统的命名习惯，实现接口的类名用接口名称作为后缀（如 DiscardMove 表示从纸牌组中丢弃一张纸牌的操作）。

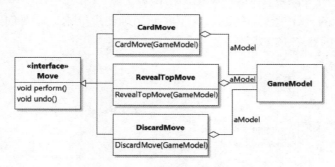

图 7-7　抽象和具体的命令

一眼就可以看出该图中的冗余：每一个具体的命令类都储存了一个 GameModel 实例的聚合，执行相关指令时，perform() 与 undo() 的实现依赖于该实例。从源代码来看，它们非常相似：一个类型为 GameModel 的域（图 7-7 中为 aModel）。正如 7.1 节所指出的，使用继承的一个很重要的动机就是避免 CODE DUPLICATION†，因此应该将 aModel 域"提升"到一个公共的超类中。但 7.1 节中 Deck 类实例与此处讨论的命令实例间存在很大的差异。对于一个 Deck 基类和许多特化的子类，实例化基类是有道理的。如果我们想要一个没有多余信息的 Deck 实例，执行 **new** Deck() 就能实现。在命令模式的情况下，基类该是什么？如图 7-8 的类图所示，一种选择是随机选取一个具体的命令并把它当作基类。

尽管这种方法可行，但其并不是一个良好的设计。继承的一个重要原则是，一个子类应该是基类的一个"自然的"子类型，也就是它扩展了基类的行为。在我们的情况下，DiscardMove 实际上并不是 CardMove 的一个特殊的版本，而是两个不同的操作。首先，CardMove 可以定义对子类用户没有意义的非接口方法（如在操作纸牌时通过

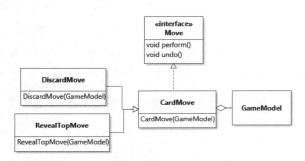

图 7-8　滥用继承：基类的成员完全被重定义，而没有特化

getDestination () 获取目的位置)。其次，这种设计理念是有风险的，因为 DiscardMove 和 RevealTopMove 自动继承了 CardMove 类中的 perform () 和 undo () 方法，而这些方法需要完全重写才能实现所需的实际操作。如果忘记了实现其中一个方法（例如 undo ()），那么调用 perform () 会执行一个操作，但调用 undo () 会撤销另一个操作！这种类型的错误可能很难发现。在 7.10 节中，我们会重新讨论滥用继承的设计理念的问题。为了在此正确使用继承，需要创建一个全新的基类，并且让所有的命令都继承该基类，如图 7-9 所示。

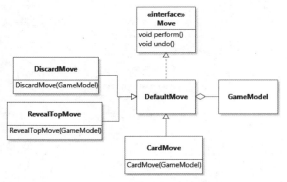

图 7-9　附加基类后的继承

现在，我们避免了子类把超类改变成完全不同的类的问题。但同时又面临着新的问题：DefaultMove 到底是什么？ perform () 与 undo () 的实现实际上做什么？对此，即使使用某种默认行为似乎也是有问题的，因为这会使我们又回到原来的想法，即使用概念上不是任何类的基类作基类。解决这个问题的一个关键发现是，新的基类代表了一个纯粹的抽象概念，需要进行细化以实现具体性。程序设计语言的抽象类（abstract class）功能直接支持这种设计场景。从技术上讲，一个抽象类表示一组正确但不完整的类成员声明集。

在 Java 中，可以在类的声明中用关键字 **abstract** 来声明一个类为抽象类。在抽象类的标识符前加上 Abstract 的前缀也是常见的做法。因此在我们的设计中，`DefaultMove` 应该被称为 `AbstractMove`，其定义如下：

```java
public abstract AbstractMove implements Move
{
  private final GameModel aModel;

  protected AbstractMove(GameModel pModel)
  { aModel = pModel; }

  ...
}
```

定义一个类为抽象类有三个主要后果：

- 该类无法实例化，并会由编译器检查。这是一个好的结果，因为抽象类应该表示抽象的概念，进行实例化并没有意义。除了抽象命令之外，另一个典型的例子就是图形编辑器中的 `AbstractFigure`。与具体的图形（如矩形、椭圆）不同，一个抽象的图形没有几何表示，因此在大多数设计中，类似这样的类最终可能会成为抽象类。

- 对于该类声明要实现的接口中的所有方法，不再需要提供实现。接口契约的放宽是类型安全的，因为该类不能被实例化。但任何具体（即非抽象）的类需要提供所有必需方法的实现。在我们的情况下，这意味着，即使 `AbstractMove` 声明实现 `Move`，也不必在抽象类中提供 `perform()` 和 `undo()` 的实现。但假定 `AbstractMove` 的非抽象子类需要提供缺失的实现。

- 该类可以使用相同的 **abstract** 关键字定义抽象方法，此时需将 **abstract** 置于方法签名前。实际上，这意味着向抽象类的接口中增加方法，从而强制子类实现这些方法。这种用法的使用情况有点专业化，我们将在 7.9 节详细介绍。但就目前而言，我们只能说在大多数设计中，抽象方法通常在类层次中被调用——通过基类的方法或子类的方法，或兼而有之。

需要注意，由于抽象类无法实例化，其构造函数只能在子类的构造函数中调用。因此将抽象类的构造函数声明为 **protected** 是有道理的。在我们运行的实例中，`AbstractMove` 的构造函数会由子类的构造函数调用，以便将所需的 `GameModel` 实例引用"向上"传递给基类：

```java
public class CardMove extends AbstractMove
{
  public CardMove(GameModel pModel)
  {
    super(pModel);
  }
}
```

7.8　重温 DECORATOR 设计模式

在 6.4 节中，我们看到了如何使用 DECORATOR 模式给运行时对象增加功能元素，或者"装饰"。DECORATOR 的关键思想是使用包装类与复合来定义这些装饰，而不是使用子类。图 7-10 复制了图 6-8，它展示了 CardSource 设计背景下装饰模式应用实例的类图。

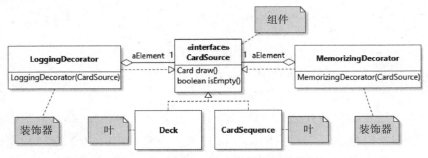

图 7-10   DECORATOR 样例应用的类图

当设计涉及多种装饰器类型时，如本例所示，每个装饰器类都需要聚合一个要装饰的对象。由此就会引入冗余，这是继承试图避免的。因此，可以通过继承将 aElement 域"提升"到一个抽象的装饰器基类中，并定义只需要处理具体装饰的具体装饰器子类。如图 7-11 所示，这种方案很好地阐明了将复合（参见第 6 章）的思想与继承相结合的设计。特别地，一个装饰器对象是一个能够继承 aField 域的子类型，然后将其用于聚合要装饰的 CardSource 实例。

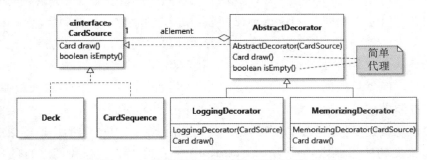

图 7-11   使用继承的装饰器应用实例的类图

按照这种设计，AbstractDecorator 包含了对装饰对象的默认代理：

```java
public class AbstractDecorator implements CardSource
{
    private final CardSource aElement;

    protected AbstractDecorator(CardSource pElement)
    { aElement = pElement; }

    public Card draw() { return aElement.draw(); }

    public boolean isEmpty() { return aElement.isEmpty(); }
}
```

值得注意的是，aElement 域是私有的。这意味着具体的装饰器类无法访问它。这种级别的封装是可行的，因为通常在 DECORATOR 中，装饰元素只能通过组件接口的方法进行访问。在这种情况下，子类可以通过从 AbstractDecorator 中继承的接口方法的实现与装饰对象进行交互。例如，以下是 LoggingDecorator 的基本实现，它将抽取出的纸牌的描述输出到控制台。

```java
public class LoggingDecorator extends AbstractDecorator
{
  public LoggingDecorator(CardSource pElement)
  { super(pElement); }

  public Card draw()
  {
  Card card = super.draw();
  System.out.println(card);
  return card;
  }
}
```

LoggingDecorator 并不提供 isEmpty() 的实现，因为其继承的方法将调用代理给 aElement，实现了所需功能。对于 draw 方法则进行了重定义，先利用继承的方法执行基本的抽取操作和打印纸牌，然后将纸牌返回以完成所需行为。

7.9　TEMPLATE METHOD 设计模式

使用继承的一种潜在情况是，某个公用的算法适用于某种特定基类型的对象，但是该算法的一部分会根据子类的不同而变化。为了说明这种情况，让我们回到单人纸牌游戏应用中创建和管理操作的设计场景，如 7.7 节所述及图 7-9 所示（DefaultMove 改名为 AbstractMove）。在这种情况下，也假定 aModel 的访问修饰符为 **protected**。

假设在任何类型的操作上调用 perform() 方法都应完成三个步骤：1）将操作添加到一个撤销栈中，该栈可能位于 GameModel 中⊖；2）执行实际操作；3）通过记录执行情况的描述把操作写入日志。该算法可以通过以下代码进行描述，该代码可以放置在 AbstractMove 的任何具体子类中：

```java
public void perform()
{
  aModel.pushMove(this);
  /* Actually perform the move */
  log();
}
```

在此代码中，perform() 方法中的第一条语句将当前的操作对象添加到位于游戏模

⊖　从关注点分离的角度看，这不一定是最好的设计想法，但为了简单起见，笔者使用了此实例。代码探索部分说明了对于累积命令的一个更好的方案。

型中的命令栈中。块注释不对应操作的实际实现，且会根据不同的操作而变化。最后一条语句将该操作写入日志，如将该命令类的名称输出到控制台。假设 undo() 也采取了同样的方法，不同的是，操作对象出栈而不是入栈。由于部分代码是通用的，因此可将代码"向上提升"到 AbstractMove 超类中而获益，主要原因有两点：

- 以便所有具体的 Move 子类都能使用该代码，从而避免 DUPLICATED CODE†。
- 对于不一致地重新实现共有行为而导致的错误，这样的设计具有健壮性。具体来说，我们想要避免一个开发人员后续声明了一个新的 Move 子类，但所提供的 perform() 方法并不包含步骤 1 和步骤 3 的可能性。

由于 perform() 的实现需要子类提供信息才能执行操作，所以无法在超类中完全实现该方法⊖。解决此问题的方法是将所有通用的代码放到超类中，并且定义一些"挂钩"来允许子类在需要时提供特别的功能。这种想法称为 TEMPLATE METHOD（模板方法）设计模式。该名称反映了以下事实，超类中的公用方法是一个"模板"，不同的子类"实例化"方式不同。"步骤"在超类中定义为非私有⊖方法。以下代码进一步说明了 TEMPLATE METHOD 模板解：

```java
public abstract class AbstractMove implements Move
{
  protected final GameModel aModel;

  protected AbstractMove(GameModel pModel)
  { aModel = pModel; }

  public final void perform()
  {
    aModel.pushMove(this);
    execute();
    log();
  }
  protected abstract void execute();

  private void log()
  { System.out.println(getClass().getName()); }
}
```

在此代码实例中，perform() 方法实现引入了两个有关继承的新概念：终极（final）方法（以及终极类）和类中的抽象方法声明（abstract method declaration）。

7.9.1 终极方法与终极类

在 Java 中，将方法声明为 **final** 意味着该方法不能再被子类重写。将一个方法

⊖ 尽管从技术上讲，可以在 perform() 中使用 SWITCH STATEMENT†通过 **instanceof** 或 getClass() 检查对象的具体类型，并为所有的命令都执行适当的代码，但这会在基类与其子类间引入循环依赖，并完全破坏多态带来的好处。这种不良的设计理念占了极大的比例。

⊖ 根据设计场景，"步骤方法"可以具有默认、公有或保护的可见性。但是，该方法不能是私有的，因为私有方法无法进行重写。这种约束是有道理的，因为从技术上讲私有方法在类外是不可见的，且重写需要跨类的方法签名匹配。

声明为 **final**（终极）的主要目的是阐明我们作为设计者的设计意图——该方法不应被重写。防止重写的一个重要原因是为了确保能够遵守某种给定的约束。终极方法正是 TEMPLATE METHOD 所需的，因为我们想要确保所有子类都遵守了模板。通过将 perform() 方法声明为 **final**，子类无法通过省略调用 pushMove 或者 log() 的实现来对该方法进行重写。

对方法使用 **final** 关键字的效果不同于对域或局部变量使用该关键字的效果（参见 4.6 节）。对域使用 **final** 限制了如何对变量进行赋值，并不涉及继承、动态调度或重写。

final 关键字也可用于类。在这种情况下，其行为与对方法的含义一致：声明为 **final** 的类不能被继承。继承实际上通过允许其他类进行扩展增加了类的接口。如图 7-8 所示，继承是一种极易被滥用的强大的机制，将在 7.10 节深入讨论这一点。继承应该遵循的一个良好的原则是 "为继承而设计否则就禁止继承"（见参考文献 [1] 的第 19 条）。换句话说，继承应该用来支持特定的扩展场景，或者根本就不使用继承。因为默认情况下，类是可以继承的，所以需要禁止使用继承时，必须显式禁用该机制。通常情况下，将类声明为不允许继承可以增强设计的健壮性，因为这样可以避免继承引起的难以预料的后果。在我们目前的例子中，可以将 AbstractMove 的直接子类声明为 **final**，以便使代码的其他读者清楚地知道，不应在具体操作子类之上继承来扩展类的层次。

尽管性能不是本书的主要内容，但仍值得注意的是，将类和方法声明为 final 对于程序的执行速度也能起到积极的作用，因为 final 类不需要进行动态调度，这意味着代码可以优化，从而使运行速度更快。

7.9.2　抽象方法

在 AbstractMove 中的 perform() 模板方法的实现中，第二个步骤是执行实际的操作。在 AbstractMove 类中，这一步是没有意义的，因为一个抽象的操作并不表示任何能够执行的具体操作。因此，我们需要省略操作的实际执行过程。但是，也不能完全忽略这一步骤，因为该步骤作为模板的一部分，确实需要声明执行了某个操作，并且操作的执行具体处于其添加到操作栈之后，写入日志之前。因此在我们的设计中，需要通过方法调用来声明必须执行这个计算。但由于 Java 中所有被调用的方法都需要进行声明，因此必须增加一个新的方法声明。在此实例中，我们称之为 execute()，因为命名不能与模板方法相同（这样会导致递归调用）。由于不需要实现 execute()，因此可以将实现推迟到子类中完成。由于 AbstractMove 声明为 abstract（这样做是允许的），因此如果类的接口没有完全实现也没有问题。尽管有时将抽象方法声明为公有也是有道理的，但在此我们将 execute() 声明为 protected，因为实际需要访问该方法的类仅有 AbstractMove 的子类，这些类必须实现该方法。

7.9.3 模式总结

以上 AbstractMove 类的声明说明了 TEMPLATE METHOD 方案的关键思想。关于模式的使用，重要的是要记住以下几点：

- 在抽象超类中公用算法的方法是模板方法（template method），模板方法会调用具体的和抽象的步骤方法（step method）。
- 若在给定场景下，确定模板方法嵌入的算法是固定的，那么将模板方法声明为 **final** 是一个好主意，这样就不能在子类中进行重写（从而被改变）。
- 重要的是，为了使设计有效，抽象的步骤方法的函数签名应该与模板方法不同。否则，模板方法会递归调用自身，很可能导致栈溢出。遵循 7.5 节中避免不必要的重载的建议，笔者建议在所有情况下都使用不同的函数名。
- 抽象的步骤方法最可能的访问修饰符是 **protected**，因为通常情况下客户端代码没有任何理由调用设计为一个完整算法内部的单独步骤。客户端代码通常调用模板方法。
- 子类需要自定义的步骤并不一定是抽象的。在某些情况下，在超类中实现一个合理的默认行为也是有意义的。在这种情况下，可能不必将超类声明为抽象类型。在我们的实例中，log() 有默认的实现，可以被子类重写。在一个不同的场景下，该方法可能更适合声明为抽象的。

初次学习使用继承时，超类和子类代码之间的调用协议可能令人困惑，因为尽管调用分散在多个类之中，但方法调用实际上分配到了相同的目标对象。图 7-12 中的调用序列图说明了对 DiscardMove 实例 perform() 方法的调用。可以看出，尽管该方法是在子类中实现，但是对抽象步骤方法的调用是自我调用。

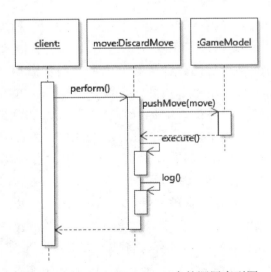

图 7-12 TEMPLATE METHOD 中的调用序列图

7.10　正确使用继承

继承既是一种代码重用机制，也是一种可扩展性机制。这意味着，一个子类继承了其超类声明的同时，也成为超类（及其超类的超类，等等）的一个子类型。为了避免大的设计缺陷，继承应该只用于扩展超类的行为。因此，使用继承来限制超类的行为，或者在子类不是超类合适的子类型时使用继承，都是糟糕的设计。

7.10.1　限制基类客户端的行为

以纸牌为例来说明限制超类行为的这种设计思想，让我们假设在某些设计场景下，需要实现一组牌，而且永远不会进行洗牌。假设一个类（Deck）定义了初始化一组牌所需的所有信息，那么仅仅通过对 Deck 子类化来"停用"洗牌并不容易：

```
public class UnshufflableDeck extends Deck
{
  public void shuffle() {/* Do nothing */}
}
```

或者，

```
public class UnshufflableDeck extends Deck
{
  public void shuffle()
  { throw new OperationNotSupportedException(); }
}
```

实际上，这两种版本都是糟糕的设计决策，因为它们与多态的使用直接冲突，使用多态应该支持在一个对象上调用操作，而与该对象的具体类型无关。考虑以下假想的调用场景：

```
private Optional<Card> shuffleAndDraw(Deck pDeck)
{
  pDeck.shuffle();
  if( !pDeck.isEmpty() )
  { return Optional.of(pDeck.draw()); }
  else
  { return Optional.empty(); }
}
```

这段代码能够通过编译，并在给定 Deck 的接口文档的情况下，准确实现我们的功能。但是，如果在执行代码时，传递给 shuffleAndDraw 的实例的运行时类型恰好是 UnShufflableDeck，那么该代码将无法如预期一样正常工作（在第一种设计下，纸牌没有进行洗牌），或者抛出一个异常（在第二种设计下）。显然，这种设计存在缺陷。

里氏替换原则（Liskov Substitution Principle，LSP）刻画了继承应该只用于扩展的设计直觉。LSP 基本上表达了子类不应该限制使用超类实例的客户端代码。具体来说，这意味着子类的方法：

- 不能有更严格的前置条件；
- 不能有更宽松的后置条件；
- 不能使用更具体的参数类型；
- 不能降低方法可访问程度（如从 **public** 变为 **protected**）；
- 不能抛出更多的受检异常；
- 不能使用更通用的返回类型。

在设计面向对象的软件时，这个列表似乎要求我们记住很多东西，但该原则的关键要点在于，一旦我们理解了该原则的逻辑，就不再需要记住列表中的具体内容。此外，除了前两点之外的所有情况，都可以通过编译器来预防。尽管如此，某些要点初看起来似乎有些违反直觉，所以我们来看一些具体的例子。

回想我们的 CardSource 接口，该接口包含 isEmpty() 方法以及带有前置条件 !isEmpty() 的 draw() 方法。可以设计 Deck 的一个新子类，抽取该组纸牌最顶部的两张牌中点数最大的一张，并将点数最小的一张放回这组纸牌的顶部。

```java
public class Deck implements CardSource
{
  protected final CardStack aCards = new CardStack();

  public Card draw() { return aCards.pop(); }
  public boolean isEmpty() { return aCards.isEmpty(); }
}

public class DrawBestDeck extends Deck
{
  public Card draw()
  {
    Card card1 = aCards.pop();
    Card card2 = aCards.pop();
    Card high = // identify highest card between card1 and card2
    Card low = // identify lowest card  between card1 and card2
    aCards.push(low);
    return high;
  }
}
```

上述代码简单易懂，这可能是良好设计的征兆。但是，需要注意的是，为了让该方案正常运行，这组纸牌至少要有两张牌。我们应该如何处理这个问题？一种方法是，修改重写的 draw 代码，来处理两种情况：

```java
public Card draw()
{
  Card card1 = aCards.pop();
  if( isEmpty() ) { return card1; }
  Card card2 = aCards.pop();
  ...
}
```

但是，这段代码并没有第一个版本那么优雅，并且还有测试成本更高等一系列问题。考虑到我们了解契约式设计（参见 2.8 节），为什么不直接声明一个前置条件，即在 DrawBestDeck 实例上调用 draw() 时，牌组中至少需要有两张牌？

```
public class DrawBestDeck extends Deck
{
  public int size() { return aCards.size(); }

  public Card draw()
  {
    assert size() >=2;
    ...
  }
}
```

这使前置条件更加严格（即容忍度降低），因此违反了 LSP。这是因为在只有一张牌的情况下，仅使用子类会使以下代码不安全：

```
if( deck.size() >=1 ) { return deck.draw(); }
```

实际上，在这个具体的例子中，这种设计思想由于另一个原因（或许并不是基本的原因）也是糟糕的。因为 CardSource 接口并不包含 size() 方法，用多态检查前置条件并不可行。为了检查 draw() 的调用是否满足所有的前置条件，有必要执行以下操作：

```
Deck deck = ...
Optional<Card> result = Optional.empty();
if( deck instanceof DrawBestDeck &&
    ((DrawBestDeck)deck).size() >= 2 ||
      !deck.isEmpty() )
{ result = Optional.of(deck.draw()); }
```

最终，尝试将 draw() 的重写版本进一步简化并没有让我们解决任何问题，因为纸牌组大小的检查简单地移动到客户端，给该过程增加了额外的复杂度。

出于同样的原因，根据 LPS，Java 不允许重写方法接受更具体的参数类型或者更通用的返回类型。假设给 Deck 接口增加 init(Deck) 方法，重新初始化目标对象，使目标对象包含的纸牌与参数一样。如果在类层次结构中增加 MemorizingDeck，我们可能会将 MemorizingDeck 中的 init 方法重写，从而对纸牌和抽取的纸牌进行初始化，如图 7-13 所示。

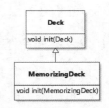

图 7-13　不遵守 LSP 的
重写方法的无效尝试

尽管这段代码可以通过编译，但可能已经预料到，这实际上会创建 init 的一个重载版本，而不是重写版本。这种情况极其令人困惑。系统的使用 @Override 注解（参见 7.4 节）有助于标出这个问题，否则这段代码可能会导致运行变得非常神秘，考虑到在以下代码中，两次调用 init() 的结果是不同的：

```
Deck deck = new Deck();
MemorizingDeck memorizingDeck = new MemorizingDeck();
Deck mDeck = memorizingDeck;
deck.init(memorizingDeck); // Calls MemorizingDeck.init
deck.init(mDeck); // Calls Deck.init
```

为了避免这种看似奇怪的行为，应该确保设计遵守 LSP。如果基类 Deck 的客户端代码可以调用 init 并且传递的参数是 Deck 任何子类的实例，则会限制客户端可以实现的行为，从而要求客户端仅将某些子类型传递给 init（如 MemorizingDeck）。

返回类型的情况只是这种逻辑的反转：如果一个方法返回了某种类型的对象，那么应该可以将该对象赋值给同类型的变量。如果子类可以重定义方法并返回更通用的类型，那么就不可能再完成这种赋值。例如，假设在某个（糟糕的）设计中，一个开发者增加了一个包含王牌的 Deck 版本，并且表示王牌的对象不是 Card 的子类，而仅是 Object 根类型的子类。当某个版本的 draw() 方法能够返回非 Card 子类的对象时，如下的调用会带来问题：

```
Card card = deck.draw();
```

违反 LSP 的一个经典例子是所谓的圆 - 椭圆问题，其中表示圆形的类是通过继承 Ellipse 类并禁止客户端创建任何比例不相等的椭圆实例来定义的。这种设计违反了 LSP，因为使用 Ellipse 基类的客户端可能设置高度与宽度不同，但引入一个 Circle 子类会消除这种可能性：

```
Ellipse ellipse = getEllipse();
// Not possible if ellipse is an instance of Circle
ellipse.setWidthAndHeight(100, 200);
```

在实践中如何避免这种圆 – 椭圆问题通常取决于设计场景。在某些情况下，可能完全没有必要定义 Circle 类型。例如，在图形编辑器中，用户界面功能可以负责协助用户创建恰巧是圆形的椭圆，但是在内部仍然以 Ellipse 实例的形式存储。在 Circle 类型有用处的情况下，定义 Circle 和 Ellipse 两个不同的类是有意义的，它们在类层次结构中是兄弟，等等。

7.10.2　不适合作子类型的子类

继承实现了两件事（参见 7.2 节）：

- 重用基类的类成员定义作为子类声明的一部分。
- 在子类和超类中引入了子类型 – 超类型的关系。

为了正确使用继承，子类需要同时具有这些功能才有意义。滥用继承的一种常见情况是，仅为重用而采取继承，而忽略了子类型的意义：

继承仅在子类确实是超类的子类型（subtype）的情况下才适用。换句话说，只有在两个类之间存在“是一个”（is-a）关系时，B 类才能扩展 A 类。（参考文献 [1]，第 92 页）

一些公认的违反此原则的例子包括库类型 Stack（不适当地继承了 Vector）以及 Properties（不适当地继承了 Hashtable）。当子类型关系不成立时，则应使用复合。

小结

本章介绍了支持代码重用和扩展的继承机制。

- 使用继承从子类间公共的实现中抽取出根类型，从而避免 DUPLICATED CODE†。
- UML 类图可以有效地描述与继承相关的设计决策。
- 尽可能使用子类通过多态提供的功能，以避免易出错的向下转型。
- 即使设计中存在继承，也应考虑将域声明尽可能设置为私有，因为这样可以确保更紧密的封装。
- 子类的设计应对基类提供的功能进行补充或专门化，而不是重定义完全不同的行为。
- 在定义方法之间的重写关系时，使用 @Override 注解避免难以发现的错误。
- 由于重载容易导致难以理解的代码，因此尽量减少使用重载。当一个方法不同版本的参数类型之间存在子类型关系时，最好完全避免重载。
- 寻找设计方案时，基于继承和基于复合的方法通常是可替换的选择。在探索基于继承的方案时，考虑复合的方案是否会更好。
- 确保扩展基类的子类也可以被视为基类有意义的子类型，即子类的实例与基类满足"是一个"（is-a）的关系。
- 确保任何基于继承的设计遵守里氏替换原则。特别是，不使用继承来限制基类的功能。
- 如果某些域和方法可以通过继承分离，但不能将其添加到需要实例化的数据结构中，则将它们封装到一个抽象类中。
- 记住抽象类可以定义抽象方法，且抽象类中的方法可以调用该类中的抽象方法。这样，可以使用抽象类来定义算法的抽象实现。
- 如果一个算法应用于某个给定基类的所有子类，但算法的某些步骤会根据不同子类而变化，请考虑使用 TEMPLATE METHOD 模式。
- 如果没有明显需要重写方法的场景，考虑将该方法声明为 **final**。同样，如果没有具体的理由需要将一个类通过继承进行扩展，考虑将该类声明为 **final**。

代码探索

继承是一种专业机制，仅在为本章所讨论的具体设计场景提供设计方案时使用继承才有意义。这种专业化的主要影响是，继承使用的频率比复合更低。例如，本书中讨论的两个更基本的应用实例，即扫雷游戏和单人纸牌游戏项目，在实现时完全不需要借助继承⊖。但 JetUML 项目提供了许多类层次结构的实例，展示了本章讨论的许多内容。

Edge 类层次

JetUML 定义了一个以 Edge 接口（该接口是一个更通用的 DiagramElement 的子接口）为根的类层次结构。在 Edge 层次中有许多值得讨论的地方。以下的讨论将围绕笔者如何使用子类逐步扩展边对象存储的数据。

Edge 接口的直接实现类型是 AbstractEdge。事实上，该类已经继承了另一个抽象类 AbstractDiagramElement。AbstractDiagramElement 类组合了同时适用于节点和边的声明，而其子类 AbstractEdge 增加了只与边相关的域。这些域包含了对一条边起始节点和终止节点的引用、这条边所在的图，以及一个之后讨论的附加的 View 对象。AbsrtactDiagramElement 和 AbstractEdge 之间的分离说明了在实践中，定义多个抽象类彼此继承可能是必要的。

在 AbstractEdge 的不同子类中，让我们把重点放在 SingleLabelEdge。这个类同样也是抽象类！它仅仅增加了一个与边上的标签相对应的域。因此，任何旨在表示一个至少有一个标签的 UML 边的类都可以作为 SingleLabelEdge 的子类。例如，ReturnEdge（表示时序图中的返回边）就是一个具体的子类，因为返回边只需要一个标签。但是，某些边需要三个标签。ThreeLabelEdge 是沿着 Edge 的类层次结构的第四层抽象类，该类又增加了两个标签域，因此共有三个标签。沿着继承层次的下一个类是 ClassRelationshipEdge。这个类并没有实际的作用，并且是以前设计的产物，最终会被重构。表示实际边的类是类层次中的叶节点，并且类名对应 UML 边的名称（聚合、泛化等）。值得注意的是，这些类都被声明为 **final**。

NodeView 类层次

以上讨论的 Edge 类层次提供了域继承的详细说明。相对的是，NodeView 层次提供了许多关于方法继承的有趣例子。在 JetUML 中，视图（view）是专门用于处理图表中对象的位置和外观的对象。如果我们把 NodeView 接口从超接口 DiagramElementView 中继承的方法算上，那么它包含诸如 draw、getBounds、getConnectionPoints 等方法。所有的方法都与节点的几何形状有关。

让我们从 NodeView 层次的顶部开始研究，首先从 AbstractNodeView 开始。已经注意到的是，该类并没有提供接口方法 draw 或 getBounds() 的实现。这与抽象类的概念是一致的。在此，绘制一些不具体的元素是没有意义的，因此将其省略。

⊖　除了第 8 章中介绍的使用图形用户界面框架所必须的子类之外。

但 contains() 方法的实现涉及了一个有趣的怪事：该方法调用了对象本身的 getBounds() 方法，但在 AbstractNodeView 类中并没有提供相应的实现。这个例子表明，某种功能的完整实现（判断一个点是否包含在一个节点中）可以借助于另一项功能（获取节点的边界）的存在来提供，而所借助功能的实现由子类代理。

类型层次结构中的类之间有趣协作的另一个例子是 InterfaceNodeView 和其子类 ClassNodeView 之间的关系。这两个类表示了类图中相应节点的视图。所表示的节点非常相似，除了类节点有一个表示属性的长方形，而接口节点没有。因此这两个视图所需计算节点大小的算法非常相似，只有类节点中部表示属性的长方形会导致很小的差异。这种通用性通过在 InterfaceNodeView 中定义方法 computeTop() 以及 computeBottom() 实现，然后将这些方法用于计算 getBounds()。这三种方法都可以被 ClassNodeView 继承。但为了让 computeTop() 可以同时用于类节点和接口节点，该方法需要知道在节点的顶部下方是否存在一个中间的框架。这个信息是通过定义在 InterfaceNodeView 类中受保护的 needsMiddleCompartment 方法获取。因此，当 ClassNodeView 调用 draw 方法时，"向上"调用继承的 getBounds() 方法，getBounds() 方法会调用 computeTop()，而 computeTop() 又调用 needsMiddleCompartment，最终后者动态"向下"分配给定义在 ClassNodeView 中的实现。如本例所示，在超类和子类间共享代码可能会有些棘手。

延伸阅读

《Java 教程》[10] 中关于接口和继承一节提供了有关继承的补充资料，其重点在于程序设计语言方面。

在设计准则方面，*Effective Java* [1] 中题为"类与接口"的第 4 章提出了影响到本章内容的许多准则。例如第 18 项"复合优于继承"以及第 19 项"使用继承时就要设计和写文档，否则禁止继承"，这两条在本章都有引用。

控制流反转

本章包含以下内容。

- **概念与原则**：控制流反转、模型－视图－控制器（Model-View-Controller，MVC）分解、回调方法。
- **程序设计机制**：应用程序框架、事件循环、图形用户界面（Graphical User Interface，GUI）组件图。
- **设计技巧**：适配器继承、事件处理、GUI 设计。
- **模式与反模式**：PAIRWISE DEPENDENCIES†（两两依赖）、OBSERVER（观察者）、VISITOR（访问者）。

软件设计中，控制流反转是一个很有力的想法。简单来说，其含义为将通常的控制流从调用者代码反转到被调用代码，以便更好地分离关注点和松耦合。它使得开发者能够保持总体设计复杂度在一个可控制的水平，同时能够设计复杂的应用程序。OBSERVER 模式是这一准则的主要实现形式之一。OBSERVER 模式在软件设计中无处不在，并且受多数软件开发平台，包括桌面和移动应用程序上的大多数 GUI 工具支持。

设计场景

控制流反转使得讨论的范围提升到更高的抽象层级，此时需要考虑整个应用程序设计。为了能够聚焦于控制流反转，本章介绍了新的设计场景。贯穿本章的例子是一个允许用户以不同的格式（如阿拉伯数字和罗马数字）选择和显示数字的小程序。8.4 节介绍了一个不同的场景——一个仓库管理系统，它可作为额外的例子。8.8 节将继续讨论前文中的递归纸牌源结构以介绍访问者模式。"代码探索"一节将讨论如何将本章中的概念应用到前文叙述的纸牌游戏应用程序中。

8.1　使用控制流反转的动机

需要引入控制流反转的常见情形之一是有大量的有状态对象需要保持一致。程序设计领域中的例子是集成开发环境（如 Eclipse 和 IntelliJ IDEA），其中展示了源代码的不同视图。例如 Eclipse 中，包浏览器（Package Explorer）和概览（Outline）视图都显示了类的结构，而类又可以在源代码编辑器中显示（见图 8-1）。如果用户修改了类的声明，如在源代码编辑器中增加了域，这种修改也会立即在所有的不同视图中得到体现。同样地，如果用户在概览视图中重排了方法声明，新的方法声明的顺序也会反映到源代码编辑器中。因此，可以说这里想要解决的问题属于一种同步（synchronization）问题⊖，即需要保持不同的对象彼此之间一致。

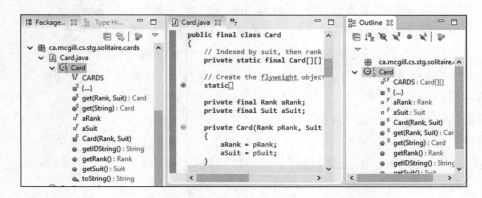

图 8-1　Eclipse 中源代码的三种不同视图

为了能够独立地考虑视图同步，笔者将这一设计问题简化为一个玩具应用程序，称为幸运数（LuckyNumber）。此应用程序支持用户选取一个 1 和 10 之间（包含 1 和 10）的数字（定义为幸运数）。此应用程序的有趣之处在于，用户可以用不同的方法选取幸运数，如输入表达数字的数码，以英文说明数字的名称，或者用滑动条选取数字（见图 8-2）。

在这个应用程序中，每行面板均允许用户以一种特定的形式查看和修改数字。如果数字在一个面板中被修改，这种修改也会立即体现在其他面板上。除了这一功能以外，应用程序的另一需求是，必须能够拓展应用程序以容纳其他类型视图。例如，喜欢传统的用户可能要求提供以罗马数字选择幸运数的选项，而极客用户可能想要使用二进制记法，诸如此类。

图 8-2　幸运数应用程序的截图

缺乏经验地实现这一功能将会产生完全 PAIRWISE DEPENDENCIES†（两两依赖）。在 PAIRWISE DEPENDENCIES†中，当用户在一个面板中修改数字时，这一面板将直接联系其他的面板并更新其数字呈现。图 8-3 以类图的

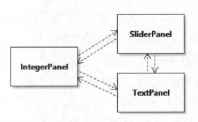

图 8-3　PAIRWISE DEPENDENCIES†的例子

⊖　术语同步经常用于并行程序设计的环境中，但本书不会涉及并行程序设计。

形式说明了这些依赖。

这一设计将产生至少以下两条制约。

- **高度耦合**：每个面板将直接依赖许多其他面板。面板可能有不同的类型和不同的交互方式。例如，为了更新数字，一个面板可能要求调用 `setDigit`，而另一个要求调用 `setSliderValue`。
- **低可拓展性**：增加或删除一个面板时需要修改所有其他面板。例如，为了删除滑块面板，需要修改所有其他面板来移除更新滑块面板的语句。同样地，为了增加罗马数字面板，也需要修改每一个面板来增加管理新面板的语句。

更糟的是，这些问题的影响将随面板数量以平方阶增长，因为在有 n 个节点的完全图中有 $n \cdot (n-1)$ 条边。最初的应用程序中包含了 3 个面板，此时需要六个调用依赖来保持全部面板同步。这看起来不是很多，但是如果增加了罗马数字面板和二进制记法面板，那么就一共有 5 个面板，从而需要 20 个依赖分布在这 5 个面板上，而这仅仅是为了保持一个数字一致。这种关注点分离不妥，因为管理依赖需要引入大量的代码，最终这些代码将很容易与直接完成所需逻辑的代码（如调整滑块）混杂在一起，同时也会导致代码更难理解、更难测试等。

8.2 模型 – 视图 – 控制器分解

避免使用完全两两依赖并能实现同一个数据的多种表达同步的一种方法是将抽象分离为负责保存数据、显示数据和修改数据的三个部分。这一关键思路被广泛称为模型 – 视图 – 控制器（Model-View-Controller，MVC），由三个抽象得名。模型是保存关注数据的唯一副本的抽象。在这个简单例子中，模型就是幸运数。视图则显然是表达数据呈现的抽象。通常来说，在 MVC 分解中，同一个模型可能具有多个视图。例如，在幸运数程序中，对于简单的一个整数就存在多个不同的视图。最后，控制器抽象了修改模型中存储的数据的必要功能。

MVC 的起源不甚明确。这一想法的出现可以追溯到 20 世纪 70 年代末 Xerox PARC 研究者们开发 SmallTalk 软件时，但是关于这一概念的最初形成的书面资料，只有一些备忘录。当前，MVC 术语的应用相当宽松。一些软件开发者认为它是一种设计模式。另一些人认为是略微不同的"架构模式"或"架构风格"（类似设计模式，但处于设计抽象的更高层级）。有的人认为它只是一个通用概念。最后，一些 Web 技术平台使用模型、视图和控制器代指软件的特定组件。笔者认为模型 – 视图 – 控制器的主要优点是它可以用以指引关注点分离，因此笔者主张可以简单地将其视为（关注点）分解。在这种意义上，它比一种设计模式更有概括力，因为它并不包含一种足以直接应用的确切解决方案模板。

MVC 缺乏定义良好的解决方案模板，因此实践中实现这一想法的指引不甚充分。这也意味着设计问题中分离模型、视图和控制器的方法不计其数。例如，模型可能是单一的对象，或者一组对象的集合。视图和控制器可能是不同的对象，也可以融为一体。在后者中，关注点分离可能依据对象的接口而不是对象本身进行组织（见 3.8 节关于接口分离的讨论）。

MVC 概念的不明确性使它在学习软件设计中不易掌握。幸运的是，有一种更为具体的相关思想，称为 OBSERVER（观察者）模式。

8.3   OBSERVER 设计模式

OBSERVER 模式的核心思想是将关注数据存储在特殊的对象中，并且允许其他对象观察这一数据。存储关注数据的对象被称为主体（subject）、模型（model）或可观察对象（observable）$^{\ominus}$，它对应于模型 – 视图 – 控制器分解中的模型抽象。因此，OBSERVER 的应用场景对应 8.1 节中讨论的动机：我们寻求一种管理关注相同数据的多个对象的简单方法。图 8-4 中的类图展示了幸运数应用程序中实现这一模式的方法。

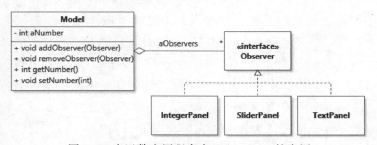

图 8-4   幸运数应用程序中 OBSERVER 的应用

在这一情况下，负责保存数据的对象是 Model 类的实例。此处，一个 Model 实例跟踪单个整数，并且允许客户端查询和修改这一整数。

8.3.1   模型和观察者的连接

有趣之处在于，Model 类也包含了 Observer 接口的聚合（包括增加和删除 Observer 实例的方法）。这也称为注册（registering）（或解注册，deregistering）观察者。管理观察者的机制可以简单地实现，例如：

```java
public class Model
{
  private int aNumber = 5;
  private ArrayList<Observer> aObservers = new ArrayList<>();

  public void addObserver(Observer pObserver)
  { aObservers.add(pObserver); }
```

$\ominus$ 见 3.2 节利用 "-able" 后缀命名接口的讨论。

```
    public void removeObserver(Observer pObserver)
    { aObservers.remove(pObserver); }
}
```

定义需要观察模型的对象的类必须声明其实现 Observer 接口：

```
class IntegerPanel implements Observer { ... }
```

通过多态，可以实现模型和其观察者的宽松绑定。具体而言：

- 模型可以在没有任何观察者的情况下使用；
- 模型知晓其可以被观察，但其实现不依赖任何具体的观察者类；
- 可以在运行时注册和解注册观察者。

8.3.2 模型和观察者间的控制流

关于模型和观察者关系的第一个关键问题是，观察者如何了解到其关注的模型的状态变化。答案是，当模型状态发生了需要报告给观察者的变化时，模型应当通过遍历观察者列表并调用特定方法的方式，使得观察者了解到这一变化。此方法应当定义在 Observer 接口上，并因其隐含的控制流反转，通常称为"回调"方法。我们在这里称控制流反转是因为，观察者并不是通过调用模型的方法来了解模型的信息，而是"等待"模型（反向）调用它们。这种想法通常称为"好莱坞原则"（"不要给我们打电话，我们会给你打电话"）。由于这个原因，观察者上被模型调用的方法称为"回调"。继续用电影工业做比喻，被反向调用的方法的名称和候选演员的电话号码在功能上有些相似。如果演员经纪人认为演员需要参加试镜，就会拨打其电话号码。相似地，如果模型认为观察者需要被通知，就会调用其回调方法。

在幸运数应用程序中，回调方法命名为 newNumber 可能更合适，因为这是模型需要通知观察者其储存的数字发生变化时调用的方法。因此，可以在 Observer 接口中定义这一方法：

```
public interface Observer
{
    void newNumber(int pNumber);
}
```

刚接触回调时，其逻辑可能令人费解，特别是在回调名容易引起混淆的时候。在上例中，方法名看起来是给观察者赋值新的数字，因为调用方式可能如下所示：

```
someObserver.newNumber(5);
```

但是，方法名不应该被读作"将数字设为这一新的值"，而应该读作"模型有了新的值，是这个数"。换言之，回调的想法不是告诉观察者要做什么，而是通知观察者模型中的变化，并让其以自身认为合适的方法（通过回调中提供的逻辑）处理。这同样和电影工作室有相似之处。如果演员（观察者）获得了试镜机会，工作室会给其拨打电话，说明"你有新的试镜"，但却不说明应对这一消息的细节（如做准备、安排交通等）。此处可以学到的是，为了帮助别人更好地理解一个设计，应当将回调方法以描述状态变化的方式命名，而不是命令。本例中，回调方法的其他明确合理的名字包括 numberChanged 和 hasNewNumber。

当定义回调以后，可以在 Model 类中创建称为*通知方法*（notification method）[⊖]的辅助方法，用于通知所有观察者并提供它们需要知晓的新数字：

```java
public class Model
{
  private void notifyObservers()
  {
    for(Observer observer : aObservers)
    { observer.newNumber(aNumber); }
  }
}
```

为了保证模型状态变化时，它尽责地通知观察者，可以采取以下两种策略：

- 将对通知方法的调用插入每一个有状态变化的方法中，这种情况下方法可以被声明为 **private**。
- 对模型类的直接用户提供清晰的文档，说明当需要通知观察者时必须调用通知方法。这种情况下通知方法必须是非私有的。

显然地，哪种策略更好与具体场景有关。当每一次模型变化可以简单地触发通知时，第一个策略提供了模型的更简单的生命周期。但是，在特定情况中，每一次状态变化时均通知观察者可能产生性能问题。例如，当模型的初始化需要一次添加一个数据，而且数据量很大的时候，那么在每次添加操作后通知观察者就会急剧降低性能，同时没有好处。在这种情况下，更好的选择可能是静默地（不通知观察者）修改模型，并在批量处理结束以后触发通知。在需要灵活性的情况中，第二个策略才能够提供所需的灵活性。

图 8-5 的时序图说明了修改"幸运数"应用程序中的模型时发生的事情，程序采用第一个策略。

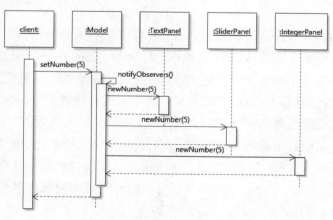

图 8-5　OBSERVER 的调用顺序

⊖　Java 中通知方法不能被简单地称为 notify()，因为 Object 类中已经定义了一个历史遗留的同名方法。

在状态变化方法 setNumber(**int**) 中，我们添加了对 notifyObservers 的调用来遍历每个观察者，并且逐个调用 newNumber。newNumber 回调的实现指明了观察者对状态变化的应对方法。对于幸运数应用程序，每个观察者以不同的方法对待回调。例如，IntegerPanel 简单地修改了文本框中的数字值，TextPanel 则在数组中查询数字的名称，并且将文本框的值设置为所查询到的字符串，SliderPanel 则将滑块指向与数值相对应的位置，诸如此类。

8.3.3 模型和观察者间的数据流

关于模型和观察者关系的第二个关键问题是，观察者如何访问其所需要的模型上的信息？有两种主要的策略。第一个策略是通过回调的一个或多个参数来提供所需的信息。这种策略被称为推（push）数据流策略，因为模型显式地将数据以预先确定的结构"推"给观察者。

为了在我们的例子中应用这种策略，可以让回调方法包含一个参数，它代表模型中最新存储的数字。这种策略的应用便是上面提到的 newNumber(**int**) 回调。

```
public interface Observer
{ void newNumber(int pNumber); }
```

以这种方法，当观察者的回调方法被调用时，回调的实现可以从绑定到形参的实参处获得所关心的值。例如，IntegerPanel 相关部分的实现可能如下所示：

```
class IntegerPanel implements Observer
{
  // User interface element that represents a text field
  private TextField aText = new TextField();

  ...

  public void newNumber(int pNumber)
  { aText.setText(Integer.toString(pNumber)); }
}
```

这种策略做出了一个大胆的假设：事先已知观察者关心的模型中数据的类型。本例中这一策略看起来十分合适，因为观察者关心的可能除了一个整数以外没有其他内容。但是，这不适用于所有情形。例如，我们可以增强模型，使其记忆所有选择过的幸运数和选择时的时间戳。观察者现在具有更多可选择的数据。在这样的场景中，我们依然可以假定最常见的情况是观察者展示最新的数字，但是更精巧的观察者可能并非如此，比如，希望展示最近三个数字，或者特定数字保持被选中的时长。

又例如，现在需要使 Deck 类成为一个模型。观察者可能对什么感兴趣？依然，有一个显然的使用场景：展示抽取到的纸牌。因此可以用回调应对这种期待：

```
public interface DeckObserver
{ void cardDrawn(Card pCard); }
```

但是，在某些情况下这有些过于严格。一些观察者可能对牌堆中剩余的纸牌数量感兴趣，或者希望了解牌堆顶部的纸牌信息等。

更灵活的策略则是让观察者利用模型上定义的查询方法"拉取"所需的信息。相应地，这种方法被称为拉（pull）数据流策略。为了将幸运数应用程序的设计修改为使用拉策略，可以将 pNumber 参数修改为指向整个模型：

```
public interface Observer
{ void newNumber(Model pModel); }
```

以这种方法，需要放置在文本框中的数据必须从模型中获得：

```
class IntegerView implements Observer
{
    // User interface element that represents a text field
    private TextField aText = new TextField();

    ...

    public void newNumber(Model pModel)
    { aText.setText(Integer.toString(pModel.getNumber())); }
}
```

现在，Model 类的方法暴露的一切数据同时也暴露给观察者了。为了实现拉数据流策略，观察者必须拥有对模型的引用，但这种引用不一定要作为回调方法的参数提供。另一个选项是在初始化观察者对象时提供指向模型的引用（以域形式保存），并且直接指向这一域。图 8-6 展示了这种设计。此设计清晰地说明，在构造函数中观察者获得了对模型的引用。

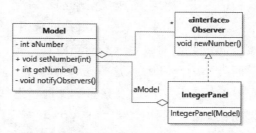

图 8-6   幸运数应用程序中采用拉数据流策略观察者的模型的类图

乍看来，拉数据流策略引入了模型和观察者间的循环依赖，因为两者彼此依赖对方。但是，关键的区别是这一设计中，模型并不了解其观察者的具体类型。通过接口分离，模型仅仅依赖观察者的回调方法这一行为。也就是说，拉数据流的主要缺陷之一是其实际上增加了模型和观察者之间的耦合。在图 8-6 展示的设计中，观察者不仅能够调用 getNumber()，也可以调用 setNumber(int)！换句话说，通过保有对模型的引用，观察者可以访问的模型接口部分比它的实际需要多得多。幸运的是，我们已经知晓应对这种情况的方法，即 ISP（Interface Segregation Principle，接口分离原则，见 3.2 节）。为了将 ISP 应用于设计，需要创建新的接口 ModelData，其仅仅包含模型中的访问者方法，同时令观察者只引用这一类型。图 8-7 说明了这种解决方案。

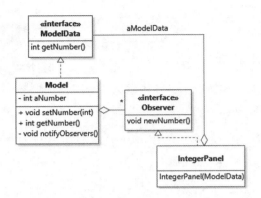

图 8-7　带 ISP 的拉策略的类图

尽管在此处对两种方法做了分别介绍，但推策略和拉策略可以简单地合并使用，如回调函数同时包括模型数据的形参和指回模型的引用。这种设计在此处的场景中用处不大，但这里仍展示一个实现来说明：

```
public interface Observer
{ void newNumber(int pNumber, Model pModel); }
```

通常来说，同时支持两种策略可以增加 Observer 接口的可重用性，但代价是设计将更为复杂，这种设计可能包含了其中一个参数未被使用的情况⊖。另外一种极端情况是，对于简单的设计场景，模型和观察者间需要交换的唯一信息是，给定的回调方法被调用。在这种情况下，推策略或拉策略都不需要：收到回调调用这一信息足以供观察者完成任务。作为一类事件发生计数器的观察者就是一个例子。

关于模型及其观察者间数据流的最后一点需要注意的是，在上述例子中，回调均不返回任何值（即返回类型为 **void**）。这不是设计决策，而是这一模式的约束。因为模型应当忽略其观察者的数量，因此观察者试图通过返回值来管理模型是不恰当的。技术上讲，可以将回调的返回值声明为非 **void**，并且从许多的调用中聚合结果。例如，可以设计回调在响应成功时返回 **true**（否则返回 **false**），同时令模型在结果上应用逻辑运算。这种方案是对这一模式的不常见应用，甚至可以称为是滥用。当使用 OBSERVER 时，笔者建议始终将回调声明为返回 **void**。

8.3.4　事件驱动程序设计

一种看待回调方法的思路是将其看作事件（event），其中模型是事件源（event source），而观察者是事件处理程序（event handler）。依据这一范式，模型创建了一组事件，对应不同的需要关注的状态变化，而其他对象负责对这些事件做出回应。实践中，事件就是方法调用。将观察者视为事件处理程序为设计回调提供了很大的

⊖　Java 库中包含了一组类型，Observable 和 Observer，其中 Observer 声明了单一回调 **void** update(Observable, Object)，并支持两种数据流策略。

灵活性。在幸运数应用程序中，目前的设计只包括一个回调 newNumber。但是，为了方便讨论，让我们假定一个情景，其中使用 Model 的观察者仅仅关心幸运数增加（或相反地，减少），以及幸运数被设置为最大或最小值的情况。在现在的设计中实现这一功能有些生硬：每个观察者需要保存一份数字的副本，并利用它来检查新的数字是否增加或减少，以及检查最大或最小值。一种稍有不同的实现是调整回调的设计来显式地捕捉关注的事件：

```java
public interface Observer
{
  void increased(int pNumber);
  void decreased(int pNumber);
  void changedToMax(int pNumber);
  void changedToMin(int pNumber);
}
```

在这一设计中，观察者不需要保存旧数字的副本，并且可以精准地仅被通知其所关注的事件⊖。当观察者不需要对一些事件作出响应时，未用到的回调可以被实现为"什么都不做"的方法。在下面的类中，假定事件是互斥的，即事件 increased 意味着"增加了但是没有达到最大值"，decreased 也是类似的。

```java
class IncreaseDetector implements Observer
{
  public void increased(int pNumber)
  { System.out.println("Increased to " + pNumber); }

  public void decreased(int pNumber) {}
  public void changedToMax(int pNumber) {}
  public void changedToMin(int pNumber) {}
}
```

如果"什么都不做"的情况经常出现，可以实现一个"什么都不做"的类，并且继承它。这种"什么都不做"的类有时称为适配器（adapter）：

```java
public class ObserverAdapter implements Observer
{
  public void increased(int pNumber) {}
  public void decreased(int pNumber) {}
  public void changedToMax(int pNumber) {}
  public void changedToMin(int pNumber) {}
}
```

通过利用适配器，"什么都不做"的行为变为通过继承获得，观察者可以仅仅重写与其需要响应的事件对应的回调子集。

```java
class IncreaseDetector extends ObserverAdapter
{
  public void increased(int pNumber)
  { System.out.println("Increased to " + pNumber); }
}
```

在某些情况下，对"什么都不做"代码的广泛使用可能表明了观察者的多样需

⊖ 是否需要引入 changeToMax 和 changeToMin 的参数依场景而定，即是否最小值和最大值在全局已知。

求和回调设计间的不匹配。如前所述，可以利用接口分离原则来整理代码。在此处的情况中，可以定义两个观察者接口来与更加特化的事件处理程序对应。例如：

```java
public interface ChangeObserver
{
  void increased(int pNumber) {}
  void decreased(int pNumber) {}
}

public interface BoundsReachedObserver
{
  void changedToMax(int pNumber) {}
  void changedToMin(int pNumber) {}
}
```

利用两个抽象观察者，具体观察者可以更有指向性，并且仅仅注册其需要响应的事件集合。为了达到更大的灵活性，需要做出的妥协是 Model 类的接口更为复杂，因为它需要支持两个观察者列表及其对应的注册方法。

8.3.5 小结

使用 OBSERVER 的场景非常丰富，它涉及多个对象需要观察某个数据，并知晓数据状态变化，同时还需要最小化数据及其观察者间的耦合。在现存一个表达数据的类（模型）的情况下，这一模式的模板解通过聚合一组抽象观察者（通常用接口定义），使模型类对象可观察。下面列出应用观察者模式需要考虑的几个要点：

- 在抽象观察者上定义哪些回调方法。抽象观察者可能有任意数量的回调，以响应不同类型的事件。
- 在模型和观察者间交换数据时采用哪种数据流策略（推、拉、两者皆用或两者皆不用）。
- 使用单一的抽象观察者还是多个。对于多个抽象观察者，不同的回调组合为观察者决定是否响应特定的事件类型提供了更大的灵活性。
- 当观察者需要查询或控制模型时，如何连接观察者和模型。此处推荐使用接口分离原则。
- 是否包含一个通知辅助方法，若包含通知辅助方法，将这一方法声明为公有还是私有。如果是公有的，拥有模型的引用的客户端将能够控制通知下发的时间。如果是私有的，那么就认为在模型的状态改变方法的适当位置，通知辅助方法被调用。

下面的代码展示了使用推数据流策略的 Model 和 Observer 类型的完整代码。

```java
public interface Observer { void newNumber(int pNumber); }

public class Model
{
  private List<Observer> aObservers = new ArrayList<>();
```

```
    private int aNumber = 5;

    public void addObserver(Observer pObserver)
    { aObservers.add(pObserver); }

    public void removeObserver(Observer pObserver)
    { aObservers.remove(pObserver); }

    private void notifyObservers()
    {
      for(Observer observer : aObservers)
      { observer.newNumber(aNumber); }
    }

    public void setNumber(int pNumber)
    {
      if( pNumber <= 0 ) { aNumber = 1; }
      else if( pNumber > 10 ) { aNumber = 10; }
      else { aNumber = pNumber; }
      notifyObservers();
    }
}
```

8.4 应用 OBSERVER 设计模式

尽管 OBSERVER 的基本想法不甚复杂，其应用却涉及大量的设计决策。为了进一步理解应用 OBSERVER 模式的过程，并且说明其中涉及的一些权衡的基本原理，下文将讨论 OBSERVER 模式的另一个不同的应用场景。

现在需要一个库存系统来跟踪电子设备。一个 Item（条目）记录了一个设备的序列号和生产年份（类型均为 **int**）。Inventory（仓库）对象聚合了零个或多个 Item 类型的对象。客户可以在任意时刻向 Inventory 中添加或删除 Item。有许多实体关心 Inventory 的状态变化。例如，应当可以用 ListView 呈现 Inventory 中的条目。同样应当可以用 PieChart 来显示 Inventory 中各种 Item 的每个生产年份的比例（如 2017 = 25%，2018 = 30%，诸如此类）。视图应当随 Inventory 中条目的添加或删除而更新。

解决这一设计问题的第一步是用类图建模领域中的基本元素，如图 8-8 所见。这一类图包括了全部相关的领域元素，但是几乎不包括任何其他内容。下一步是建立基本的 OBSERVER 模式解。这一阶段要求了解领域对象在模式中的角色。本例中，容纳可观察数据的对象是 Inventory 的实例，而观察这些数据的对象是 PieChart 和 ListView。改进的设计如图 8-9 所示。为了建立模型和观察者间的关系，现在的解决方案中包括以 Observer 接口呈现的抽象观察者。

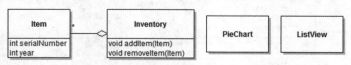

图 8-8   仓库场景领域中的元素的类图

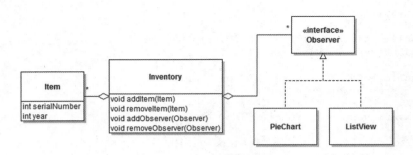

图 8-9　OBSERVER 在仓库场景中的基本应用

关联 Inventory 和观察者的基本机制已经准备就绪。当下需要定义一个或多个回调方法。因为在这一简单的应用中只有两个可能的事件（添加和删除条目），因此有两种设计回调方法的选项：

- 单一的回调方法，用以指示仓库的状态发生了变化（即添加或删除了条目）。
- 一个表明条目增加的回调，和另一个表明条目删除的回调。

第一个选项可能最终被称为 inventoryChanged。关心条目增加或删除的具体观察者需要一种途径以确定条目被增加还是被删除。信息可以通过回调的参数传递（即通过枚举类型的值 ADDED 和 REMOVED），或者通过其他途径（如将最后的操作是增加还是删除了条目储存在模型中，并且通过 getter 方法来访问这一信息）。在这个例子中，这些方案将问题被不必要地复杂化了。为了传递模型中发生的事件类型，我们选择使用两个不同的回调方法来表达两种不同类型的事件。

下一个问题是如何告知观察者哪个条目被增加或删除了。这里存在两种策略：推数据流或拉数据流。我们对两种策略都尝试一下，从拉策略开始。在这一策略中，可以令回调的参数包括对发生变化的 Inventory 的引用，并增加 getLastItemAddedOrRemoved() 方法，返回最后被添加或删除的条目。图 8-10 的类图说明了现有的设计决策。如果使用单一方法返回最后添加或删除的条目看起来有些别扭，也可以使用 getLastItemAdded() 和 getLastItemRemoved() 这两个方法。但是，在这种情况下，就需要存储两个附加的信息，而不是一个，并且根据 Inventory 类的设计，对象的生命周期将会变得更加复杂（见 4.4 节）。

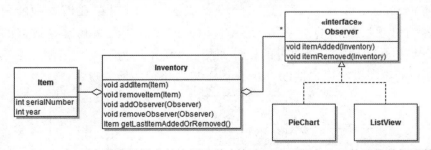

图 8-10　OBSERVER 在仓库场景中的应用，其中存在两个回调方法，使用拉数据流策略

　　另外一个选项，一定程度上更为激进，它选择不提供获得最后添加或删除的条目的方法，并要求观察者在每一次事件通知时遍历整个仓库来更新自身。实现这一选项的一种方法是令 Inventory 类实现 Iterable<Item> 接口，从而使得观察者能够遍历全部条目的列表。在这一情况下，实现回调的代码可能如下所示：

```java
public class PieChart implements Observer
{
  public void itemAdded(Inventory pInventory)
  {
    for( Item item : pInventory ) {...}
  }
  ...
}
```

　　尽管这看起来有些效率低下，但是这一决策在某些场景有意义，即数据集较小，且观察者可能对整个数据集而不是单个变化关注时。

　　回到我们的例子中，现在讨论推数据流策略。在这一场景下，将添加或删除的条目以参数的形式传递给观察者看起来更优，因为它消除了捕捉所关注的对象是被添加还是删除这一信息的必要。选择这一策略，最终将形成回调方法 itemAdded(Item) 和 itemRemoved(Item)。

　　此时需要考虑的另一个问题是如何触发通知。这里，仅存在单一的 notify-Observers(Item) 不足以实现需求，因为这个方法需要判断观察者的哪个回调方法被调用（itemAdded 或 itemRemoved）。考虑到本例的简单性，我们选择简单地在 addItem 和 removeItem 中直接调用回调方法，图 8-11 展示了当前的设计。

```java
public class Inventory
{
  public void addItem(Item pItem)
  {
    aItems.add(pItem);
    for( Observer observer : aObservers )
    { observer.itemAdded(pItem); }
  }
  ...
}
```

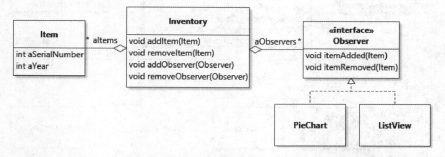

图 8-11　OBSERVER 在仓库场景中的应用，包括使用推数据流策略的两个回调方法

　　假设仓库上注册了两个观察者（一个是 PieChart 的实例，另一个是 ListView 的实例），图 8-12 是展示添加条目过程的时序图。该图说明了命令和回调的区别。模型上被调用的方法是命令，其名称为祈使语气（"添加（一个）条目"）。相对地，观察者上被调用的方法是回调，其名称为过去分词，说明曾经发生的事件（"（一个）条目（被）添加了"）。使用有意义的名称将极大地增加应用 OBSERVER 模式的程序的可理解性。

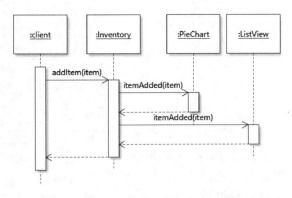

图 8-12　描述仓库上调用 addItem 过程的时序图

　　最后，假设仓库管理系统的某个版本应用了这一设计，之后需要添加新的观察者类型，其名为 TransactionLogger。这种观察者仅仅关注仓库中添加了条目。在当前的设计中，该类需要将 itemRemoved 回调实现为什么都不做。这种情况下，可以改进设计以容许不同类型的观察者仅仅注册到其关注的事件上。但是，这将使模型上的观察者管理方法数量增加一倍。图 8-13 展示了采用这一设计决策后的类图。

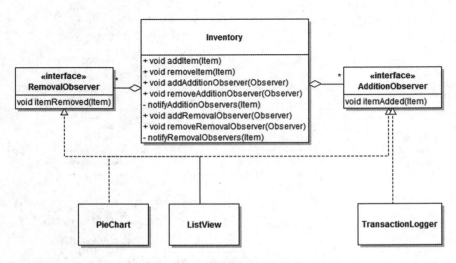

图 8-13　有两个抽象观察者的模型的例子

8.5　图形用户界面开发导论

在许多的技术栈中，应用程序里实现图形用户界面（Graphical User Interface，GUI）部分的代码高强度地使用了 Observer。本节和接下来的两节将初步介绍 GUI 开发，一方面引入应用程序框架（application framework）的概念，另一方面通过新的应用场景来强化 Observer 模式的知识。本章的这一部分基于 JavaFX 框架，这是一个 Java 语言的可扩展 GUI 框架。但是，这里介绍的通用概念也适用于其他 GUI 开发框架。理论上，组成 GUI 应用程序的代码可分为以下两部分：

- **框架代码**，其包括组件库（component library）和应用程序骨架（application skeleton）。组件库包括可重用的类型和接口，可用于实现典型的 GUI 功能（按钮、窗口等）。应用程序骨架是一个 GUI 应用程序，它管理 GUI 应用程序底层的方方面面，特别是包括监控输入设备触发的事件，以及在屏幕上显示对象。应用程序骨架本身并不完成任何可见的内容，其必须为应用程序代码扩展和自定义。

- **应用程序代码**，其包括 GUI 开发者编写的用于扩展和自定义应用程序骨架的代码，从而提供所需的用户界面功能。

GUI 应用程序的执行方式与最初学习程序设计时编写的脚本型应用程序不同。在脚本程序中，代码自应用程序入口点（Java 中的 `main` 方法）的第一条语句开始逐条顺序执行。而在 GUI 框架中，必须通过特殊的库方法引导（launching）框架启动应用程序。框架的应用程序骨架继而启动事件循环（event loop），通过持续监控系统来获取用户界面设备的输入。GUI 应用程序的执行全程中，框架保持调用应用程序代码的控制权。由 GUI 开发者编写的应用程序代码仅仅在特定的位置作为对框架调用的响应而被执行。因此，这一过程是控制流反转的典型例子。应用程序代码不需要告知框架做什么，它等待被框架调用。

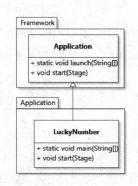

图 8-14 显示了幸运数应用程序和 JavaFX 框架关系的实质。其中的类图展示了应用程序代码如何通过继承框架的 `Application` 类定义了 `LuckyNumber` 类。为了启动框架，需要使用以下的代码：

图 8-14　幸运数应用程序中应用程序和框架代码间的关系

```java
public class LuckyNumber extends Application
{
public static void main(String[] pArgs)
{ launch(pArgs); }

@Override
public void start(Stage pPrimaryStage)
{ ... }
}
```

这段代码调用静态方法 `Application.launch`，后者启动 GUI 框架，实例化 LuckyNumber 类，然后执行这一实例的 `start()` 方法[⊖]。通过这一设定过程，LuckyNumber 类有效地连接了用于扩展 GUI 的应用程序代码和负责执行显示过程的框架代码。

理论上，GUI 应用程序的应用程序代码可以划分为两类：组件图（component graph）[⊜]和事件处理程序代码（event handling code）。

组件图是"事实上的"交互界面，它由表达可见的（如按钮）和不可见的（如区块）应用程序元素的对象构成。这些对象组织为树的形式，而树的根是 GUI 的主窗口，或称主区域。现代 GUI 框架中，组件图可以由编写代码构建，但也可以通过 GUI 构建工具生成的配置文件完成。本质上，这两种方法是等价的，因为运行代码后将产生相同的结果：一棵由组成用户界面的普通 Java 对象构成的树。库中用于支持构建组件图的类在设计上使用了大量多态、复合模式与装饰器模式。JavaFX 中用户界面组件图的实例化通常位于应用程序的 `start(Stage)` 方法。

当框架启动并显示所需要的组件图后，其事件循环将立即开始自动地将底层系统事件映射为图中组件的特定交互（如将鼠标悬停在文本框上方、单击按钮）。在常见的 GUI 程序设计术语中，这种交互被称为事件。框架检测到事件后将不执行任何操作，除非提供了一定的应用程序代码以作为事件的响应。例如，单击按钮后将在界面上以一些用户界面提示来说明单击按钮了，但代码将简单地继续执行而不对应用程序逻辑产生任何影响。为了构建可交互的 GUI 应用程序，需要处理单击按钮等用户交互事件。GUI 框架中的事件处理应用了 OBSERVER 模式，其中模型是 GUI 组件（如按钮）。处理单击按钮或其他相似的事件便只需要定义一个观察者，并将其注册在按钮上。接下来两节将详细叙述如何设计组件图以及如何处理 GUI 组件上的事件。

8.6 图形用户界面组件图

组件图集合了通常意义上组成的交互界面的对象：窗口、文本框和按钮等。在开发图形用户界面的不同阶段中，有必要从四个不同的视角（或称方面）来思考用户界面：用户体验、逻辑、源代码和运行时。

8.6.1 用户体验视角

用户体验视角对应着用户在与组件图交互过程中体验到的内容。图 8-2 从用户体验视角呈现了幸运数应用程序的组件图。因为不是每个组件图的元素都必然可见，因此需要记住，用户体验视角并不能描绘应用程序的完整图景。这一图景通过结合

⊖　`launch` 方法使用了元程序设计来发现需要实例化的应用程序类，这与 `Object.clone()` 探测需要克隆对象的途径相似。

⊜　在 JavaFX 的文档中，组件图称为场景图（scene graph）。

其余三个视角得以补全。

8.6.2　逻辑视角

逻辑视角是以 UI 组件的层级组织的视角考虑图形用户界面的方法，而与其代码中的定义无关。图 8-15 展示了幸运数应用程序的逻辑视角。组件图的这一模型显示，用户界面包括一个 Slider 实例和两个 TextField 实例，每个都包装在 Parent 区块组件中，而区块又是类型为 GridPane 的外部区块的子元素，最后外部区块是组件图的顶层元素 Scene 的子元素[⊖]。

逻辑视角经常作为其他视角的补充，因为其展示了组件彼此间的层次关系，而不需要混入组件的视觉呈现或源代码中的细节。在更简单的应用程序中，当组件间视觉重叠极小时，逻辑视角也可以作为布局中对象物理结构组织的草图。

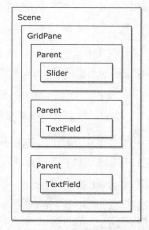

图 8-15　幸运数应用程序的逻辑视角

8.6.3　源代码视角

源代码视角展示了组件图中可以由组成组件图的对象类的声明中直接获得的信息。这种信息最适合由类图描述。图 8-16 描述了幸运数应用程序中组件图的源代码

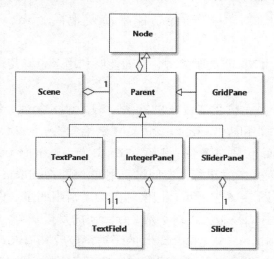

图 8-16　幸运数应用程序的源代码视角

⊖　技术上，在 JavaFX 中 Scene 需要被设置为 Stage 这一更高级别节点的子元素，但是有人认为 Stage 不是组件图的一部分。

视角。尽管应用程序很小，但图中显示实例化其组件图需要大量代码。下面让我们来探索此图。

Scene 保存了对组件图根节点的引用，这可以从其不是 Node 的子类型，同时也没有其他类保存其来推知。Scene 类聚合了 Parent 类的对象。这乍看起来有些令人困惑，因为在组件图逻辑模型中，我们提出 Scene 包含了 GridPane。这是多态在实践中的一种应用。为了允许用户构建任意类型的应用程序，库中的 Scene 类接受 Parent 的任意子类型作为其子对象。反过来，通用的 Node 类型提供了处理子节点的功能，而 Parent 是 Node 的子类型。在 JavaFX 中，所有能够作为组件图一部分的对象必须是 Node 的子类型，要么直接地，要么更一般地通过继承 Node 的其他子类型实现。能够包含子节点的 Parent 节点也是 Node 的一种，这反映出，GUI 组件层次结构的设计中也应用了 COMPOSITE 模式。

继续查看这个类图，可以发现 GridPane 类是 Parent 的子类型。因此可以在场景中添加一个 GridPane。GridPane 是用户界面 Node 的一种，专门负责将其子组件组织为网格。笔者将其应用在幸运数应用程序中，以简便地竖直排布数字视图。

在幸运数应用程序中，一个 GridPane 包括一组 Parent 组件。一般情况下，一个 GridPane 可以包括 Node 的任意子类型。但是，在我们的应用程序设计中，有三个类继承自 Parent：TextPanel、IntegerPanel 和 SliderPanel。这些类表达了模型 – 视图 – 控制器分解中的三个数字视图。通过将这些类定义为 Parent 的子类，能够实现两个有用的性质：

- 重用 Parent 的 "父亲" 的功能来简便地向 Node 中添加小部件（如滑块）。
- 将视图类定义为 Node 的子类型，从而能够利用多态将其添加为 GridPane 的子组件。

类图的剩余部分显示树生成叶子的方法：SliderPanel 聚合了一个 Slider 实例，而 TextPanel 和 IntegerPanel 均聚合了一个 TextField 实例。注意，因为这是类图而不是对象图，所以 TextPanel 和 IntegerPanel 均关联 TextField 模型元素并不意味着其实例将引用同一个 TextField 实例。

继承层级虽已在图 8-16 中展示，但实际上为了清晰明了，许多节点的中间类型被省略了。例如，图中显示 GridPane 是 Parent 的直接子类。实际上，GridPane 是 Pane 的子类，而 Panel 又是 Region 的子类，最后 Region 是 Parent 的子类。图 8-17 虽然仍不完整，但是显示了类层次结构的更大图景，并可用于定义 JavaFX 中的组件图。

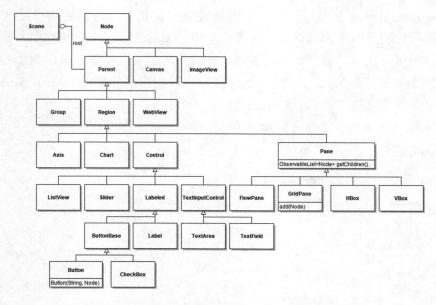

图 8-17　JavaFX 中 Node 类层次结构的一部分

8.6.4　运行时视角

　　运行时视角是实例化的图形用户界面组件图。这一视角可以用对象图表示。图 8-18 展示了幸运数应用程序的实例化组件图。其概念上和逻辑图相似，但其显式表达了对象身份而失去了图形组件的相对位置关系。

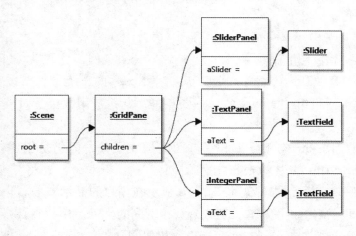

图 8-18　幸运数程序用户界面的运行时视角

8.6.5　定义对象图

　　8.5 节中提到了框架启动后如何调用主应用程序类（本例中为 LuckyNumber）的

start 方法。此 start 方法是扩展框架的自然连接点，也是编写构建组件图代码的地方。下面的代码能够令应用程序构建幸运数组件图的最小版本。实践中，通常情况下这种代码可以用额外的配置代码扩展，并且用辅助方法组织起来。附加的配置代码可以用于美化应用程序，如添加组件间隙、增加窗口标题等。JavaFX 由配置文件创建组件图的功能超出了本书的讨论范围。

```
public class LuckyNumber extends Application
{
  public void start(Stage pStage)
  {
    Model model = new Model();

    GridPane root = new GridPane();
    root.add(new SliderPanel(model), 0, 0, 1, 1);
    root.add(new IntegerPanel(model), 0, 1, 1, 1);
    root.add(new TextPanel(model), 0, 2, 1, 1);

    pStage.setScene(new Scene(root));
    pStage.show();
  }
}
```

start 方法的首条语句创建了 Model 的实例。这一实例将担任 Observer 模式中模型的角色。这和组件图的构建有关，因为图中的一些组件需要访问模型，后文将详细说明这一点。第二条语句创建了 GridPane，其为不可见组件，用以辅助布局子组件。保存该组件引用的局部变量称为 root，有助于指明其为组件图的根。此后，网格中添加了三个应用程序定义的组件。add 方法的参数指明了行列序号和大小。例如，语句：

```
root.add(new SliderPanel(model), 0, 0, 1, 1);
```

指明在网格左上角添加一个 SliderPanel 实例，并仅占一行一列。因为 SliderPanel 是 Parent 的子类型，从而是 Node 的子类型，所以可以将其添加到网格中。关于面板组件实例化的另一要点是，其构造函数接受对模型的引用作为参数。

方法的最后两条语句实际上和组件图的构建无关，但仍是创建 GUI 的关键步骤。调用 setScene 的语句根据组件图创建一个 Scene，并将其赋值给框架的 Stage。最后一条语句请求框架将 Stage 显示在用户的显示器上。

为了进一步了解组件图构建，可以观察接下来的代码，它展示了 IntegerPanel 构造函数中与此有关的部分（其他面板也是相似的）。

```
public class IntegerPanel extends Parent implements Observer
{
  private TextField aText = new TextField();
  private Model aModel;

  public IntegerPanel(Model pModel)
```

```
    {
        aModel = pModel;
        aModel.addObserver(this);
        aText.setText(new Integer(aModel.getNumber()).toString());
        getChildren().add(aText);
        ...
    }

    public void newNumber(int pNumber)
    { aText.setText(new Integer(pNumber).toString()); }
}
```

这段代码阐明了组件图设计中的若干内容。首先，如前文提到过的，应用程序定义的 IntegerPanel 类扩展了框架定义的 Parent 类，以便它可以成为组件图的一部分。其次，IntegerPanel 的实例聚合了框架定义的 TextField 组件。但是，在类中定义 TextField 类型的实例变量这一点并不足以将 TextField 添加到组件图中。为了完成这件事，需要将 TextField 实例添加到 IntegerPanel 中，这通过调用 IntegerPanel 的 getChildren().add(aText) 实现。getChildren() 方法继承自 Parent 类，并用于获得父代用户界面 Node 的子组件列表，以便 TextField 实例添加到该列表。

IntegerPanel 实例也保存了对 Model 的引用。这是因为 IntegerPanel 需要作为 Model 的控制器发出动作，这将在 8.7 节详细解释。同时，也应当关注 IntegerPanel 成为 Model 实例观察者的方法：其声明实现 Observer，并将自身在构造时注册为观察者（构造函数的第二条语句），并提供了对 newNumber 回调的实现。如预期一样地，回调的行为是将用户界面组件 TextField 的值设置为模型中最新的值，此值通过回调的参数获得。

关于组件图设计，值得注意的最后一点是，start 方法中创建的 Model 实例（见前文代码段）存储在局部变量中的方法。换言之，应用程序类 LuckyNumber 并没有管理模型的实例，这种管理仅在每个面板上实现。这一设计决策是为了遵守第 4 章的指引，将域数量最小化。如果不小心行事，应用程序定义的用户界面组件将很容易成为 GOD CLASS†，充斥着大量的对有状态对象的引用，从而使得设计更难以理解。

8.7 事件处理

GUI 框架中，组件图的对象担任了 OBSERVER 中模型的角色。组件一旦启动，它将经过循环持续监控输入事件，并检查其是否对应于应用程序代码观察的事件。图 8-19 展示了这一过程。

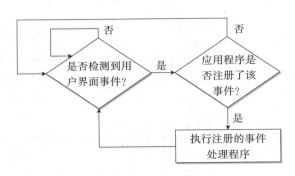

图 8-19　GUI 框架中的事件循环

一般地，事件由框架提供的组件库定义。例如，用户界面组件 TextField 定义了"动作"（action）事件。根据该类的文档，"动作处理程序通常将在用户按下回车键时被调用。"这意味着 TextField 类的实例可以担任 OBSERVER 中模型的角色。图 8-20 展示了代码元素和 OBSERVER 模式角色间的对应关系。

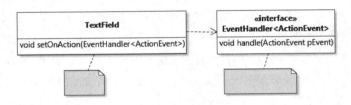

图 8-20　TextField 和其 OBSERVER 角色的对应关系

因此，处理文本框的动作事件非常直观。需要完成的全部内容仅仅包括：

- **定义事件处理程序**。这意味着定义一个类，作为 EventHandler<ActionEvent>的子类型。该类将成为事件处理类。
- **实例化处理程序**。这意味着创建上一步定义的类的实例。此实例将成为事件处理实例，或简单地称之为事件处理程序，或者仅称为"处理程序"。
- **注册处理程序**。这意味着调用模型的（处理程序）注册方法，并将处理程序作为参数传入。在 TextField 一例中，需要调用 setOnAction(handler)。值得注意的是，OBSERVER 的这一应用中有一处有趣的设计决策：TextField只容许有一个观察者。

尽管定义和注册事件处理程序的基本机制是相同的，但是仍然需要作出设计决策，决定在何处放置处理代码。对此有两个主要的可行策略：

- **将处理程序定义为函数对象**，通过匿名类或 lambda 表达式实现（见 3.4 节）。若处理程序的代码简单，并且不需要存储处理程序的专用数据，那么这是一个较好的选择。
- **将处理代理给组件图中的一个元素**，通过声明实现观察者接口。若处理程序的代码更为复杂，或者需要了解目标组件内部结构的许多不同方面时，那么这是一个较好的选择。

下面介绍这两个选项在幸运数应用程序中的实现方法。若使用函数对象策略，可按如下方式完成 `IntegerPanel` 的构造函数的代码：

```java
public class IntegerPanel extends Parent implements Observer
{
  private TextField aText = new TextField();
  private Model aModel;

  public IntegerPanel(Model pModel)
  {
    aModel = pModel;
    aModel.addObserver(this);
    aText.setText(new Integer(aModel.getNumber()).toString());
    getChildren().add(aText);
    aText.setOnAction(new EventHandler<ActionEvent>()
      {
        public void handle(ActionEvent pEvent)
        {
          int number = 1;
          try{ number = Integer.parseInt(aText.getText()); }
          catch(NumberFormatException pException )
          { /* Just ignore. We use 1 instead. */ }
          aModel.setNumber(number);
        }
      });
  }
}
```

采用这一策略，`IntegerPanel` 的构造函数利用匿名类创建函数对象，同时将这一对象注册为文本框动作事件的处理程序。处理程序用作模型的控制器。

此应用程序设计中，此刻有两个有效的 OBSERVER 的应用。一个是 `Model` 被所有三个面板观察，另一个是 `IntegerPanel` 的 `TextField` 被匿名函数对象观察。图 8-21 概括了这一设计。自然地，在完整的应用程序中，也要有文本面板和滑块面板的事件处理程序，这将使得 OBSERVER 的应用数量达到四个。

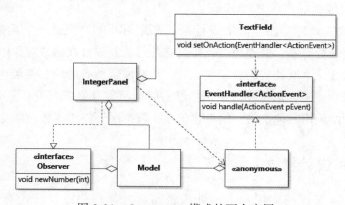

图 8-21   OBSERVER 模式的两个应用

在幸运数应用程序中，一个替代函数对象来定义处理程序的方案是，将 GUI 事件的处理代理给面板组件自身。本例中，这意味着将 IntegerPanel 声明为同时实现 Observer 和 EventHandler<ActionEvent>。如前文一样，Observer 接口用于在模型（数字）发生变化时接收回调。此处的区别是增加了 EventHandler 接口，这将容许 IntegerPanel 响应面板的文本框中"回车"键按下对应的事件。

```
public class IntegerPanel extends Parent implements Observer,
  EventHandler<ActionEvent>
{
  private TextField aText = new TextField();
  private Model aModel;

  public IntegerPanel(Model pModel)
  {
    aModel = pModel;
    aModel.addObserver(this);
    aText.setText(new Integer(aModel.getNumber()).toString());
    getChildren().add(aText);
    aText.setOnAction(this);
  }

  public void handle(ActionEvent pEvent)
  {
    int number = 1;
    try { number = Integer.parseInt(aText.getText()); }
    catch(NumberFormatException pException )
    { /* Just ignore. We'll use 1 instead. */ }
    aModel.setNumber(number);
  }

  public void newNumber(int pNumber)
  { aText.setText(new Integer(pNumber).toString()); }
}
```

这一选择对代码有两种主要影响。其一，handle 方法需要直接在 IntegerPanel 类中声明。其二，因为现在是 IntegerPanel 实例自身负责处理事件，向 aText.setOnAction 传递的实参是 this。

尽管两个放置处理程序代码的设计选项都是可行的，但是在幸运数应用程序中，笔者倾向于使用函数对象。处理程序代码只有几行长，并且在函数对象中处理程序的行为和其他的初始化文本框的代码放置在一处，从而使得所有的内容聚集在一起。尽管这一论断有一个对立意见，但是实践中仍然经常使用函数对象来声明 GUI 事件处理程序。若没有更好的理由采用其他选项，笔者建议在一般情况下使用函数对象这一选项。

8.8 VISITOR 设计模式

除 OBSERVER 模式的应用和事件处理机制以外，控制流反转还有助于在其他应用程序中创建松耦合的设计解决方案。控制流反转的另一个已知的应用是 VISITOR（访问者）设计模式。应用 VISITOR 模式的场景是需要使对象图上支持的操作个数不受限制，但又不影响图中对象的接口。为了说明这种应用，下面将会用到 CardSource 层次结构的另一个变种。图 8-22 展示了一个设计，其中不同类型的具体纸牌源均有共同的 CardSource 接口，但对于 draw() 和 isEmpty() 以外的功能提供了各自不同的接口。

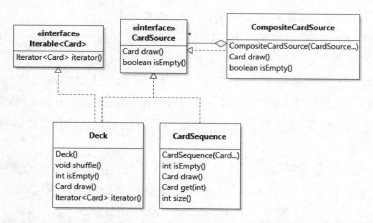

图 8-22　VISITOR 的样例设计场景。构造函数使用了可变数量参数构造来接受未指定的数量的纸牌作为参数。这一机制也为 CompositeCardSource 的构造函数使用

在这个设计中，有三种不同类型的纸牌源。三者都实现了 CardSource 接口，但是其共同点仅限于此。Deck 类可以被混洗，并且是可迭代的。CardSequence 可以由预定义的纸牌列表初始化，但不能混洗，也不可迭代。相反，CardSequence 中的元素可以通过整数下标来访问。因此，该类也包含了 size() 方法。最后，CompositeCardSource 是 COMPOSITE 的相当标准的应用，它具备一个较小的接口（即除了 CardSource 定义以外不提供其他功能）。无论在本例还是一般情况下，实现接口的类提供了接口以外的方法的原因仅仅是因为每个类预期在特定的场景中使用，此时，为了遵从接口分离原则，其额外的方法是必要的，公共类型中仅包含在所有场景中均用到的方法（见 3.8 节）。

只要客户端代码仅仅需要其当下提供的有限的功能，上述设计能够满足其必要需求，但当需要纸牌源的额外功能时，问题将开始浮现。可能在某些时刻用到的功能包括：

- 在控制台输出纸牌源中每张纸牌的描述；
- 获得纸牌源中纸牌的数量；
- 从纸牌源中移除特定的纸牌；
- 判断纸牌源中是否包含特定的纸牌；

- 遍历纸牌源中所有的纸牌。

因为所有的具体纸牌源共享相同的超类型，因此添加这些操作有一个直截了当的解决方案：可以向 CardSource 接口提供新的方法，每个操作对应一个方法，并且在每个子类中实现它们。例如，可以令 CardSource 扩展 Iterable<Card>，并将方法 print()、size()、remove(Card) 和 contains(Card) 添加到声明中。如果这一解决方案适合设计场景，那么就可以采用这一方案，并且不需要 VISITOR 模式。但是，向接口中添加方法有缺点和限制：

- CardSource 接口将会变得过大。不是每个方法可能会在一切场合均用到。如前文所述，存在违反接口分离原则的风险；
- 对于可用于库的具备多重性的数据结构，预测未来必需的操作或许比较困难。添加最后未使用的操作显然属于 SPECULATIVE GENERALITY†。事实上，如果代码最后以库的形式分发，未来的用户不可能，或者不希望修改代码来添加额外的操作。

VISITOR 在这种场合提供了一个机制，使得开发者能够在独立的类中定义需要的操作，并将其"注入"到类的层次结构中。本例中，这意味着可以编写独立的类来实现 contains(Card) 操作，并且用此类判断任何具体的 CardSource 是否保存了所关注的纸牌。

8.8.1　具体和抽象访问者

VISITOR 模式的基石是一个接口，其描述了对象，它能够"访问"对象图中全部关心的类的对象。这一接口应称为抽象访问者（abstract visitor）。抽象访问者遵从一个预设的结构：对于对象结构中每个不同类型的具体类 ElementX 创建一个签名为 visitElementX(ElementX pElementX) 的方法⊖。本例中，抽象访问者可以如下定义：

```java
public interface CardSourceVisitor
{
  void visitCompositeCardSource( CompositeCardSource pSource );
  void visitDeck( Deck pDeck );
  void visitCardSequence( CardSequence pCardSequence );
}
```

如往常一样，具体访问者（concrete visitor）是此接口的实现。VISITOR 模式中，对每个关心的操作均需要实现一个具体访问者。在具体访问者中，每个 visitElementX 方法提供了应用到给定的类的操作行为。例如，向控制台输出纸牌源中所有纸牌的一个简单访问者可以如下定义：

⊖　技术上，可以重载方法以构建更紧凑形式的 visitElementX(ElementX pElementX)。因为 7.5 节讨论过的原因，笔者推荐使用更长的命名形式来避免重载。

```
public class PrintingVisitor implements CardSourceVisitor
{
 public void visitCompositeCardSource(CompositeCardSource pSource)
 {}

  public void visitDeck(Deck pDeck)
  {
    for( Card card : pDeck)
    { System.out.println(card); }
  }

  public void visitCardSequence(CardSequence pCardSequence)
  {
    for( int i = 0; i < pCardSequence.size(); i++ )
    { System.out.println(pCardSequence.get(i)); }
  }
}
```

在这段代码中，首先注意到方法 visitCompositeCardSource 不做任何事。因为复合纸牌源不直接储存纸牌（它们储存了其他纸牌源），因此可以将输出行为推迟给其聚合的实际纸牌源。具体的工作方法见下文。其次注意到 visitDeck 和 visitCardSequence 方法不需要 Deck 和 CardSequence 拥有相同的接口，它们可以使用具体类型上一切可用的方法来实现所需的行为。

具体访问者实现中另一个有趣的现象是它提供了以功能而不是以数据组织代码的方法。在传统的设计中，实现输出操作的代码可能分散在三个纸牌源类中。在这个设计中，所有的代码均在同一个类中。VISITOR 的好处之一是允许以另一种方法划分类的责任，继而以不同的尺度（即功能为中心和数据为中心）分离关注点。

8.8.2　在类层次结构中集成操作

尽管具体访问者将良好定义的操作分离到了它自己的类中，但是仍然需要将其集成到定义了操作应用到的对象图的类层次结构（下文简称"类层次结构"）中。这种集成通过一个通常被称为 accept 的方法实现，该方法是访问者对象到对象图的关口。accept 方法接受抽象访问者类型（本例中为 CardSourceVisitor）的单参数对象。除非有合理理由，否则通常将 accept 方法定义在类层次结构的共同超类型中：

```
public interface CardSource
{
  Card draw();
  boolean isEmpty();
  void accept(CardSourceVisitor pVisitor);
}
```

具体类型实现 accept 之处就是集成实际发生的地方。该实现遵从一个既定准则：对定义了 accept 方法的类的类型调用相应的 visit 方法。例如，Deck 类对 accept 的实现如下所示：

```
public void accept(CardSourceVisitor pVisitor)
{ pVisitor.visitDeck(this); }
```

而对 CardSequence，则如下所示：

```
public void accept(CardSourceVisitor pVisitor)
{ pVisitor.visitCardSequence(this); }
```

两个 accept 实现的区别仅仅在于被调用的特定 visitElementX 方法。CompositeCardSource 类的 accept 实现稍为复杂，并将在 8.8.3 节讨论。

图 8-23 显示了在本例中应用 VISITOR 的结果。图中包括两个具体访问者以强调这一模式旨在向类层次结构中添加多个操作。

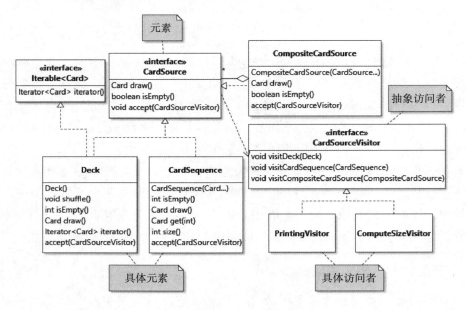

图 8-23　访问者模式的样例应用程序，其中对象角色的名字以注释表示

定义好 accept 方法后，在对象图中执行操作就等于创建表达这一操作的具体访问者对象，并将这一对象作为参数传递给目标对象上的 accept 方法：

```
PrintingVisitor visitor = new PrintingVisitor();
Deck deck = new Deck();
deck.accept(visitor);
```

图 8-24 展示了在 Deck 实例上调用 accept 的结果。客户端代码保存了对具体访问者的引用，并在 Deck 实例上调用 accept 方法，其中访问者作为参数。accept 方法随之反过来调用访问者上的适当方法。依这一顺序，visitDeck 方法属于回调方法的一种。若对象结构复杂，判断何时执行 visit 方法可能不太容易甚至不可能。就像在 OBSERVER 模式中模型在适当时机反过来调用观察者一样，在 VISITOR 模式中，具体元素在适当时机调用观察者。

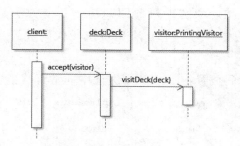

图 8-24　Visitor 应用中调用 accept 方法的时序图

8.8.3　遍历对象图

目前在 Observer 的应用中，仍然省略了模式的一个关键部分：遍历对象图。任何具有超过一个元素的对象图都有一个聚合节点作为根。本例中这个节点是 CompositeCardSource，所以让我们观察一下在这样的节点应用操作时发生的事情。假设像 Deck 和 CardSequence 一样，为这个类实现了 accept 方法，代码如下所示：

```java
public class CompositeCardSource implements CardSource
{
  public void accept(CardSourceVisitor pVisitor)
  {
    pVisitor.visitCompositeCardSource(this);
  }
}
```

此后，若在 CompositeCardSource 实例上调用 accept，此方法将简单地启动其回调 visitCompositeCardSource，这一回调不执行任何操作。

Visitor 模式的两大核心想法是（1）允许集成开放的操作集合，（2）这些操作可以通过遍历对象图应用，通常是递归的（应用）。为了使模式中遍历的部分能够起作用，目标层次结构中最少需要一个节点类型作为其他类型的聚合。本例中，这一角色由 CompositeCardSource 担任。考虑图 8-25 中介绍的对象图。如果想要通过 root 纸牌源输出所有可及的纸牌，就需要遍历整个图来找到所有纸牌。同样，也需要进行这样的遍历来数出纸牌源中纸牌的总数，或移除特定纸牌的所有实例等。

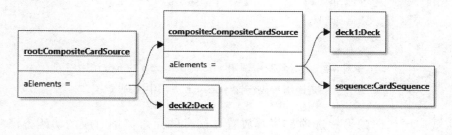

图 8-25　CardSource 类型生成的对象图的样例

有两种方法在 VISITOR 中实现对象图遍历。一个方法是将遍历代码放置在聚合类型的 accept 方法中。另一个方法是将这段代码放置在作为聚合类型回调的 visit 方法中。

本例中，将遍历代码放置在 accept 方法中非常直截了当：

```java
public class CompositeCardSource implements CardSource
{
  private final List<CardSource> aElements;

  public void accept(CardSourceVisitor pVisitor)
  {
    pVisitor.visitCompositeCardSource(this);
    for( CardSource source : aElements )
    { source.accept(pVisitor); }
  }
}
```

因为遍历代码在发生聚合的类中实现，其可以访问存储聚合的私有域（aElements）。能够访问私有结构是将遍历代码实现在 accept 方法中的主要动机。下面将讨论这一选择的其他优缺点。图 8-26 展示了在图 8-25 的 root 目标节点上调用 accept 产生的调用序列的开头部分。本图清晰地显示出具体访问者是回调方法的实现：某个独立的代码遍历对象结构，并调用适当的 visitElementX 回调，同时访问者对象的方法直接响应这些访问通知。因为 accept 的一些调用来自另一个 accept 调用的活动条，由此可以看出，遍历代码实现于 accept 中。

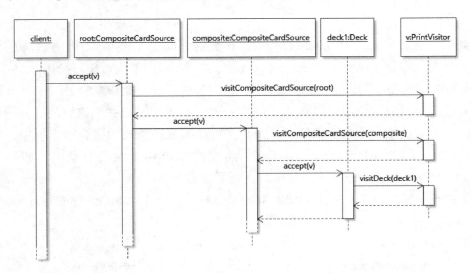

图 8-26　图 8-25 的对象图中调用 root.accept 的部分调用序列，假定遍历代码在该 accept 方法中实现

实现遍历代码的另一选项是将其放置在聚合的元素类型对应的访问方法中。本例中，这与前文一样，也是 CompositeCardSource。不幸的是，在这个例子中

不能够直接实现这一选项，因为聚合类不提供对其聚合的 CardSource 对象的公有访问。因为 visit 方法的代码在独立的类中，因此需要寻找一种方法来访问私有域 aElements 中存储的对象。为了实现这种访问，可以令 CompositeCardSource 能够在其聚合的 CardSource 实例上迭代。但是，此需求削弱了类的封装级，这是这一设计决策的缺点。

```java
public class CompositeCardSource implements CardSource,
  Iterable<CardSource>
{
  private final List<CardSource> aElements;

  public Iterator<CardSource> iterator()
  { return aElements.iterator(); }
  ...
}
```

通过 CompositeCardSource 的这个额外功能，现在可以将遍历代码移出 accept 方法，并随之更新具体访问者 visitCompositeCardSource 的代码：

```java
public class PrintVisitor implements CardSourceVisitor
{
  public void visitCompositeCardSource(
    CompositeCardSource pCompositeCardSource)
  {
    for( CardSource source : pCompositeCardSource )
    { source.accept(this); }
  }
  ...
}
```

图 8-27 展示了图 8-25 中对象图根元素对应的调用序列。

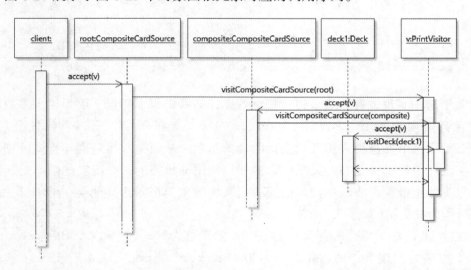

图 8-27　图 8-25 的对象图中调用 root.accept 生成的部分调用序列，假定遍历代码在 visit 方法中实现

如前文所述，将遍历代码放置在 accept 方法中的主要优点是其可以辅助实现更强的封装，因为不需要通过类的接口便可以访问内部结构。但其主要缺点是遍历顺序固定，而不能随不同的访问者变化。在这一简单的例子中，遍历顺序并不重要。但是，假定在输出访问者中，我们关心纸牌输出的顺序。上述 accept 方法的代码实现了先序遍历（先访问父节点，然后访问孩子节点）。但是，有些操作可能要求后序遍历（先访问孩子节点，然后访问父节点）。如果遍历代码在 accept 中实现，那么具体访问者无法修改它。简言之，若目标对象的封装更为重要，那就应该将遍历代码放置在 accept 方法中。若修改遍历顺序的能力更为重要，那么就应该将遍历代码放置在 visit 方法中。

8.8.4 Observer 模式中使用继承

在哪里放置遍历代码这一问题再次引发了 Duplicated Code†的讨论。如果将遍历代码放置在 visit 方法中，并且有超过一个具体访问者类，那么每一个类都需要在 visit 方法中重复遍历代码。缓和这一问题的常见解决方案是定义一个 **abstract**（抽象）访问者类来保存默认的遍历代码⊖。对于本例，下面的代码可以很好地实现 **abstract** 访问者类：

```java
public abstract class AbstractCardSourceVisitor
  implements CardSourceVisitor
{
  public void visitCompositeCardSource(
    CompositeCardSource pCompositeCardSource)
  {
    for( CardSource source : pCompositeCardSource )
    { source.accept(this); }
  }

  public void visitDeck(Deck pDeck) {}

  public void visitCardSequence(CardSequence pCardSequence) {}
}
```

关于这一实现，有两点值得注意。首先，笔者保留了接口。因为绝大多数具体访问者会实现为 AbstractCardSourceVisitor 的子类，所以自然地会想到，为什么不用这个抽象类来担任抽象访问者的角色，从而抛弃接口呢？普适的理由是接口在设计中提供了更高的灵活性。例如，使用抽象类的一个现实的缺点是，因为 Java 只支持单继承，所以将抽象访问者定义为抽象类将阻止其他类在继承另一个类的同时作为抽象访问者。

在上述代码中第二个值得注意的细节是，Deck 类和 CardSequence 的 visit 方法被实现为空的占位符。因为 AbstractCardSourceVisitor 被声明为 **abstract**，所以这些声明并不必要。但是，为访问方法提供空实现将允许抽象

⊖ 这里要将 **abstract** 访问者类和抽象访问者区别开来，后者通常是一个接口。

访问者类作为适配器提供功能（适配器类在 8.3 节中介绍过）。在这一模式更实际的应用中，元素类型层次可能包含几十个不同的类型，这将对应大量的 visit 方法。提供这些空实现后，具体观察者只需要重载与其希望访问的类型有关的方法。

例如，下面的声明创建了一个匿名访问者类，其输出纸牌源结构里每个 CardSequence 中纸牌的数量，并忽略其他内容。因为该类继承了遍历代码，组合纸牌源中聚合的纸牌序列也会被访问。

```java
CardSourceVisitor visitor = new AbstractCardSourceVisitor()
{
   public void visitCardSequence(CardSequence pSequence)
   { System.out.println(pSequence.size() + " cards"); }
};
```

更为细致地，下面的代码实现了输出对象图表示的访问者，其输出包含纸牌源类型的嵌套深度。

```java
public class StructurePrinterVisitor
   extends AbstractCardSourceVisitor
{
   private int aTab = 0;

   private String tab()
   {
      StringBuilder result = new StringBuilder();
      for( int i = 0; i < aTab; i++ )
      { result.append(" "); }
      return result.toString();
   }

   public void visitCompositeCardSource(
      CompositeCardSource pCompositeCardSource)
   {
      System.out.println(tab() + "Composite");
      aTab++;
      super.visitCompositeCardSource(pCompositeCardSource);
      aTab--;
   }
   public void visitDeck(Deck pDeck)
   { System.out.println(tab() + "Deck"); }

   public void visitCardSequence(CardSequence pCardSequence)
   { System.out.println(tab() + "CardSequence"); }
}
```

对图 8-25 的对象图应用此访问者将输出：

```
Composite
   Deck
   Composite
      Deck
      CardSequence
```

这个例子为目前的讨论引入了两个新视点。其一，访问者是有状态的，即其储存了数据。特别是该类定义了 aTab 域，存储了目前访问的元素的深度。访问组合纸牌源聚合的元素时，深度将增加。相应地，上述代码中需要注意的第二点是，其通过超级调用（super call）重用遍历代码。此处，抽象访问者类中实现的先序遍历是我们所需的。但是，当访问复合纸牌源时，需要增加额外的代码。为了使之成为可能，此处重写了 visitCompositeCardSource 来管理缩进层次，并在合适的时候让超级调用触发遍历代码。

8.8.5　在访问者结构中支持数据流

目前具体访问者的例子中谨慎地避免了数据流的问题，因为 PrintVisitor 既不需要输入，也不产生输出。然而，现实中绝大多数的操作都涉及数据流。例如，计算纸牌源中全部纸牌数量的访问者必须能够返回这一数字。又例如，判断纸牌源中是否包含特定纸牌的操作必须将关注的纸牌作为输入。当操作以传统方法实现时，这种数据流不是一个问题：输入可以作为方法的参数传入，而输出可以通过返回语句返回到调用上下文中。在访问者模式中，这种方法不可能实现。为了支持一个通用的、可扩展的在对象图中定义操作的机制，VISITOR 模式要求不能对操作输入和输出的性质做出任何假设。

因此，基于 VISITOR 的操作的数据流以一种不同的方式实现，即在访问者对象中存储数据。输入值可以在构建新的访问者对象时提供，并让它可以被访问方法获得。输出值可以由 visit 方法在遍历对象图的过程中储存在内部，并通过取值方法（getter method）提供给客户端代码。接下来依次考虑这两个情况，从输出值开始。为了举例说明此过程，下面实现了一个计算纸牌源中纸牌总数的访问者。这一版本假定上文定义的抽象访问者类可用：

```java
public class CountingVisitor extends AbstractCardSourceVisitor
{
  private int aCount = 0;

  public void visitDeck(Deck pDeck)
  {
    for( Card card : pDeck) { aCount++; }
  }

  public void visitCardSequence(CardSequence pCardSequence)
  { aCount += pCardSequence.size(); }

  public int getCount() { return aCount; }
}
```

为了使用这一操作，需要在变量中保存所构造的访问者的引用，从而可以在后续获得数量信息。

```java
CountingVisitor visitor = new CountingVisitor();
root.accept(visitor);
int result = visitor.getCount();
```

作为最后的例子，此处定义了一个实现检查纸牌源结构中是否包括特定纸牌操作的访问者，这一操作同时需要输入和输出。

```java
public class ChecksContainmentVisitor
  extends AbstractCardSourceVisitor
{
  private final Card aCard;
  private boolean aResult = false;

  public ChecksContainmentVisitor(Card pCard)
  { aCard = pCard; }

  public void visitDeck(Deck pDeck)
  {
    for( Card card : pDeck)
    {
      if( card.equals(aCard))
      {
        aResult = true;
        break;
      }
    }
  }
  public void visitCardSequence(CardSequence pCardSequence)
  {
    for( int i = 0; i < pCardSequence.size(); i++ )
    {
      if( pCardSequence.get(i).equals(aCard))
      {
        aResult = true;
        break;
      }
    }
  }

  public boolean contains()
  { return aResult; }
}
```

　　尽管这一实现可行，但是其并不如预料的一样高效，因为即使纸牌已经被找到，仍需要遍历聚合节点。幸运的是，VISITOR 的结构允许我们消除这种低效，而对总体设计影响甚微：需要的全部工作仅包括提供 visitCompositeCardSource 的一个新实现，使其仅在纸牌未找到时触发遍历。

```java
public void visitCompositeCardSource(
  CompositeCardSource pCompositeCardSource)
{
  if( !aResult )
  { super.visitCompositeCardSource(pCompositeCardSource); }
}
```

小结

　　本章介绍了将状态信息的管理和信息查询分离的控制流反转方法。控制流反转是

OBSERVER 模式背后的原理，反过来，OBSERVER 模式是驱动图形用户界面框架开发的核心机制。

- 避免 PAIRWISE DEPENDENCIES†以保持对象间状态同步。
- 考虑将负责数据存储、查看和更新的代码分离（模型 – 视图 – 控制器分解）。
- 为了降低视图和模型间的耦合，考虑使用 OBSERVER 模式，该模式利用控制流反转来更新视图。
- 在 OBSERVER 的应用中，模型类可以脱离观察者使用，并且通常来讲不依赖其任何观察者的特定类型。
- 在 OBSERVER 中，模型聚合了一组抽象观察者。抽象观察者是一个接口，其被具体观察者实现。
- 抽象观察者接口应当定义一个或多个回调方法，它们对应于模型中的状态改变事件。
- 模型需要在改变状态时通知观察者，但发送通知的时机是一个设计决策。
- 模型及其观察者间交换数据的策略有两种：推或拉。
- 回调方法可以视为"事件"以支持"事件驱动程序设计"。这种情况下，模型是事件源，观察者是事件处理程序。
- 一个抽象观察者可以定义多个回调。抽象观察者接口也可以划分为若干小观察者接口，为观察者响应事件提供更大的灵活性。
- 如果许多时候观察者将回调实现为什么都不做，可以考虑引入适配器类。
- GUI 应用程序由实例化 GUI 框架提供的应用程序骨架构建。扩展和定制框架的应用程序代码可以划分为两部分：组件图构建和事件处理。
- 可以从四个不同视角考虑 GUI 组件图：用户体验、逻辑、源代码和运行时。
- 组件图必须在用户界面可见前实例化。在 JavaFX 中，此实例化在应用程序类的 start 方法中触发。
- 可以继承 GUI 框架的组件类来创建自定义图形组件，并添加到应用程序的 GUI 组件图。
- 为使 GUI 应用程序可交互，需要为 GUI 事件定义处理程序，其中 GUI 事件源自组件图中的不同对象。处理程序可以被定义为组件图中对象的观察者。
- 可以用函数对象定义处理程序，或者将处理代理给组件图中的对象。
- 考虑应用访问者模式来允许扩展对象结构以支持开放的操作集合，同时不需要修改定义此对象结构的类的接口。

代码探索

除幸运数应用程序以外，本书三个实例项目均为 GUI 应用程序，它们为深入探索 GUI 设计提供了许多机会。接下来的指引有助于开始探索。

幸运数

幸运数应用程序的大部分设计都在本章解释过，并且完整的源代码可以在本书网站获得。本章未包括的设计只和 SliderPanel 有关。与本章主要讨论的 IntegerPanel 不同于 SliderPanel 并没有直接地向其聚合的 Slider 组件注册处理程序。相反地，它通过 Slider 的属性来注册处理程序，如：

```
aSlider.valueProperty().addListener(new ChangeListener<Number>()
{
    public void changed(ObservableValue<? extends Number> pValue,
        Number pOld, Number pNew)
    { aModel.setNumber(pNew.intValue()); }
});
```

属性是一个高级概念，本书没有直接介绍。但是，上述代码的基本逻辑可以视作 OBSERVER 的直接应用，区别是没有向用户界面组件注册观察者，而是将此观察者直接注册到关注的值（滑块的当前值）的一个包装上。

扫雷游戏

扫雷游戏的完整 GUI 代码位于其应用程序类 Minesweeper 中。createScene 方法实例化基本组件图，并将根存储在应用程序类的实例变量 aGrid 中。refresh() 方法在每次被调用时重新构建与雷区对应的网格。三个辅助方法 create*Title 创建了组件图的叶节点（其实际上是小方形按钮）。这些方法同样定义和注册了单击小块的处理程序。本例中，处理程序被定义为 lambda 表达式。

单人纸牌游戏

单人纸牌游戏的 GUI 代码位于 ...solitaire.gui 包中。应用程序类是 Solitaire。除应用程序类、CardDragHandler 和 CardTransfer 以外，包中每个类都定义了一个图形组件面板，各自负责呈现 GameModel 数据的一个特定组件。例如，DiscardPileView 是框架类 Hbox 的子类，后者也是一个 GameModelListener。当游戏模型发生改变时，这个组件对事件（gameStateChanged()）作出响应，并在弃牌堆顶部显示纸牌的图片。如往常一样，组件图在应用程序的 start 方法中构建。

单人纸牌游戏应用程序的设计依赖一个称为拖放（drag-and-drop）的 GUI 功能。尽管拖放功能的设计并不在本章中直接介绍，但是其操作同样是基于 OBSERVER 模式的。基本想法是，纸牌的图片是组件图中的对象，并且可以为此组件上的拖拉手势对应的事件注册处理程序。

JetUML

JetUML 的用户界面并不简单，但它利用了众多的 GUI 框架功能（菜单、选项卡、对话框和持久属性），因此对有兴趣深入了解 GUI 程序设计的读者，研究其代码将会收获很多。

应用程序类是 UMLEditor，但主要的复杂功能实现由 EditorFrame 类完成，该类负责创建应用程序的顶层窗口。仔细阅读 EditorFrame 的代码将了解用户界面代码背后主要的设计决策，包括管理选项卡的方式、创建菜单的方式以及创建对话框的方式。

延伸阅读

如其他模式一样，四人组之书 [6] 中有 OBSERVER 模式和 VISITOR 模式的原始描述。

在 *Patterns of Enterprise Application Architecture* [4] 一书中，Fowler 将模型 – 视图 – 控制器描述为一种 Web 表达模式。*Pattern-Oriented Software Architecture Volume 4: A Pattern Language for Distributed Computing* [2] 一书中将其表达为软件架构的模式，并且将其集成为设计分布式应用程序的一种通用模式系统。

关于 JavaFX 的大量额外信息可以在 Java 技术提供商（如 Oracle 和 OpenJDK）的网站上找到。

函数式设计

本章包含以下内容。
- **概念与原则**：行为参数化、一等函数、高阶函数、函数式程序设计。
- **程序设计机制**：函数式接口、lambda 表达式、方法引用、流。
- **设计技巧**：行为复合、函数作为数据资源、接口与一等函数分离、管道、映射 – 规约。
- **模式与反模式**：STRATEGY（策略），COMMAND（命令）。

面向对象设计提供了许多有价值的组织数据和计算的原理与技术。但在设计应用软件时，也可以使用其他构建软件的方法。本章介绍的设计方法使用函数作为基本构件。函数式设计使用高阶函数组织代码，这里的高阶函数指以其他函数为参数的函数。使用高阶函数的程序设计语言需要支持以函数为一等程序元素的机制。本章概述了支持函数式程序设计的 Java 机制，以及如何利用这种机制将函数式元素集成在整个应用中。

设计场景

本章考虑的设计问题重点在于表示纸牌的对象集的处理。问题包括对一组纸牌进行排序、比较、过滤和计算各种总体值（如基数）。为了便于使用设计模式，运行实例还包括了存储纸牌对象和显示纸牌对象的模型 – 视图分离，以及在表示一副牌的实例上定义命令。

9.1　一等函数

到目前为止，我们已经通过根据类和对象来组织数据和计算的方式，应用了大多数设计原理。这种方式与面向对象程序设计范式的理念是一致的。但是，在某些情况下使用对象实现一个设计方案显得有些不自然。我们在 3.4 节已经看到这种情况的实例，并引入了函数对象的概念。例如，对纸牌列表进行排序的库方法 `Collections.sort(...)` 需要一个类型为 `Comparator<Card>` 的输入参数，

其唯一作用是提供 `compare(Card,Card)` 方法的实现⊖。我们可以创建一个函数对象来提供该参数，它是一个匿名类的实例：

```
List<Card> cards = ...;
Collections.sort(cards, new Comparator<Card>()
{
  public int compare(Card pCard1, Card pCard2)
  { return pCard1.getRank().compareTo(pCard2.getRank()); }
});
```

上一段代码不太自然，因为从严格的软件设计角度来说，`sort` 方法需要的只是纸牌的比较行为，但是，这里实际提供的是一个对象的引用，后者一般被认为是数据以及数据上方法的集成。因此，这里的设计目标与用于完成设计目标的程序设计机制在概念上不匹配。这里的设计目标是将 `sort` 方法的行为参数化，而我们实现目标的机制是传递一个对象的引用。更好的方法应该是让 `sort` 方法直接用一个期望的排序函数做输入。

但是，让一个函数作为其他函数的输入需要程序设计语言支持一等函数（first-class function）。这意味着函数也是值，可以作为参数进行传递，存储在变量中，而且可以是其他函数的返回结果。

Java 8 开始在语法上支持一等函数（实际是模拟）。例如，可以在 `Card` 类中定义一个函数，用于比较两张牌的点数：

```
public class Card
{
  private static int compareByRank(Card pCard1, Card pCard2)
  { return pCard1.getRank().compareTo(pCard2.getRank()); }
}
```

并且将该函数的引用作为 `sort` 方法的第二个实参：

```
Collections.sort(cards, Card::compareByRank);
```

这种代码可以编译并达到目的，实际上这是一种语法糖，让我们以为使用了一等函数，但实际上将方法引用 `Card::compare` 转换为一个 `Comparator<Card>` 实例。9.2 节给出了以上代码的语法和详细行为的解释。在设计中能够使用一等函数具有重大的意义。在某些情况下，这是让一个解决方案的意图更明显、减少混乱代码、有效增加代码重用性的主要设计工具。

有了一等函数，才有可能设计用其他函数做参数的函数。这种函数称为*高阶函数*（higher-order function）。从函数式的观点看以上代码，可以认为 `Collections.sort` 是一个高阶函数。在某些场合下，整个应用原则上可用高阶函数构建。在这种情况下，我们说这个应用是基于*函数式程序设计范式*（functional programming paradigm）的设计。使用高阶函数本身并不意味着一个应用的整体设计就是"函数

⊖ 本章的"函数"表示计算的一般抽象。在 Java 中，函数既可以指静态的实例方法，也可以指动态的实例方法。

式"的。函数式程序设计是一个更广泛的范式，其中计算是通过数据的转换完成的，在理想的情况下不会改变状态。

即使仅限于 Java 语言，函数式程序设计也是一个重要话题，其细节内容超出了本书的讨论范围。关于 Java 语言中函数式程序设计的优缺点及其相关内容，请参阅延伸阅读提供的文献。本章的目的在于提供函数式程序设计的基本知识，以便将函数式元素集成在其他面向对象设计中。一等函数为探索设计空间、实现设计原则和应用设计模式提供了一种新层次的通用性。为此，即使我们并不是构建严格的函数范式意义下的应用，理解函数式程序设计也很重要。在此基础上，本章最后一部分介绍映射 – 规约程序设计模型，这也是本书最接近完全函数式程序设计的部分。

9.2　函数式接口、lambda 表达式和方法引用

Java 支持一等函数的三种机制是函数式接口、lambda 表达式和方法引用。下面将依次介绍这三种机制。

9.2.1　函数式接口

在 Java 语言中，一个函数式接口（functional interface）是只声明单个抽象方法的接口类型。例如，我们可以定义一个表示"过滤"一组纸牌的接口：

```
public interface Filter
{ boolean accept(Card pCard); }
```

函数式接口没有任何特别之处，它们就像其他任何接口一样。我们可以声明实现这些接口的类。例如，可以使用匿名类定义一个只接受黑色纸牌（黑桃或梅花）的过滤器：

```
Filter blackCardFilter = new Filter()
{
  public boolean accept(Card pCard)
  { return pCard.getSuit().getColor() == Suit.Color.BLACK; }
};
```

这个例子说明函数式接口 Filter 如何定义一个最小的行为片段，这一概念已在 3.2 节中引入。但在函数式程序设计中，函数式接口还有另一个重要作用：它们定义了一个函数类型（function type）。函数类型的理念基本上是这样的：如果我们暂时不考虑隐式参数，那么可以认为接口 Filter 的 accept 方法是一个函数，其输入参数是一个 Card 实例，返回值是一个布尔值。因此，我们定义了一个类型为 Card→boolean 的函数。因为 Filter 接口仅定义了单个抽象方法，实现该接口等同于为该函数提供实现。再增加一点想象力，可以认为获取一个 Filter 实例等价于获得一个方法实现，该方法的输入参数是一个 Card 实例的引用，并返回一个 boolean。因此，函数式接口可以起到函数类型的作用。

函数式接口定义中的词语抽象（abstract）很重要。从 Java 8 开始，接口可以定义静态方法和默认方法。因为这些方法直接在接口中实现，实现接口的类型不需要提供它们的实现。因此，根据定义，静态方法和默认方法不是抽象的。这也意味着一个接口可以定义多个方法，而且如果只有一个方法是抽象的，那么这种接口仍然称得上是函数式接口。这种接口的一个很好的例子是 Comparator<T>（参见 3.4 节）。Comparator<T> 接口定义了许多静态方法和默认方法，其目的稍后会在本章阐明。但是，该接口定义了单个抽象方法 **int** compare(T,T)（其中 T 是一个类型参数）。因此，Comparator 是一个定义了函数类型（T, T）→**int** 的函数式接口。这种函数式程序设计的意义是，我们可以将 Comparator<T> 的实例视为一等函数。

为了便于函数式程序设计，Java 8 引入了函数式接口库 java.util.function。这些接口提供了最常用的函数类型，如泛型类型 Function<T,R>，它表示引用类型之间的任何一元函数的类型[⊖]。该接口只有一个 apply 方法。

如果不使用前面自定义的 Filter 接口，而使用库类型，那么可以用函数式接口 Predicate<T>，它所表示的函数类型只有一个类型为 T 的参数，返回结果为布尔值[⊖]。Predicate<T> 的抽象方法名是 test(T)。因此，可以将前面的代码重写为：

```
Predicate<Card> blackCardFilter = new Predicate<Card>()
  {
    public boolean test(Card pCard)
    { return pCard.getSuit().getColor() == Suit.Color.BLACK; }
  };
```

因为函数式接口定义了函数类型，因此，函数式接口是 Java 中函数式设计的基础。

9.2.2　lambda 表达式

使用函数式接口便更接近用一等函数编写程序了。但是，对于匿名类，在实例中声明函数行为看上去仍然是面向对象的。回顾前面"黑色纸牌"谓词的实现：

```
Predicate<Card> blackCardFilter = new Predicate<Card>() { ... };
```

谓词行为定义中关键字 **new** 的使用表明我们仍然在创建对象。为了用一等函数更直接地表达设计，可以将函数式接口的实现定义为 lambda 表达式。lambda 表达式是函数行为的紧凑表达式，其名称源于表示计算的数学系统 lambda 演算。在 Java 语言中，lambda 表达式基本上是匿名函数。这种记法在 3.4 节有简短介绍。现在我们在函数式程序设计的场景下再来了解这个记法。在实例中使用 lambda 表达式，可

⊖　对涉及基本类型的函数，存在其等价的接口类型，如 IntFunction<R>。

⊖　与 Function<T,R> 不同，Predicate<T> 只有一个类型参数，因为返回类型是由接口确定的。因此，对应于 Predicate<T> 的函数类型是 T→**boolean**。我们也可以用 Function<Card, Boolean> 表示过滤接口，但是，这种选择效率不高，因为中间涉及自动打包。

以如下表示：

```
Predicate<Card> blackCardFilter =
  (Card card) -> card.getSuit().getColor() == Suit.Color.BLACK;
```

lambda 表达式的语法稍后介绍，现在只需明白，在箭头（->）左面是函数的参数，箭头右边是函数体。尽管这段代码与使用匿名类有相同的效果，但是，语法中不再使用关键字 **new**。除了使设计显得更紧凑外，这段代码更明显地表现我们的目的是用行为（一个函数）初始化 blackCardFilter，而不是用数据（一个对象）。也可以说函数是"匿名的"，因为在声明中没有出现函数名。从设计的角度看，我们并不在意函数的实际名称，因为该函数将通过函数式接口中的方法名进行多态调用。因为函数式接口为重用设计，因此其定义的方法名通常比较笼统，没有很多有关该方法功能的信息。在这个例子中，函数式接口 Predicate<T> 中的方法是 test(T)，无法根据方法名得知 lambda 表达式的实际行为（如果纸牌的颜色是黑色，则返回 **true**）。通常可以根据 lambda 表达式本身的代码获取相关的行为信息，或者也可以通过有一定信息的变量名（如上例）。在 Java 中，lambda 表达式的语义通常不出现在头注释文档中。

lambda 表达式的语法由三部分构成：一个参数列表，一个右箭头（字符 ->）以及 lambda 表达式体。在上例中，参数列表是 (Card card)。当表达式不需要参数时，只需要用一组空括号 ()->。lambda 表达式体可以用以下两种方式：

- 单个表达式（如 a == 1）。
- 一个或者多个语句构成的语句块（如 {**return** a == 1;}）。

在 blackCardFilter 例子中，lambda 表达式体的定义使用了第一种方式。因为给定函数式接口后，期望的返回类型是 **boolean**，而且表达式求值结果也是布尔值，所以关键字 **return** 是多余的，可以简单地认为求值结果就是返回值。使用关键字 **return** 将把表达式转换为一个语句，因此违背语法。值得注意的是，当 lambda 表达式体以表达式的形式给出时，其后不需要分号。在 blackCardFilter 例子中，最后的分号终止整个赋值语句，而不是 lambda 表达式。下面将该 lambda 表达式重写成一个语句块：

```
Predicate<Card> blackCards =
  (Card card) ->
    { return card.getSuit().getColor() == Suit.Color.BLACK; };
```

这段代码与前一段代码有完全一样的行为。但是，因为 lambda 表达式体不再是单个表达式，我们需要对仅有一条语句的语句块周围加上花括号，用关键字 **return** 表示返回的值是什么，并在该语句最后用分号表示终止。可以看出，第一种方式（使用一个表达式）更紧凑。通常，在编写 lambda 表达式时，首先尽可能以表达式的形式定义，只有计算比较复杂时，才使用多个语句，写成一个块。

lambda 表达式会由编译器进行检查，并通过推理过程转换为函数对象。本质上，当编译器看到一个 lambda 表达式时，它尝试将其与一个函数式接口匹配。在以上代码中，赋值语句的右边是一个 lambda 表达式。编译器因此将查找被赋 lambda 表达式的变量类型，确保一切均能匹配，即：

- 该变量的类型是一个函数式接口。
- lambda 表达式的参数类型与函数式接口的参数类型相容。
- lambda 表达式体的返回值类型与函数式接口中的一个抽象方法的返回类型相容。

编译器除了检测代码正确性之外，还有其他的作用：它可以推导（infer）出代码的某些信息。因为 lambda 表达式实现的函数参数类型已经在对应函数式接口的抽象方法定义中说明，因此没有必要在 lambda 表达式中重复这个类型信息。为了使代码更紧凑，我们可以省略参数类型 Card 的声明：

```
Predicate<Card> blackCardFilter =
   (card) -> card.getSuit().getColor() == Suit.Color.BLACK;
```

事实上，如果函数类型取单个参数，那么我们甚至可以省略参数周围的括号：

```
Predicate<Card> blackCardFilter =
   card -> card.getSuit().getColor() == Suit.Color.BLACK;
```

在 lambda 表达式的定义中是否包含参数类型，这只是一个代码风格问题。但是，要牢记一点，参数类型有助于提高代码的可读性。当带有类型时，简短的变量名更可取。例如，可以如下重写以上代码：

```
Predicate<Card> blackCardFilter =
   (Card c) -> c.getSuit().getColor() == Suit.Color.BLACK;
```

基本上，lambda 表达式是初始化函数式接口的习惯做法，就像匿名类一样。为此，可以像调用任何其他方法一样调用通过 lambda 表达式实现的单个方法。例如，要计算一个 Deck 实例中黑色牌的数目，可以这样做（假设 Deck 是可迭代的）：

```
Deck deck = ...
Predicate<Card> blackCardFilter =
   card -> card.getSuit().getColor() == Suit.Color.BLACK;
int total = 0;
for( Card card : deck )
{
  if( blackCardFilter.test(card) )
  { total++; }
}
```

当需要实现库或应用函数的内部行为时，lambda 表达式也是很好的选择。例如，ArrayList 类的 removeIf 方法只有一个类型为 Predicate<T> 的参数，并且删除 ArrayList 中满足该谓词的所有元素。给定一个 Card 的 ArrayList，可以用以下的单个调用删除列表中的所有黑色牌：

```
ArrayList<Card> cards = ...
cards.removeIf(
   card -> card.getSuit().getColor() == Suit.Color.BLACK);
```

9.2.3　方法引用

当用户要求的行为在某些地方没有定义时，lambda 表达式尤为有用。但是，部分代码需要的行为已有实现，这也是常见的情况。考虑 Card 类的另一种略有不同的设计，其中包含两个辅助方法：

```
public final class Card
{
  public boolean hasBlackSuit()
  { return aSuit.getColor() == Color.BLACK; }

  public boolean hasRedSuit()
  { return aSuit.getColor() == Color.RED; }
}
```

如果像上文那样编写一段代码，删除 ArrayList 中所有的黑色牌：

```
ArrayList<Card> cards = ...
cards.removeIf(
  card -> card.getSuit().getColor() == Suit.Color.BLACK);
```

那么这段代码本质上在重写方法 Card.hasBlackSuit。该代码看起来不是很差，因为代码很短。但是，当代码段比较大时（如带有复合条件的代码），推断过程会更烦琐。总之，编写解决方案时如果对已经存在的代码进行了重写，这种情况属于 DUPLICATED CODE †（重复代码），这是我们应该极力避免的。

在这个例子中，我们真正想要的只是将 hasBlackSuit 方法作为一个一等函数重用。换言之，我们想把 hasBlackSuit 的引用作为参数传递给方法 removeIf。这个任务可以用方法引用（method reference）的概念实现。在 Java 中，方法引用由双冒号表达式 C::m 表示，其中 m 是对应的方法，C 是定义 m 的类。因此，Card::hasBlackSuit 指向 Card 类的 hasBlackSuit 方法。使用方法引用，可以重写上文的代码：

```
cards.removeIf(Card::hasBlackSuit);
```

代码比先前显得更紧凑，而且含义更明显——代码几乎像普通的英语一样易读。

不幸的是，在 Java 中使用方法引用并没有看上去那么简单，因为通过引用调用一个方法的方式很多。例如，可以在某个工具类中定义下面的静态方法：

```
public final class CardUtils
{
  public static boolean hasBlackSuit(Card pCard)
  { return pCard.getSuit().getColor() != Color.BLACK; }
}
```

然后如下使用该方法的引用：

```
cards.removeIf(CardUtils::hasBlackSuit);
```

尽管方法引用看上去与实例方法完全一样，但是，编译器使用引用的方式则不同。在（Card::hasBlackSuit）的情况下，方法引用解释为：

```
cards.removeIf(new Predicate<Card>()
{
  public boolean test(Card card)
  { return card.hasBlackSuit(); }
});
```

但是，在第二种情况 CardUtils::hasBlackSuit 中，方法引用则解释为：

```
cards.removeIf(new Predicate<Card>()
{
  public boolean test(Card card)
  { return CardUtils.hasBlackSuit(card); }
});
```

对于第一种情况，调用函数式接口方法中的实参绑定到方法引用的隐式参数。对于第二种情况，这个实参绑定到方法引用的显式参数。编译器如何正确地判断不在本书讨论范围。但是，应该理解方法引用同时支持静态方法和实例方法作为一等函数，而且引用与接口方法之间的映射是基于参数类型和返回类型。对于我们的情况，Card::hasBlackSuit 和 CardUtils::hasBlackSuit 均返回一个 **boolean** 型值，而且单参数类型均为 Card。在实例方法的情况下，其参数是方法的隐式参数，而在静态方法的情况下，其参数是该方法的形参。不论哪种情况，它们均实现了函数类型 Card→**boolean**，因此均可以赋值给 Predicate<Card> 类型的变量。

Java 还支持给特定对象的实例方法提供引用，使用方法是 o::m，其中 o 是保存该对象引用的变量，m 是方法。不过，这个功能超出了本书范围。

9.3   使用函数复合行为

一等函数便于定义小片行为，例如，如何过滤或者比较对象。按照这个思路再进一步，我们可以通过分治法原则，用小片行为表示更复杂的行为。考虑 3.4 节引入的比较两张牌的问题。使用 lambda 表达式，可以通过 Comparator<Card> 接口定义比较行为：

```
public class Card
{
  public static Comparator<Card> bySuitComparator()
  {
    return (card1, card2) ->
      card1.getSuit().compareTo(card2.getSuit());
  }
}
```

这个设计用静态工厂方法返回一个比较器对象，该对象按照枚举类型 Suit 中定义的花色顺序比较两张牌的大小。因为这里使用了 lambda 表达式，也可以说代码使用了一等函数，而不是函数对象。

上面的解是不完整的，因为两张相同花色牌的相对次序没有定义，这对于许多

纸牌排序不是理想的解决方案。为了完善这个方案，我们需要根据点数定义第二种
序的比较。一种方法是扩展 lambda 表达式的代码：

```java
public static Comparator<Card> bySuitThenRankComparator()
{
  return (card1, card2) ->
  {
    if( card1.getSuit() == card2.getSuit() )
    { return card1.getRank().compareTo(card2.getRank()); }
    else
    { return card1.getSuit().compareTo(card2.getSuit()); }
  };
}
```

　　这段代码支持纸牌上定义良好的全序，但代价是 lambda 表达式更加复杂，因此
需要采用紧凑性较低的块形式。这段代码也不够灵活，因为如果希望先按点数排序，
后按花色排序，那么需要重写一个新的比较器，而且大部分代码是重复的，只是交
换比较的次序。另外，如果需要按照点数或者花色降序而非增序排序，那么也需要
重写这段代码。最终，我们需要分别编写 8 个基本的纸牌比较器：先点数后花色，
或者先花色后点数（两种选择），其中花色或点数都有递增和递减两种选择（因此再
乘 4 个选项）。如用工厂方法表示所有可能性，则需要 8 个工厂方法，显然这是大量
的 DUPLICATED CODE†。

　　为了得到更好的抽象，我们可以同时提供两个相对层次（先花色后点数，先点
数后花色）的比较：先用两个工厂方法构造单层（点数或花色），然后基于这两个花
色和点数的单独比较，用另外两个工厂方法进行完全比较。

```java
public static Comparator<Card> byRankComparator()
{ return (card1, card2) ->
    card1.getRank().compareTo(card2.getRank()); }
public static Comparator<Card> bySuitComparator()
{ return (card1, card2) ->
    card1.getSuit().compareTo(card2.getSuit()); }

public static Comparator<Card> byRankThenSuitComparator()
{
  return (card1, card2) ->
  { if( byRankComparator().compare(card1, card2) == 0 )
    { return bySuitComparator().compare(card1, card2 ); }
    else
    { return byRankComparator().compare(card1, card2 ); }
  };
}

public static Comparator<Card> bySuitThenRankComparator()
{
  return (card1, card2) ->
  { if( bySuitComparator().compare(card1, card2) == 0 )
    { return byRankComparator().compare(card1, card2 ); }
    else
    { return bySuitComparator().compare(card1, card2 ); }
  };
}
```

不幸的是，若没有其他方法协助，这种想法无法真正降低复合函数的复杂性（甚至不能覆盖花色或者点数为降序的选项）。解决这种困境的关键是注意到，如果想用一等函数表示解决方案，那么还可以使用函数来进行复合。对于表示比较的函数，Comparator 接口提供了多个静态方法和默认方法，其目的便是将更小的抽象复合成比较函数。接下来我们利用这些辅助方法重写纸牌比较问题的解，先点数后花色，或者先花色后点数，按照递增序，或者递减序。我们用自底向上的方法，先写小的抽象，再写更复杂的抽象。

第一个关键方法是 comparing(...)。这个方法的签名有些复杂，但是，本质上 comparing(...) 用一个函数构建一个比较器，该函数能从它的输入实参上提取一个可比较对象。例如，我们可以重写 byRankComparator() 如下：

```java
public static Comparator<Card> byRankComparator()
{ return Comparator.comparing(card -> card.getRank()); }
```

类似地可以重写 bySuitComparator。9.4 节将解释 comparing 方法如何具体工作。现在只需要懂得其直观行为：方法的实参本身是一个函数，该函数提取需要比较的值，返回值是一个比较器结构。其结果行为等同于在 Rank 实例上直接进行比较的原始解。

Comparator 类中可用的第二个主要功能是连接比较的方法（例如，如果点数相同，再比较花色，反之亦然）。这个功能由 thenComparing 方法提供。这个方法是在比较器上调用的默认方法，将同类型的另一个比较器作为参数输入⊖。利用 thenComparing，可以更直接地表示连接起来的比较：

```java
public static Comparator<Card> byRankThenSuitComparator()
{ return byRankComparator().thenComparing(bySuitComparator()); }
```

可以看出，上段代码清晰地将两个比较连接起来，与上文的版本比较起来，它表示的计算目的要清晰得多。现在调换比较先后层次只需要在调用链中交换比较器的次序：

```java
public static Comparator<Card> bySuitThenRankComparator()
{ return bySuitComparator().thenComparing(byRankComparator()); }
```

解决问题的最后一步是提供一种将比较顺序置反的方法，即从递增到递减，或者反过来。例如，对于点数的次序，或者从 A 到 K，或者从 K 到 A（假定 A 是第一张牌，称这种序为 A 最小次序）。要在没有辅助函数的情况完成这个任务，我们需要回顾比较器的基本实现，并交换实参的次序：

```java
public static Comparator<Card> byRankComparatorReversed()
{ return (card1, card2) ->
    card2.getRank().compareTo(card1.getRank()); }
```

在以上代码中，lambda 表达式体中的两个参数位置作了交换。表达这种差别需

⊖　或者将一个超类型的另一个比较器作为参数输入，不过在这里不讨论。

要一个不同的工厂。幸运的是，利用 reversed() 方法可以避免这种 DUPLICATED CODE†，这里 reversed() 将它的隐式参数使用的序置反，并在此基础上创建一个新的比较器。因此，可以使用 reversed() 将单个比较置反，或者两个比较同时置反。例如，先按照花色降序，再按点数递增序，可以如下创建一个比较器工厂：

```
public static Comparator<Card> bySuitReversedThenRankComparator()
{ return bySuitComparator()
    .reversed()
    .thenComparing(byRankComparator()); }
```

类似地，先按照花色递减，然后按照点数递减的比较器工厂如下所示：

```
public static Comparator<Card>
    bySuitReversedThenRankReversedComparator()
{ return bySuitComparator()
    .reversed()
    .thenComparing(byRankComparator().reversed()); }
```

现在，我们只需借助其他函数，利用函数复合，便可以表示 8 个所有可能的比较序。通过复合生成的代码非常直观且容易理解，相比之下，将比较器封装在工厂方法带来的抽象优势显得微不足道。在上面最后一段代码中，工厂方法的名称基本上反映了方法体中函数调用链的各个步骤。因此，在这里摆脱比较器的工厂方法是有意义的。

因为 Card 接口定义比较行为需要实现的唯一部分已经由访问方法 getSuit() 和 getRank() 提供，这些工厂方法不是必需的。从 Card 类接口移除比较器工厂可以减轻 SPECULATIVE GENERALITY†（夸夸其谈未来性）的威胁，即提供永远不会用到的功能。借助 Comparator 的辅助方法，开发者可以在需要的地方直接定义紧凑明晰的比较行为。例如，如果某处代码需要先按花色递减，后按点数递减排序，那么可以使用下列代码[⊖]：

```
List<Card> cards = ...
cards.sort(Comparator.comparing((Card card) -> card.getSuit())
    .reversed()
    .thenComparing(Comparator.comparing(
      (Card card) -> card.getRank()))
        .reversed()));
```

尽管这段代码已经很清晰，但是仍然存在可以进一步改进代码的三种重要方法。首先，可以使用 Java 的静态导入功能避免静态方法的限制：

```
import static java.util.Comparator.comparing;
```

这样便可以去掉 comparing 方法前静态方法的约束：

```
cards.sort(comparing((Card card) -> card.getSuit())
    .reversed()
    .thenComparing(comparing((Card card) -> card.getRank())
      .reversed()));
```

⊖　在这种情况下，参数类型必须提供给 lambda 表达式，因为编译器没有足够的信息推导出参数的类型。

第二，如 9.2 节所讲，可以使用方法引用指向 getSuit() 和 getRank()，而无须重新定义只是调用它们的 lambda 表达式：

```
cards.sort(comparing(Card::getSuit)
    .reversed()
    .thenComparing(comparing(Card::getRank)
      .reversed()));
```

最后，注意到 Comparator 类有一个重载的 thenComparing，它直接利用一个返回比较关键字值的函数将 comparing 和 thenComparing 的行为复合。在这种情况下，我们可以将比较的逆移至最后的比较器，因此代码可以简化成：

```
cards.sort(comparing(Card::getSuit)
  .thenComparing(Card::getRank).reversed());
```

利用库函数复合一等函数的一般原则可用于许多场景，因此，在编写使用一等函数进行抽象的 Java 代码之前，值得研究可能的选项。包 java.util.function 中的大多数函数式接口包括一些静态或者默认辅助函数，可用于复合函数。例如，回到过滤黑牌的 Predicate 定义（参见 9.2 节）：

```
Predicate<Card> blackCardFilter =
  card -> card.getSuit().getColor() == Suit.Color.BLACK;
```

如果我们只想要红牌，只需要编写[⊖]：

```
 Predicate<Card> redCardFilter = blackCardFilter.negate();
```

9.4 用函数作数据供给者

9.3 节的静态方法 Comparator.comparing 引入函数式设计的一个新思想——用函数作为数据的供给者。我们再来看看这种方法是如何工作的。如果想构造一个基于花色比较 Card 对象的比较器，我们可以用：

```
Comparator<Card> bySuit = Comparator.comparing(Card::getSuit);
```

这里 comparing 的实参既不是一个 Card 实例的引用，也不是一个 Suit 实例的引用。相反，它是函数式接口 Function<Card,Suit> 的一个实例，该接口的方法（apply）输入 Card 类型的实参，返回 Suit 类型的一个对象引用。这表明，实现 comparing 方法的代码在其逻辑需要时，有办法从一个 Card 实例中提取一个 Suit 实例。

再来看这个思想在一个不同场景下的应用。假设要设计一个 CardViewer 类，用于显示纸牌游戏中纸牌堆中顶部纸牌的图形表示。CardViewer 类必须能够在需要的时候调用 show() 方法显示相应的牌。这是一个图形用户界面应用的典型功能（参见 8.5 节）。此外，需求之一是 show() 方法不带参数，这样当某些对象调用 show 而不知

⊖   这里假定只有两种颜色，对于这个例子和标准纸牌，假设成立。

道显示什么纸牌时，这些对象仍然可以使用 CardViewer 的实例。图 9-1 显示了这种设计场景的类图。在这个例子中，GUI 代码持有对 CardViewer 的一个引用，而且可能需要调用 show()，比如当用户单击一个按钮时。但是，因为 GUI 并不负责游戏状态的管理，它调用 show() 时并不知道显示哪张牌。

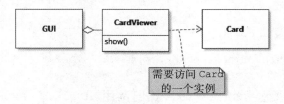

图 9-1　纸牌显示器问题设计场景

一个无效的方案是在初始化 CardViewer 时设置纸牌的值：

```java
public class CardViewer
{
  private Card aCard;

  public CardViewer(Card pCard) { aCard = pCard; }
}
```

显然，我们不能简单地把一个 Card 实例存储在视图中，因为指向这张牌的引用仅在 CardViewer 初始化时设置一次，因此随后调用的 show() 均显示同一张牌。在纸牌变换的游戏中，这样做不可行。尽管如此，其思想有助于指明，在这个设计中，CardViewer 需要的并非一个纸牌对象，而是获得一个纸牌对象的方法，特别地，它是游戏某个时刻要显示的某个纸牌对应的纸牌对象。

确保 CardViewer 得到它所需对象的一种方法是在 CardViewer 中定义一个 Card 类型的实例变量，并要求改变游戏状态的对象将适当纸牌的值"推入"CardViewer。例如，假设该纸牌的供给者是 Deck 的一个实例，并且 GUI 需要定期显示该纸牌堆顶部的牌。此时的状况如图 9-2 所示。在这个序列中，GUI 作为游戏状态的控制者，在 Deck 的实例上调用 draw()，该方法令纸牌堆撤去顶牌。因为 Deck 的状态改变，它必须通知 CardViewer 要显示一张不同的纸牌。这种使用一

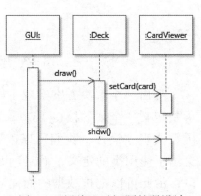

图 9-2　纸牌显示问题的弱设计

个 setCard 方法直接更新 CardViewer 的方法不是一种好的设计策略，因为这将要求 Deck 类依赖于 CardViewer 类。更好一点的方法是应用 OBSERVER（观察者）模式，并令 CardViewer 作为 Deck 的观察者。但是，这种解决方案需要将 Deck 转变成一个可观察模型，对于偶尔改变纸牌对象的情况，似乎有些过于复杂。

一个更有力的设计是用拉数据流策略，在一个对象需要另一个对象的数据时，该对象对后一个对象进行查询。这是我们在 8.3 节看到的 OBSERVER 场景下的想法。对于当前例子，希望使用拉策略在 show() 方法中获取要显示的正确纸牌的引用。为达到这个目的，首先用具有所需信息的对象初始化一个 CardViewer 实例：

```
public class CardViewer
{
  private Deck aDeck;

  public CardViewer(Deck pDeck) { aDeck = pDeck }
}
```

然后，每当需要显示该纸牌时，我们调用 aDeck.peek()。按照这种方法，CardViewer 的代码只在 show() 被调用时获得所需的 Card 实例。自然，这段代码假定 Deck 的接口中有一个 peek 方法。

不幸的是，以上代码仍然存在一个设计缺点。CardViewer 类与 Deck 类耦合紧密，这意味着它不能被其他纸牌供给者重用（比如，单人纸牌游戏中的一个不同的 CardStack）。幸运的是，我们已经知道如何解决这个问题，使用接口和多态即可。在这里可以定义一个新接口 CardSupplier，其中包含单个方法 getCard()，并让 Deck 实现该接口[⊖]。图 9-3 展示了这种解决方案。

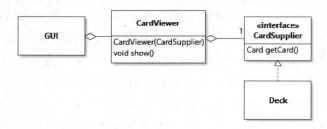

图 9-3　纸牌显示问题的基于接口的解决方案

最后一个解决方案实现了期望的松耦合和可重用的设计特性。但是，付出的代价是定义一个新的接口（CardSupplier）并要求 Deck 类多实现一个接口。使用函数式程序设计，我们可以以最小的影响解决这两个问题，并获得最灵活的设计。这里不使用类的定义，而是用 lambda 表达式或者方法引用实现 CardSupplier 接口，由此可以把拉数据的面向对象的方法转换为函数式方法。我们还可以使用标准函数式接口，而不是用户定义的接口。

在函数式设计中，没有参数且唯一目的是返回一个值的函数是常见的。因此，在 Java 库中包含这样的泛型类型毫不奇怪。Supplier<T> 接口定义了单个方法 get()，它返回一个类型 T 的值。因此，我们可以如下使用 Java 的 Supplier<T>，避免为此

⊖　先前引入的接口 CardSource 不是一个好的选择，因为它定义了可以从纸牌源删除纸牌的行为，但是这里需要获得纸牌实例，而且不造成任何副作用。

专门定义一个新接口：

```
public class CardViewer
{
  private Supplier<Card> aCardSupplier;

  public CardViewer(Supplier<Card> pCardSupplier)
  { aCardSupplier = pCardSupplier; }

  public void show()
  {
    Card card = aCardSupplier.get();
    // Show the card.
  }
}
```

利用这段代码，我们可以用任何无输入参数并返回 Card 类型值的一等函数初始化 CardViewer。如果代码中已有 Deck 中的一个实例，希望创建一个 CardViewer 实例，我们可以用纸牌供给者如下初始化该 CardViewer：

```
Deck deck = ...
CardViewer viewer = new CardViewer( () -> deck.peek() );
```

在这个例子中，纸牌供给者变成一个闭包，它可以访问我们所需纸牌的特定 Deck 实例。每次调用 show() 方法时，其代码将调用由 aCardSupplier 表示的一等函数从而获得纸牌实例。在当前的设计中，这张纸牌恰好是 show() 被调用时位于纸牌堆顶部的那张纸牌。图 9-4 从面向对象角度说明了由一个 Deck 实例到被读取纸牌实例的调用序列。但是，在这段代码中，函数式设计使得最后两个调用看似被抽象为一个一等函数。

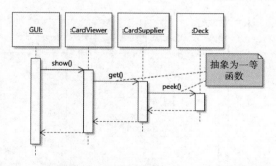

图 9-4　在纸牌显示设计中访问一张纸牌的调用序列

以上纸牌供给者实例显示了使用一等函数作为数据供给者的两个主要优点：

- 当传递给对象的是供给者函数而不是实际数据时，对象可以在需要时获取信息，而无须将信息存储，因而也无须管理。
- 可以缩小对象用于交换数据的接口。将供给者函数传递给对象使得接口分离原则达到最优状态，因为它使得对象能够通过一组供给者接口恰好获取其所需的信息，而无须聚合一些可能包含它不需要的功能的接口。

在这个供给者函数例子中，我们使用了通用函数式接口 Supplier<T> 引入该函数。但是，使用库函数式接口还是用户定义函数式接口是一种设计选择，一般需要进行权衡。通常来说，用户定义接口可以增加设计的可理解性，而库接口增加其灵活性。我们会在 9.5 节进一步讨论这个问题的细节。

理解了供给者函数之后，再来看 Comparator 类的 comparing 方法实现。这个方法有些复杂，因为它涉及一等函数的两层迂回。下面的代码对以 Card 和 Suit 类型参数实例化的 comparing 的实际实现稍做简化：

```
public static Comparator<Card> comparing(
  Function<Card, Suit> keyExtractor)
{
  return (card1, card2) -> keyExtractor.apply(card1)
    .compareTo(keyExtractor.apply(card2));
}
```

这段代码的一种使用如下所示的实例：

```
Comparator<Card> comparator =
  comparator.comparing(Card::getSuit());
comparator.compare(card1,card2);
```

当调用 comparing 时，它创建一个新的函数对象，并将 Card::getSuit 绑定到 keyExtractor，但并不调用 apply 或者其代理 getSuit。这种间接迂回是必要的，因为 comparing 把供给者函数作为构造一个新函数的构件，而不是简单地使用这个供给者（如上例一样）。只有调用 compare 方法时，apply 才被调用，而且调用两次，每张纸牌调用一次。因为 apply 重定向到 getSuit，此时，花色值是从该纸牌获得，并用于比较。图 9-5 显示了完整的调用序列。

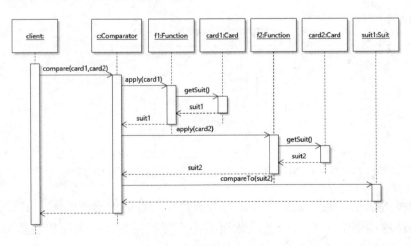

图 9-5   使用 Comparator.comparing 创建的比较器比较两张牌的调用序列

关于 comparing 方法需要注意的最后一点是，其"供给者"函数 keyExtractor 实际上有一个实参，这与 CardViewer 例子不同。在这个意义下，该函数更像一个

数据 "提取者" 而不是一个纯粹的供给者。尽管有这样的不同，但是其机制是一样的：`comparing` 将获得一个函数的引用，在需要数据时可以调用该函数获取。

供给者函数与 OBSERVER 模式

在实现 OBSERVER 模式时，供给者函数可以为拉数据流策略提供一种灵活方法。如 8.3 节所述，令具体观察者与模型解耦合的一种方法是定义某种 `ModelData` 接口，这种接口只提供访问数据方法（即 getter 方法）。但是，当不同的具体观察者需要从模型中获取类型非常不同的数据时，很难让这个接口适合所有的观察者。利用供给者函数，观察者可以恰好获取其所需的数据。举一个简单例子，假设我们希望在 OBSERVER 模式中使用 `Deck` 类。一个具体观察者需要纸牌堆的纸牌数，一个观察者需要顶部纸牌，而另一个观察者需要遍历纸牌堆的所有牌。如果定义一个 `DeckData` 接口：

```
public interface DeckData extends Iterable<Card>
{
  int size();
  Card peek();
}
```

那么所有观察者都能访问到这三条信息，尽管它们各自只需要一条信息。相反，具体观察者只能通过供给者请求它们所需的信息。例如，只需要纸牌堆牌数的观察者可以如下定义：

```
public DeckSizeObserver implements DeckObserver
{
  private IntSupplier aSizeSupplier;

  public DeckSizeObserver(IntSupplier pSizeSupplier)
  { aSizeSupplier = pSizeSupplier; }

  public void deckChanged() /* Callback method */
  {
    int size = aSizeSupplier.get();
    ...
  }
}
```

不出所料，`IntSupplier` 是 Java 库的一个函数式接口，其中定义了单个 **int** `get()` 方法。利用这种设计，我们可以将该观察者连接到存储在 `deck` 变量中的一个 `Deck` 实例：

```
DeckSizeObserver observer = new DeckSizeObserver(()->deck.size());
```

其他观察者可以使用类似的方法，由此可以避免不实际的 `DeckData` 接口，而且仍然可以用拉数据流方法从模型中获得所需的信息。

9.5 一等函数和设计模式

许多设计模式的灵活性依赖于多态。例如，STRATEGY（策略）模式利用多态实现客户端代码把执行算法的任务派给一个动态选择的算法（参见 3.7 节）。类似地，COMMAND（命令）模式利用多态实现客户端代码触发一个命令的执行，而命令的确切性质则在运行时决定（参见 6.8 节）。在设计模式原本的面向对象描述中，多态通过扩展类和实现接口实现。

在函数式设计中，一等函数给行为参数化提供了一个不同的视角。与面向对象中创建不同类型的对象并通过一个公共超类型实现多态不同，函数式多态通过定义类型相容的函数族来实现，且同族函数可以交替调用。当然这种多态在任何场景均可行，但是，有趣的是一等函数允许我们重新考虑设计模式的实现。为此，本节讨论 STRATEGY 和 COMMAND 的函数式实现。

9.5.1 函数式 STRATEGY

对策略无状态而且接口只需要单个方法的简单情况，可以用函数式接口表示抽象策略，用 lambda 表达式表示具体策略。假设客户端代码想用不同的策略从一个列表中选择一张纸牌。那么策略只是 Function<List<Card>, Card> 接口中 apply 方法的实现，该接口成为抽象策略。在这个情况下，apply 方法取一个纸牌列表作为输入，并返回单张纸牌。例如，一个表示策略的客户类可能如下所示：

```java
public class AutoPlayer
{
  private Function<List<Card>, Card> aSelectionStrategy;

  public AutoPlayer(Function<List<Card>, Card> pSelectionStrategy)
  { aSelectionStrategy = pSelectionStrategy; }

  public void play()
  {
    Card selected = aSelectionStrategy.apply(getCards());
    ...
  }

  // Gets the cards to supply to the strategy
  private List<Card> getCards() {...}
}
```

在这个设计中，当构建客户对象 AutoPlayer 时，纸牌选择策略是构造函数的实参。因为策略用一等函数表示，其定义需要在代码合适的地方定义该函数的行为。一种选择是在创建 AutoPlayer 的实例的时候定义。例如，总是选择第一张牌的策略将是：

```java
AutoPlayer player = new AutoPlayer(cards -> cards.get(0));
```

对于更复杂的策略，另一种选择是用一个工具类定义一组常见策略：

```
public final class CardSelection
{
  private CardSelection() {}

  public static Card lowestBlackCard(List<Card> pCards) { ... }
  public static Card highestFaceCard(List<Card> pCards) { ... }
  ...
}
```

并用方法引用选择一个策略：

```
AutoPlayer player =
  new AutoPlayer(CardSelection::lowestBlackCard);
```

这种实现风格很紧凑，甚至有些过于紧凑。通用 Function 函数式接口在本例中的使用有两点局限。首先，它的文档有效性低。从其类型 Function<List<Card>, Card> 来看，我们只知道对于给定的纸牌列表，函数返回一个 Card。为此，代码中任何对纸牌选择策略的引用必须通过给变量合适的命名来提高代码的可读性。这里，aSelectionStrategy 域满足这个要求。第二个问题是 Function 接口中的单个方法也是很笼统的，因此不能包含任何具体信息。在这个例子中，我们需要确定如何处理空列表。一种可能是将策略重定义为 Function<List<Card>, Optional<Card>>，并记住一般对于空列表返回一个空对象。另一种可能性是给该策略添加一个输入为非空列表的前提条件。在这两种情况下，在何处为这些关键信息建档并不明确。

为此，额外定义一个表示该策略的函数式接口将给出更清晰的代码和更自明的设计。因为新的接口也可以用于定位标准策略，因此对于代码库的影响极小。下列代码显示应用 STRATEGY 选择纸牌的一个实现，其中使用契约式设计避免从空列表中选择，并用 Optional 类型防止一个策略不生成纸牌的情况。尽管在这种情况下如果输入也是空列表可以返回 Optional.empty()，但为了说明问题，两个条件都包含在其中。

```
public interface CardSelectionStrategy
{
  /**
   * Select an instance of Card from pCards.
   * @param A list of cards to choose from.
   * @pre pCards != null && !pCards.isEmpty()
   * @post If RETURN.isPresent(), pCards.contains(RETURN.get())
   */
  Optional<Card> select(List<Card> pCards);

  public static Optional<Card> first(List<Card> pCards)
  { return Optional.of(pCards.get(0)); }

  public static Optional<Card> lowestBlackCard(List<Card> pCards)
  { ... }

  public static Optional<Card> highestFaceCard(List<Card> pCards)
  { ... }
}
```

9.5.2　函数式 COMMAND

类似于 STRATEGY 模式，COMMAND 模式的中心思想是行为参数化。在该模式的经典实现中，一个命令的具体行为通过定义同一个超类型的不同类实现，其中每个类表示一种命令（参见 6.8 节）。利用一等函数时，我们定义一个域，令其存储一个执行命令时调用的函数，从而将单个具体命令类的行为参数化。

再来考虑 6.8 节介绍 COMMAND 模式时的例子，要求支持多个命令能够修改 Deck 对象的状态。在这种情况下，我们可以使用该模式设计单个命令类，令其既是抽象命令也是具体命令：

```
public class Command
{
  private final Runnable aCommand;

  public Command(Runnable pCommand) { aCommand = pCommand; }
  public void execute() { aCommand.run(); }
}
```

COMMAND 模式的这种最简单应用使用库函数式接口 Runnable，该接口声明单个方法 run()，它没有参数，也没有返回值。但是，执行该命令所需的数据可以在创建新命令时的环境中获得，并捆绑成一个闭包：

```
Deck deck = new Deck();

Command draw = new Command(() -> deck.draw());
Command shuffle = new Command(() -> deck.shuffle());
```

尽管这样做可行，但这种设计因为其实现过于简单而受到局限。

- 命令对象不能自我描述。每次创建一个命令对象时，我们需要依赖于外部方法（如变量名）跟踪对象。
- Runnable 接口非常通用，我们不能随意给 run() 方法的声明添加约束，例如防止在空纸牌堆上执行命令。
- 如果某些命令需要一个数据输出流，我们需要支持该数据流的机制。

这三种局限与 STRATEGY 的函数式实现局限是一样的，因此我们将用类似的方式解决。

首先，我们可以将命令名存储在命令对象中，并用更详细的方式命名命令类，从而使得命令更具自我描述性：

```
public class DeckCommand
{
  private final Runnable aCommand;
  private final String aName;

  public DeckCommand(String pName, Runnable pCommand)
  {
    aName = pName;
    aCommand = pCommand;
  }

  public void execute() { aCommand.run(); }
}
```

其次，我们可以自定义函数式接口替代 Runnable，并用该接口限定表示该命令的一等函数类型。但在实例中，由于表示命令的一等函数只能通过作为值传给 DeckCommand 的构造函数被调用，因此对于记录该函数执行的前提条件，我们有更明显的单个接入点。我们可以为 DeckCommand 类的构造函数、该类的 execute() 方法，或两者同时建立适当的文档使得设计约束更明显。

最后，如何支持命令结果的收集则是开放式的选择，就像该模式的面向对象实现一样，应该在模式应用的设计场景中告知。一种更灵活的选择是将结果存储在一个供闭包访问的数据结构中，例如，

```
Deck deck = new Deck();
List<Card> drawnCards = new ArrayList<>();
DeckCommand draw = new DeckCommand("draw",
    ()-> drawnCards.add(deck.draw()));
```

另一个选择是用一个函数式接口替代 Runnable，该函数式接口返回一个值（如 Card 类型的值），并如该模式的原应用实例一样，将该值存储在命令对象中。

9.6　函数式数据处理

到目前为止，本章介绍的设计思想涉及在面向对象的设计中添加函数式元素。在某些情况下，设计场景鼓励更具有函数式程序设计风格的解决方案。一种场景是函数式程序设计用于组织处理数据集合的代码。从某种意义上讲，大多数软件所做的就是数据处理，因此，我们在这里缩小定义范围，考虑函数式程序设计能够为涉及大规模数据元素序列转换的设计问题提供良好支持。满足这个定义的数据处理实例是统计一个文本中缩略词的数目。在这个例子中，输入是单词序列，数据转换是过滤得到缩略词，然后计算这些实例的总数。

函数式设计特别适合这种类型的数据处理，因为这里很自然地需要使用行为参数化和高阶函数。高阶函数实现通用数据处理策略，在具体的场景下再将策略参数化为一等函数。在上面的文本处理问题中，通用的策略是检查每个输入元素（一个词）是否满足某一个谓词（是否为缩略词）。虽然过滤一个谓词的通用策略对许多不同问题都适用，但是谓词本身（检测缩略词）则是特定于不同的问题。在另外一些场景，我们可能想编写检测短词、专有名词等。这种通用处理可以用下列语句表示：

```
data.higherOrderFunction(firstClassFunction);
```

应用于当前的例子则是：

```
listOfWords.filter(isAcronym);
```

函数式数据处理是软件设计中的一个重要内容。本节给出这种设计的主要概念与技巧，以及如何在 Java 中实现这些内容的基本概述。

9.6.1　数据作为流

在 Java 语言中能够实现函数式数据处理以及其他相似技术的主要概念是流（stream）。简单地说，流是数据的序列，有点像容器。但是，流与容器之间的主要区别是一个容器表示一个数据仓库（store），而一个流则表示数据的流动（flow）。这种区别类似于将音乐存储成一个文件与用在线流功能播放音乐之间的区别。对于软件设计来说，容器与流之间的区别有许多实际含义：

- 容器中的元素在添加到该容器前必须已经存在，但是，一个流中的元素可以在需要的时候计算。
- 容器只能存储有限个元素，而从技术上讲，流则可以是无限的。例如，尽管不可能定义一个包含所有偶数的列表，但是可以构造一个生成这些数据的流。
- 容器可以遍历多次，但是遍历代码位于容器之外，例如在 **for** 循环或者迭代器类中。相反，流只能遍历一次，流的元素在遍历中被消费（consume）。但是，遍历代码隐藏在流接口提供的高阶函数中。
- 流易于并行化，主要原因在于流元素的遍历是隐藏在流抽象中的一部分。

另外一个更实际的差别与 Java 语言的演化相关。容器类（List、Set 等）是在 Java 语言显式支持一等函数之前发布的，因此容器几乎都不提供对高阶函数的支持⊖。但是，Java 8 提供了对一等函数（以方法引用和 lambda 表达式的方式）的支持，而且包含了一个用于支持函数式设计的强大的 Stream API。本节剩余部分将说明如何在 Java 中使用 Stream API 设计函数式数据处理。

在 Java 语言中，获得一个流的最简单方法是在一个容器类实例上调用 stream() 方法。例如，修改图 9-6 中 Deck 类的设计，使用 Deck 的实例作为数据供给源以支持纸牌流。

图 9-6　Deck 类的初始设计，通过修改使其在一个 Deck 实例上支持 Card 实例流

要使得 Deck 的一个实例能够产生纸牌流，只需要将由列表得到的 Stream 实例传送到 Deck 的接口中：

```
public class CardStack implements Iterable<Card>
{
  private final List<Card> aCards;
  public Stream<Card>    stream() { return aCards.stream(); }
  ...
}

public class Deck implements CardSource , Iterable<Card>
```

⊖　值得注意的例外是从 Java 8 开始，Iterable<T> 接口支持默认方法 forEach。

```
    {
      private CardStack aCards;
      public Stream<Card> stream() { return aCards.stream(); }
      ...
    }
```

流本身支持许多有用的（非高阶）函数。例如，很容易对流中的元素计数：

```
Stream<Card> cards = new Deck().stream();
long total = cards.count();
```

流也支持所谓的管道（pipelining）处理：将输入的流作为隐式参数，并输出一个不同流的操作。例如，sorted 方法按照有序的方式返回输入流的元素。因为 sorted() 方法需要流中实例必须是 Comparable 的子类型，以下代码假设 Card 类实现了 Comparable：

```
Stream<Card> sortedCards = cards.stream().sorted();
```

管道也使得组合流上的操作更方便。例如，limit(**int** max) 返回流中 max 个元素。要获得前 10 张有序的纸牌，可以如下操作：

```
Stream<Card> sortedCards = cards.stream().sorted().limit(10);
```

也可以组合多个流。例如，将两堆纸牌收集在一起，并对其排序，可以如下操作：

```
Stream<Card> cards =
  Stream.concat(new Deck().stream(), new Deck().stream());
```

要将合并的纸牌恢复成一堆纸牌，一种方法是使用 distinct() 去除重复元素：

```
Stream<Card> withDuplicates =
  Stream.concat(new Deck().stream(), new Deck().stream());
Stream<Card> withoutDuplicates = withDuplicates.distinct();
```

9.6.2　将高阶函数应用于流

流支持函数式程序设计的主要方法是定义一些高阶函数。流上最基本的高阶函数是 forEach，它将输入函数应用于流的所有元素。例如，用函数式打印一个流中的所有纸牌，可以如下进行：

```
new Deck().stream().forEach(card -> System.out.println(card));
```

forEach 方法接受 Consumer<? **super** T> 类型的实参，这表示我们可以提供一个 Card 类型（或者 Card 的任何超类型）的单参数函数的引用。在上面例子中，该引用是一个 lambda 表达式⊖。因为 forEach 不保证按照流的顺序应用于元素，因此，如果顺序重要的话，可以使用第二个版本 forEachOrdered。因为返回结果不是流，因此 forEach 函数（两个版本）的结果不能进一步作为管道转换。一般来说，如果流函数不能生成结果流从而作为管道进一步处理，则称之为终端（terminal）运算。流上的另一个终端运算例子是上文看到的 count 函数。

可用于流的其他终端高阶函数包括搜索函数，如 allMatch、anyMatch 和

⊖　一个等价的表达式是直接传递方法引用 System.out :: println，但是这里使用的方法引用应用于一个特定实例，该技术超出了本章讨论范围。

noneMatch，其输入是一个流元素上的谓词，并返回一个布尔值，分别表示是否所有流元素，或者任何流元素，或者没有流元素使该谓词为 **true**。例如，判断一个列表中的纸牌是否均为梅花，可以如下进行：

```
List<Card> cards = ...;
boolean allClubs = cards.stream()
  .allMatch(card -> card.getSuit() == Suit.CLUBS );
```

9.6.3 过滤流

上面提到的流函数 sorted() 显示了如何定义一个中间（intermediate）运算从而构造一个流转换的管道。一个中间运算接受一个流作为隐式参数，并返回一个流。在这个管道处理中的一个重要函数是 filter 方法，它用一个 Predicate 作为输入，并返回输入流中满足该谓词的元素构成的流。例如，假设需要对纸牌列表中的人头牌计数：

```
long numberOfFaceCards = cards.stream()
  .filter(card -> card.getRank().ordinal() >=
    Rank.JACK.ordinal()).count();
```

为了更好地利用面向对象和函数式程序设计的优点，上面这样的谓词最好表示为实例方法：

```
public final class Card
{
  public boolean isFaceCard()
  { return getRank().ordinal() >= Rank.JACK.ordinal(); }
```

这样一来，我们便可以使用方法引用并使得函数式代码不言自明：

```
long numberOfFaceCards = cards.stream()
  .filter(Card::isFaceCard)
  .count();
```

初看上去，用这种专用的方法表达谓词似乎对创建复合谓词构成障碍。例如，假如只对梅花人头牌计数怎么办呢？是否必须换回原来的 lambda 表达式？

```
long result = cards.stream()
  .filter(card -> card.getRank().ordinal() >= Rank.JACK.ordinal()
    && card.getSuit()==Suit.CLUBS).count();
```

避免这种糟糕代码的关键是注意到过滤作为一种中间操作，也可以用于管道处理：

```
long result = cards.stream()
  .filter(Card::isFaceCard)
  .filter(card -> card.getSuit() == Suit.CLUBS)
  .count();
```

这个时候，函数式代码看起来应该更像一组高阶的数据处理规则，而不是指示程序如何在输入上进行操作的一组指令。确实，用函数式编写数据处理代码的主要优点是，代码看起来更像声明式而非命令式，因此能够更好地传达代码的含义。例如，这里一眼便可以看出该语句的含义：我们希望只考虑人头牌，然后进一步将数据限制到只考虑梅花，最后对元素计数。另外值得注意的是代码的编写格式，每个流操作缩进并用其句点开始一行。这种代码格式是 Java 格式化流操作的常用规范，它的优点是它强调代码的声明特性。

9.6.4　映射数据元素

在数据处理过程中，常常需要将流中的元素转换为某种派生值。在这种情况下，可以使用将对象映射（mapping）到期望值的思想。这里的"映射"一词等同于数学上的函数。例如，考虑计算一个数 x 的平方的函数，通常记作 x^2，该函数将 x 映射到它的平方 $x \cdot x$。

许多支持函数式数据处理的程序设计语言都提供将一个映射（即一个函数）应用于一个数据集中每个元素的机制。在 Java 中，Stream 类定义了一个 map 方法，它接受一个类型为 Function<? **super** T,? **extends** R> 的参数。换句话说，map 函数的实参是另一个函数，该函数接受类型 T 的对象，并返回类型 R 的对象⊖。这表示 map 函数将一种类型对象的流转换为另一个类型对象的流。

作为一个简单例子，考虑这样一个函数，它将 Card 实例映射到表示这张纸牌花色的枚举类型 Color 的实例。我们可以使用 map 方法将该函数系统地应用于一个流的所有元素：

```
cards.stream().map(card -> card.getSuit().getColor() );
```

如果这个表达式在一副混洗的纸牌上求值，那么计算结果流是 Color.BLACK 和 Color.RED 随机交替的值序列。因为结果也是一个流，因此可以像其他流一样，将映射运算的结果用于管道处理。例如，计算一副纸牌中黑色纸牌的数目，可以如下编写：

```
long result = cards.stream()
  .map(card -> card.getSuit().getColor() )
  .filter( color -> color == Color.BLACK )
  .count();
```

尽管通过 lambda 表达式使用 filter 检索纸牌花色能更直接地实现同样结果，但是，以上例子显示了如何使用 map 解包一个对象，并且只使用给定计算所需的部分对象。

不过，映射不仅可以简单地从输入元素中提取数据，还有其他重要作用。考虑第二个例子，假设要计算一张纸牌代表的点数。在有些游戏中，纸牌的值就是它们的点数（例如，梅花 3 值 3 个点），但是人头牌值 10 个点。利用映射过程，我们可以将纸牌对象流转换为表示流中每个纸牌代表点数的整数流：

```
cards.stream()
  .map(card -> Math.min(10, card.getRank().ordinal() + 1));
```

⊖　从技术上讲，可以是 T 或者 T 的超类型，R 或者 R 的超类型。

这个表达式的结果是一个 Integer 对象的流, 其中每个对象表示每张纸牌的点数。同样, 至于是否将计算点数封装作为 Card 类的实例方法, 则是一个与具体场景相关的设计决策。如果点数多次被调用, 那么可以在 Card 类接口中添加一个 getScore() 方法。否则, 使用 lambda 表达式足矣。

如实例中一样, 当映射到数值类型时, 需要知道 Java 语言以类的形式提供了专门的数值流, 如 IntStream 和 DoubleStream。这些流类型与其他流的使用方式一样, 但是它们定义了只对数值有意义的额外运算, 比如对流中元素求和。如要用于本例的求总点数, 需要代码显式地映射到一个 IntStream, 然后在最后调用 sum 终端运算:

```
int total = cards.stream()
  .mapToInt(card -> Math.min(10, card.getRank().ordinal() + 1))
  .sum();
```

另一种完成这种计算并更具声明式的方法可以如下编写:

```
int total = cards.stream()
  .map(Card::getRank)
  .mapToInt(Rank::ordinal)
  .map(ordinal -> Math.min(10, ordinal + 1))
  .sum();
```

9.6.5　规约流

在处理数据流时, 常见的情况是我们不仅要处理每个数据元素, 而且要将数据整合在一起处理。典型的情况是:

- 将系列运算的结果聚合成单个结果。终端运算如 count() 和 sum() 就是这种数据聚合的很好例子。
- 将单个元素运算的结果收集存储在一个数据结构中。在 Java 语言中, 这种数据结构通常是一个 List 或者相似的容器类型。

尽管这两种情况看上去不同, 但是从概念上讲, 它们都有一个共同点: 将一个流规约 (reducing) 到单个实体。在第二种情况, 实体可能是许多元素构成的容器, 但从概念上看它仍然是单个存储结构, 而不是一个流。将所有类型的数据聚合推广到一个高阶运算的优点是, 规约在中间运算 (即映射⊖) 与终端运算 (即规约) 之间引入了清楚的界限。事实上, 在程序设计系统中, 一系列映射运算后接一个规约运算的计算通常被称为映射 – 规约程序设计模式。尽管 "映射 – 规约" 这个术语常常用于集成计算中, 但是基本模型本身可用于流的函数式程序设计。

在 Java 语言中, 规约通过 Stream 类中的 reduce 方法的各种重载版本实现。从头设计一个规约有些复杂, 而且设计的完整细节超出了本书范围。不过, 其主要思想是给累积器 (accumulator) 对象提供 reduce 函数, 每当遇到流的一个元素时,

⊖ 不失一般性, 可以将过滤看作一种映射。

它能逐个修改累积器的状态。例如，使用 reduce 方法在一个 IntStream 上实现 sum 运算，可使用下列代码：

```
IntStream numbers = ...;
int sum = numbers.reduce(0, (a, b) -> a+b);
```

实际上，求和规约用 0 作为初始值，并通过迭代将元素加到累加和上。下列代码显示 IntStream 的 reduce 方法简化原型实现：

```
public int reduce(int pBase, IntBinaryOperator operator)
{
  int result = pBase;
  Iterator<Integer> iterator = this.iterator();
  while( iterator.hasNext() )
  {
    int number = iterator.next();
    result = operator.applyAsInt(result, number);
  }
  return result;
}
```

开始时，规约运算的结果设置为其中提供的初始值 pBase，在实例中为 0。之后，对流的每个元素，reduce 中的二元运算被应用于当前累积结果和流中的下一个元素。在上面的例子中，二元运算是 lambda 表达式 (a,b) -> a + b 表示的加法。因此，对于流中的每个元素，当前规约值修改为它与下一个元素之和。

综上所述，因为大多数规约运算（min、max、count、sum 等）是流直接支持的运算，因此，无须掌握编写规约方法仍然可以使用流提供的运算完成很多任务。

用于收集一个结构中数据的规约有些特殊。假设我们想把一副纸牌中的人头牌收集到另一个列表中。一种快速方法是使用 forEach 方法把流中的元素收集到目标列表中：

```
List<Card> result = new ArrayList<>();
cards.stream()
  .filter(Card::isFaceCard)
  .forEach(card -> result.add(card));
```

尽管可行，但是这种设计失去了计算中函数表达式的某些声明式特性，因为模拟规约的一等函数是用显式的列表操作实现的。作为另一种更符合函数式的方法，Java 库提供的辅助方法可以创建称为收集器（collector）的规约类型。一个收集器是将累积元素收集到一个容器的规约。使用收集器后，上面的代码可以重写成：

```
List<Card> result = cards.stream()
  .filter(Card::isFaceCard)
  .collect(Collectors.toList());
```

在最后这个例子中，将元素收集到列表中的实现细节是隐藏的，而且代码直接表达了计算的目的——将流的元素收集到一个列表中。

小结

本章介绍了函数式设计和支持这种设计的程序设计语言机制，以及如何利用这些机制将函数式元素嵌入面向对象的设计中。

- 对于涉及行为参数化的设计部分，考虑使用函数式设计方法。
- lambda 表达式应该简短自明——考虑重组代码实现这个目标。
- 在一个 lambda 表达式的定义体优先使用表达式（不使用语句序列）。
- 使用库函数式接口定义函数类型，在设计中强化灵活性和可扩展性，使用应用定义的接口，强化设计约束和意图。
- 在设计方法时，牢记方法可以通过引用使用，确保它们匹配可能的函数式接口。
- 使用函数创建复合函数，而不是使用命令式语句。
- 使用库类型上的辅助方法用直观的方式复合功能。
- 如果客户需求非常具体，使用供给者函数类型实现拉数据流策略。
- 考虑将 STRATEGY 模式中的策略定义为函数式接口。
- 考虑策略复合的可能性。
- 在 COMMAND 模式中考虑用一等函数定义命令。
- 组织数据处理代码时，注意让代码风格更像声明式，而不是命令式。
- 使用映射抽象运算将数据元素转换为一个计算可以直接使用的值。
- 使用收集器对象累积流运算的结果。

代码探索

扫雷游戏中的事件处理器

lambda 表达式的一种常见用法是用作事件处理器（即回调），它可以在处理器连接到其事件源的代码位置直接定义。作为这种用法的简单应用，扫雷游戏应用代码在 `Minesweeper` 类的 `createHiddenTile` 方法中只使用了一个 lambda 表达式。这个 lambda 表达式实现了函数式接口 `EventHandler` 的行为，该接口有单个抽象函数，类型为 `Event → `**`void`**。

单人纸牌游戏中的策略

单人纸牌游戏在自动玩牌策略定义中提供了使用一等函数复合行为的例子。这个应用的特点之一是当用户按回车键时，程序能够基于某些策略自动走一步。但是，在单人纸牌游戏中，有时可以选择多种走法。`GreedyPlayingStrategy` 类用静态方法定义了一些"子策略"，每个子策略是一种走法（例如，从发牌堆中选一张牌，将一张牌移到一个牌基等），提供了接口 `PlayingStrategy` 的一个实现。整体策

略可以转化为按一定次序尝试子策略。由实际策略方法实现的顶层启发策略（高阶
运算）是在表示子策略的一等函数集上循环，应用这些策略，并在一个策略成功时
停止（根据类型 Optional 的返回值是否非空来判断是否成功）。

JetUML 的事件处理器

JetUML 在包 ...gui 的类中广泛使用 lambda 表达式定义事件处理器。能够真
正说明 lambda 表达式可以提高代码可读性的例子是"About"对话框中 URL 链接
中处理器的定义，即打开一个浏览器，显示许可证信息：

```
link.setOnMouseClicked(e ->
  UMLEditor.openBrowser(RESOURCES.getString("dialog.about.url")));
```

在这里，代码仅用一条语句既显示了事件（链接）的源，又显示了其处理器的
行为（打开浏览器）。

JetUML 中的观察者通知

函数式用法也可以用于更紧凑地实现观察者通知。例如，UserPreferences
类允许应用程序管理一个全局的用户偏好库（例如，是否显示网格）。偏好库设计成
OBSERVER 模式中的模型，每次偏好更改时，观察者必须得到通知。这种行为的实现
使用了高阶函数 forEach 和一个 lambda 表达式，后者用于调用处理器：

```
public void setBoolean(BooleanPreference pPreference,
  boolean pValue)
{
  aBooleanPreferences.put(pPreference, pValue);
  Preferences.userNodeForPackage(UMLEditor.class).
    put(pPreference.name(), Boolean.toString(pValue));
  aBooleanPreferenceChangeHandlers.forEach(
    handler -> handler.preferenceChanged(pPreference));
}
```

JetUML 中的 COMMAND 模式

JetUML 实现了函数式 COMMAND 模式，并且仅使用两个具体的命令类分
别表示简单命令和复合命令。抽象命令类型为 DiagramOperation，它有一
个 execute() 方法和一个 undo() 方法，因此并非一个函数式接口。但是，
SimpleOperation 类有两个域 aOperation 和 aReverse，可以通过构造函
数初始化。这两个域为 Runnable 类型。因为 Runnable 是函数式接口，因此
SimpleOperation 基本上表示包含两个方法引用的容器。CompoundOperation
类则仅实现 COMPOSITE（组合）模式。

JetUML 中流的缺失

JetUML 的一个总体原则是"无流"，这是列入其框架文档中的原则。基于本

章叙述的流设计的优点，这个原则看起来有些反直觉。但是，流设计也在类的接口
（必须提供或者接受流）和如何对待数据处理方面带来一些不可忽略的负面效果。这
些开销必须能够得到补偿。在 JetUML 中，真正的数据处理仅在查看图元素集时进
行。这种操作可以用流设计，但是在运行性能和设计质量方面带来的优势并不明显。
经过一些实验之后，笔者认为用流实现某些操作可能会对代码的整体简洁性带来负
面影响，因此坚持使用非流操作。但是，避免使用流并不意味着不使用函数式程序
设计思想。仅使用公共库提供的高阶函数已经能够获得流式的设计，而并不需要显
式地使用流。例如，考虑在画布上画一个用户可见的图的代码。这段代码位于类
DiagramCanvas 中：

```
public void paintPanel()
{
  ...
  aController.getSelectionModel()
    .forEach( selected -> selected.view()
      .drawSelectionHandles(context));
  aController.getSelectionModel().getRubberband()
    .ifPresent( rubberband -> ToolGraphics
      .drawRubberband(context, rubberband));

  aController.getSelectionModel().getLasso()
    .ifPresent( lasso -> ToolGraphics.drawLasso(context, lasso));
}
```

在 JetUML 中，一个 SelectionModel 是用户当前选择的图元素列表。因为
它实现了 Iterable，因此自然继承了默认方法 forEach，可将该方法用于遍历所
有被选的元素（就像流一样），并将一等函数应用于这些元素。上面代码中最后两个
语句显示了如何将一等函数用于可选类型 Optional。该类型定义了一个高阶函数
ifPresent，其输入是可选类型的 Consumer 实例，并在该实例存在的情况下，将
消费者函数应用于该实例。因此，使用这个函数可以将使用 if 语句测试的循环代码
转换为直接调用抽象了条件检查的高阶函数。

延伸阅读

进一步学习 Java 中函数式程序设计的一个优质资源是 Urma 等编著的 *Java 8 in Action* [16]。这本书针对有经验的程序员，但是，它以循序渐进的方式介绍该主题，
因此读者可以根据自己的情况阅读自己能理解的地方。关于代码风格，Bloch 编著
的 *Effective Java* [1] 有一章 "lambda 表达式和流"，为实践中使用这种机制提供指导。
该书给出的建议与本章的建议是一致的，但是有附加的讨论和实例。

有关这个主题的更实用讨论，《Java 教程》[10] 有一节 "lambda 表达式" 也包含
方法引用内容。在有关容器的一节 "聚合运算" 中也包含流的有关内容。

Java 程序设计语言的重要概念

本附件给出 Java 面向对象程序设计的概念综述，这些不是本书介绍的主要内容，但对理解本书内容非常重要。本附录并非 Java 程序设计简介，只是列出 Java 软件设计中具有重要作用的语言功能。需要时，这个综述应该和 Java 程序设计入门书或者《Java 教程》[10] 一起阅读。

A.1 变量和类型

变量用于存储值。在 Java 中，变量具有类型，而且变量的类型必须在变量名前声明。Java 有两类不同的类型：基本（primitive）类型和引用（reference）类型。基本类型用于表示数值和布尔值。基本类型变量存储它表示的实际值。当一个基本类型变量的内容被赋给另一个变量时，系统创建初始变量存储数据的副本并将其存储到目的变量。例如：

```
int original = 10;
int copy = original;
```

在这里，类型为 **int**（integer 的简写）的变量 original 被赋予整数值 10。在第二个赋值中，整数值 10 的副本用于初始化新变量 copy。

引用类型表示由类（参见 A.2）定义的更复杂的数据。关于引用类型，重要的是要理解一个引用类型 T 的变量存储一个类型 T 的对象的引用。因此，引用类型的值不是数据本身，而是对数据的引用。由此导致的主要影响是，复制一个值意味着共享一个引用。数组也是引用类型。例如：

```
int[] original = new int[] {1,2};
int[] copy = original;
copy[0] = 3;
int result = original[0]; // result == 3
```

在这里，copy 被赋予存储在 original 中的值。但是，因为存储在 original 中的值是一个数组类型对象的引用，复制也执行在第一个赋值语句中创建的对象。实际上，copy 只是 original 的一个不同的名称（或者别名），因为修改 copy 中的一个元素也同样修改了 original 中的该元素。

A.2 对象和类

本质上，一个对象（object）是一组紧密相关变量和一些方法的总体，其中变量存储一个给定抽象对应的数据，而方法作用于这些数据。例如，一个表示抽象"书"的对象可能包括书名、作者名和出版年份等。在 Java 中，类（class）是定义如何构造对象的编译时实体。例如，书的类：

```
class Book
{
    String title;
    String author;
    int year;
}
```

说明用于表示一本书的对象有 3 个类型分别为 String、String 和 int 的实例变量（instance variable），名为 title、author 和 year。除作为构造对象的模板外，类还定义一个相应的引用类型。类的对象的构造通过 new 关键字表示的初始化过程完成：

```
Book book = new Book();
```

上面的语句构造类 Book 的一个新实例（对象），并在声明为引用类型 Book 的变量 book 中存储指向该对象的引用。实例变量也称为域或字段（field），可以通过对存储指向该对象引用变量的解引用访问。解引用运算用句点（.）表示。例如，要获得存储在变量 book 中的一本书的书名，使用：

```
String title = book.title;
```

在讨论软件设计时，最好避免下意识地混用名词类和对象。对象和类是不同的概念。一个类完全是编译时的实体，它在运行时不存在。反过来，对象完全是运行时的实体，它在程序源代码中没有任何表示。将两者混用将导致歧义和混乱。

A.3 静态域

Java 允许声明静态域（static field）：

```
class Book
{
    static int MIN_PAGES = 50;
    String title;
    String author;
    int year;
}
```

一个域声明为 static 时，意味着该域不与任何对象关联。当对应的类被 Java 虚拟机装载时，系统创建该域的单一副本，而且该域在整个程序的执行过程中存在。如果一个静态域用访问修饰符 private 声明，那么只有类中的代码可以访问此域。如果静态域声明为 public，那么静态域可以被应用程序的任何代码访问，此时它实际上相当于一个全局变量（global variable）。因为通常情况下修改全局可访问数据不是好习惯，最好将全局变量定义为常量，即不变的值。全局可访问的常量用修饰符 **public**、**static** 和 **final** 声明，而且通常用大写字母命名（参见附录 B）。

```
class Book
{
  public static final int MIN_PAGES = 50;
  ...
}
```

静态域通过声明它的类后接句点再接静态域名访问。例如：

```
int minNumberOfPages = Book.MIN_PAGES;
```

A.4 方法

在 Java 和其他面向对象程序设计语言中，*方法*（method）是计算的抽象。方法定义包括返回类型、方法名、参数列表（可能为空的）以及方法体。如果一个方法没有返回值，则返回类型可以用关键字 **void** 替代。方法体由实现该方法的语句构成。

方法对应于过程式语言的过程，或者函数式语言中的函数。Java 支持两类主要方法：静态方法和实例方法。静态方法本质上是过程，或者是"非面向对象"方法。尽管出于第 2 章讨论的理由，静态方法在类中声明，但是它们并非自动与该类的任何对象关联，而且必须在其签名中显式地列出所有的参数。在库类 java.lang.Math 中声明的方法 abs(**int**) 是静态方法的典型例子。它以一个整数作为输入，并返回输入的绝对值：这个计算不涉及任何对象。静态方法用修饰符 **static** 声明：

```
static int abs(int a) {...}
```

而且调用时在方法名前面加上声明该方法的类名，例如：

```
int absolute = Math.abs(-4);
```

相反，实例方法则施用于类的特定实例上。为此，实例方法有一个隐式参数，其类型与该方法声明所在的类的类型相同。一个例子是简单地返回一本书的书名的静态方法 getTitle(Book book)。因为这是一个静态方法，需要提供所有必需的数据作为其输入：

```
class Book
{
  String title;
  ...
  static String getTitle(Book book) { return book.title; }
}
```

因为方法 getTitle(Book) 作用于 Book 类的一个实例上，因此，将其声明为一个实例方法更合理。在这种情况下，参数 book 成为隐式参数，该参数不能在参数列表中声明，而且在该方法中要用一个特殊的名为 **this** 的变量访问该参数值。因此，作为实例方法的 getTitle 的实现如下：

```
class Book
{
  String title;
  ...
  String getTitle() { return this.title; }
}
```

实例方法的调用通过对存储一个对象的引用变量解引用实现。这个调用过程的结果是该对象成为实例方法的隐式参数。在下列句子中：

```
Book book = ...;
String title = book.getTitle();
```

由 book 引用的对象被绑定到 getTitle() 方法实现中的 **this** 变量。

A.5　包和导入

用户定义的类型（如类）被组织成包（package）。在一个包中声明的类型可以在其他包中用全限定名（fully-qualified name）引用。一个全限定名由类型名加上包含该类型的包名作为前缀构成。例如，java.util 包的 Random 类是伪随机数生成器。它的全限定名是 java.util.Random。用全限定名声明一个变量比较冗长：

```
java.util.Random randomNumberGenerator = new java.util.Random();
```

为此，在 Java 源代码文件中，可以用 **import** 语句导入另一个包中的类型：

```
import java.util.Random;
```

这样一来，可以使用简单的名称（这里的 Random）引用导入类型，而无须使用全限定名。在 Java 中，导入语句只是为了避免使用全限定名引用各种程序元素的机制。与其他语言相比，它没有通过全限定名使库可用的效果。

除导入类型外，Java 还可以导入静态域和静态方法。例如，可以不用 Math.abs 引用类 java.util.Math 中的方法 abs，而是静态导入它：

```
import static java.lang.Math.abs;
```

而且在代码中直接用 abs：

```
int absolute = abs(-4);
```

在本书代码段中，代码中引用的类型均假定是导入的。如有必要，上下文将说明导入类型的来源。

A.6　泛型

在面向对象程序中，一个类型常常依赖另一个类型。例如，考虑下面的类型 OptionalString，它可能存储了一个 String（可选类型的概念见 4.5 节）：

```
public class OptionalString
{
  String object = null;
```

```
OptionalString(String object) { this.object = object; }
boolean isPresent() { return object != null; }
String get() { return object; }
}
```

像这样的类可以用于打包任意的引用类型。为此，可以将一个类依赖的某些类型参数化。Java 通过泛型（generic type）支持这个概念。泛型是包含一个或多个类型参数的类型声明。在一个类型声明中，一个类型参数如同为一个实际类型留的空，在使用泛型时需要提供一个实际类型。将类 OptionalString 中包含的对象类型参数化，它可以重写成：

```
class Optional<T>
{
  T object = null;
  Optional(T object) { this.object = object; }
  boolean isPresent() { return object != null; }
  T get() { return object; }
}
```

在上述代码中，字母 T 并不表示任何实际类型，而是一个参数（即一个空），当该泛型被使用时，空白被一个实际类型填充：

```
Optional<String> myString = new Optional<>();
```

变量 myString 的类型声明包含一个类型实例 String。这种类型参数实例化的效果是用 String 替换 Optional<T> 声明中所有 T 的出现。在相应的构造器调用中，类型参数的实参可以被推导出来，因此只需要用一对空的尖括号（<>）。一对空尖括号也称为菱形算子。

泛型被大量用于抽象数据类型库的实现（参见 A.7）。泛型的其他特性包括通用方法、类型界和类型通配符。本书不深入介绍泛型，因为这是一个相对专业的话题。本书偶尔使用泛型说明设计方案，但是仅限于类型参数的基本实例化。

A.7　容器类

本书的许多例子使用抽象数据类型（列表和栈等）的库实现。在 Java 语言中，这组类通常称为容器框架（collection framework），且位于 java.util 包。容器类属于泛型（见 A.6）。这意味着一个容器（如 ArrayList）中元素的类型是在该容器类型被使用时提供的参数。例如，下列语句声明并实例化一个 String 实例的列表：

```
ArrayList<String> myStrings = new ArrayList<>();
```

A.8　异常处理

Java 为不能正常完成工作的方法提供了异常处理机制。在 Java 语言中，异常是 Throwable 类的一个子类的对象。要抛出异常，首先必须创建一个异常对象并用

关键字 **throw** 抛出：

```
void setMonth(int month)
{
  if( month < 1 || month > 12) throw new InvalidDateException();
  ...
}
```

抛出异常使得代码执行控制流跳转到代码中可以处理异常的位置，并在执行过程中展开调用栈。要处理一个异常，必须声明一个 **try** 代码块和一个或多个 **catch**子句。一个 **catch** 子句声明一个异常类型的变量。在 **try** 代码块中抛出或者传入的一个异常可以被代码块的 catch 子句捕获，只要该异常的类型可以合法地（通过子类型机制）赋给异常变量。在下面的例子中：

```
try
{ calendar.setMonth(13); }
catch( InvalidDateException e)
{ System.out.println(e.getMessage()); }
```

若调用 setMonth 抛出一个类型 InvalidDateException 的异常，该异常将立刻被 **catch** 子句捕获，并绑定给变量 e，然后可以解引用该变量，如获得该异常的信息。如果 **catch** 子句的类型是其他类型（例如 NumberFormatException），那么该异常便不能被捕获，而是将传递给控制流更高层级的一个 **try** 代码块。

代 码 规 范

代码规范是组织源代码的准则。代码规范通常包括命名、缩进、空格使用和行宽等。遵循一组代码规范有助于改进代码的可读性，并防止某些类型的错误。不同的公司组织有不同的代码规范，一方面是由于不同的文化，另一方面是因为实际原因（每种规范都有其优缺点）。

该附录说明了本书和项目实例（见附录 C）中使用的代码规范。关于代码规范更多的讨论及其意义，见 Robert C. Martin 的 *Clean Code：A Handbook of Agile Software Craftmanship* [7] 中第 2、4 和 5 章。

标识符名中间大写

通常在 Java 语言中，标识符命名使用中间大写，也称为驼峰式命名。使用中间大写时，术语中每个词以大写字母开始，其他字母用小写。类型名用大写字母开头（如 `ArrayList`、`HashMap`），方法名用小写字母开头（如 `indexOf`、`replaceAll`）。实例变量（即字段或域）、类变量（即静态域）和局部变量名也遵循中间大写规范，但域有特别的规范（见下面）。

常量全大写

常量（即声明为静态终极的域）用全大写字母命名，并用下划线连接不同的词（如 `WINDOW_SIZE`）。

变量名前缀

域（或成员变量）名由小写字母 a 做前缀（表示"属性"，attribute，域的别名），如 `aData`。方法的参数类型用驼峰式，并由小写字母 p（表示"参数"，parameter）做前缀，例如 `pData`。局部变量用驼峰命名法，由小写字母开始，不加前缀（例如 `data`）。lambda 表达式中的参数名是例外，其命名遵循局部变量命名规则。这些法则的优点是：

- 在一个代码块内，无须查看变量的声明便可确定该变量所指的类型。
- 可以规避重用一个域名作为局部变量，从而覆盖了该域。
- 避免了必须使用关键字 **this** 区分与一个方法或者构造器参数同名的域（例如，**this**.data = data）。

关于系统地使用前缀，笔者与 Robert C. Martin（见前面的引用）有不同的观点。他在书中写道：

类和函数应该足够小，以至于你不需要前缀。此外，你应该使用能够高亮或者用颜色显示它们的编辑环境。(p.24)[7]

尽管小类和编辑器都是可期望的，但是两个条件难以保证。特别地，浏览 GitHub 上的代码页或者阅读书上的代码均不能依赖动态代码高亮工具。当书上大量使用部分代码块时，前缀有助于理解某个名称的上下文。

缩进

Java 语言中定义代码块的花括号独占一行，并且对应的一对花括号垂直对齐。这个规则有助于可视化花括号定义的范围。一个代码块中的语句相对于定义该块的花括号缩进一个单位（通常是 4 个空格或者一个制表符键）。

```
public int getHeight()
{
    return aHeight;
}
```

使用 @Override 注解

如果一个方法要重写继承方法或者实现接口方法，则需要用 @Override 注解：

```
@Override
public String toString()
{
    return String.format("[w=%d x h=%d]", aWidth, aHeight);
}
```

代码注释

类和接口必须添加 Javadoc[9] 头注释，以及它们声明的方法。内置注释保持最少量。

省略和适应

应用实例的代码严格遵循这些规范。但是，为了内容的简明，笔者在书中的代码段里做了一定的让步。

特别地，**不应假设代码块能构成完整的实现**。多数情况下，笔者省略了对讨论不重要的部分代码。在代码块中，或方法签名参数列表中，或方法调用实参列表中，当有歧义风险时，笔者使用了省略号（...），表示略去。

同时，笔者没有使用四个空格的缩进，而是更紧凑的缩进。对于仅有一行的方法，笔者把语句和花括号放在同一行。在情况允许时，笔者将方法的主体及其签名写在同一行。为简洁起见，代码中没有包含代码注释和 @Override 注解。以下是遵循上述三种方法编写的 toString() 方法：

```java
public String toString() { return String.format(...); }
```

例子

以下代码是 JetUML 实例（见附录 C）中 Dimension 类的简化改写版，这段代码显示了该附录讨论的规范。

```java
/**
 * Represents an immutable pair of width and height.
 */
public class Dimension
{
   public static final Dimension NULL = new Dimension(0, 0);

   private final int aWidth;
   private final int aHeight;

   public Dimension( int pWidth, int pHeight )
   {
      aWidth = pWidth;
      aHeight = pHeight;
   }

   public String toString()
   { return String.format(...); }

   public Dimension include(int pWidth, int pHeight)
   {
      return new Dimension(
         max(aWidth, pWidth), max(aHeight, pHeight) );
   }

   public int getWidth() { return aWidth; }
   public int getHeight() { return aHeight; }

   public int hashCode() {...}

   public boolean equals(Object pObject)
   {
      if(this == pObject) { return true; }
      if(pObject == null) { return false; }
      if(getClass() != pObject.getClass()) { return false; }
      Dimension other = (Dimension) pObject;
      return aHeight == other.aHeight &&
         aWidth == other.aWidth;
   }
}
```

应 用 实 例

阅读并设法理解已有代码是学习软件设计的基本方法。下面描述的三个软件项目提供了完全可运行的应用软件的代码样例。这些程序是交互式图形应用，因为这类软件的设计会遇到许多有趣的设计问题，而且代码相对紧凑。另外，由于可以直接与应用的多个方面交互，因此可以直截了当地将设计和实现决策与可观察到的实现关联起来。

每个应用例子都是按照本书讲解的原则和技术开发的。在每章最后，"代码探索"部分将确认并讨论应用例子中与本章讨论主题有关的内容。

这三个应用提供了理解代码的三个层次的挑战。完整的源代码、实例化和使用说明均可以在下面给出的 GitHub 网站中找到。

第一个应用实现了流行的扫雷游戏（Minesweeper）。游戏要求玩家在一个长方形网格中找出隐藏的地雷。这个例子用于给出理解代码的第一个层次。只要付出合理的努力，就应该可以理解本项目的每一个设计和实现的细节。本书讨论的代码是第一个版本（Release 1.0）

https://github.com/prmr/Minesweeper

第二个应用实现了单人纸牌游戏（Solitaire）。它实现了更复杂的需求，而且其设计展示了附加的精巧性和功能。该应用也为本书许多例子提供了设计场景。读者通过几个月的学习，应该可以理解本项目的总体架构以及许多设计和实现细节。对于理解有关章节的某些讨论，了解游戏中的术语很有帮助。图 C-1 显示了单人纸牌游戏进行中的格局，并且标出了重要的术语。在左上角发牌区放着正面朝下的发牌堆（deck）。用户从牌堆中抽取（draw）一张牌，将其面朝上放在弃牌堆（discard pile）上。右上角的四个牌堆是牌基（foundation file）（可以为空）。最后，下面的玩牌区有七堆正面朝下依次排开的牌堆（这些也可以空），称为牌列（tableau）。本书讨论的代码与版本 1.0（Release 1.0）一致。

https://github.com/prmr/Solitaire

第三个应用 JetUML 是本书创建 UML 图的交互工具。尽管与许多应用相比，这个软件的规模不算大，但是，它可以被视为真实的产品代码，而且其设计包含了超出本书讨论内容的决策。本书讨论的代码与版本 2.3（Release 2.3）一致。

https://github.com/prmr/JetUML

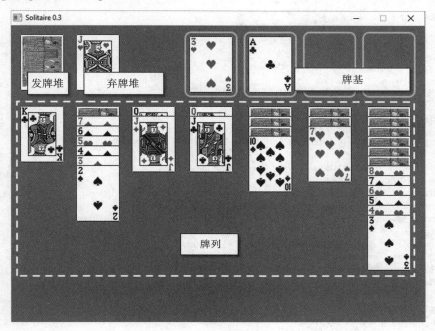

图 C-1　单人纸牌游戏格局和术语

参 考 文 献

[1] Joshua Bloch. *Effective Java*. Addison-Wesley, 3rd edition, 2018

[2] Frank Buschmann, Kevin Henney, and Douglas C. Schmidt. *Pattern-Oriented Software Architecture Volume 4: A Pattern Language for Distributed Computing*. Wiley, 2007

[3] Martin Fowler. *Refactoring: Improving the Design of Existing Code*. Addison-Wesley, 1999.

[4] Martin Fowler. *Patterns of Enterprise Application Architecture*. Addison-Wesley Professional, 2002

[5] Martin Fowler. *UML Distilled: A Brief Guide to the Standard Object Modeling Language*. Addison-Wesley, 3rd edition, 2004

[6] Erich Gamma, Richard Helm, Ralph Johnson, and John Vlissides. *Design Patterns: Elements of Reusable Object-Oriented Software*. Addison-Wesley Professional, 1994

[7] Robert C. Martin. *Clean Code: A Handbook of Agile Software Craftmanship*. Prentice Hall, 2009

[8] Bertrand Meyer. Applying "design by contract". *Computer*, 25(10):40–51, 1992

[9] Oracle. How to write doc comments for the Javadoc tool. `https://www.oracle.com/technetwork/java/javase/documentation/index-137868.html`. Accessed 17-May-2019

[10] Oracle. The Java tutorials. `https://docs.oracle.com/javase/tutorial/`. Accessed 17-May-2019

[11] David Lorge Parnas. On the criteria to be used in decomposing systems into modules. *Communications of the ACM*, 15(12):1053–1058, 1972

[12] David Lorge Parnas. Software aging. In *Proceedings of the 16th ACM/IEEE International Conference on Software Engineering*, pages 279–287, 1994

[13] Mauro Pezzè and Michal Young. *Software Testing and Analysis: Process, Principles and Techniques*. Wiley, 2007

[14] Martin P. Robillard. Sustainable software design. In *Proceedings of the 24th ACM SIGSOFT International Symposium on the Foundations of Software Engineering*, pages 920–923, 2016

[15] James Rumbaugh, Ivar Jacobson, and Grady Booch. *The Unified Modeling Language Manual*. Addison-Wesley, 2nd edition, 2004

[16] Raoul-Gabriel Urma, Mario Fusco, and Alan Mycroft. *Java 8 in Action*. Manning, 2015

[17] Oliver Vogel, Ingo Arnold, Arif Chughtai, and Timo Kehrer. *Software Architecture: A Comprehensive Framework and Guide for Practitioners*. Springer, 2011